中国艺术家具研究系列 | 张天星主编

中国艺术家具术语解析

Term Analysis of Chinese Art Furniture

张天星　隋文瀚　著

东南大学出版社
SOUTHEAST UNIVERSITY PRESS
南京·2023

内容提要

中国艺术家具是手工艺为主的家具形式，其与匠人行为密切相关。术语是匠人呈现"工"与表达"艺"的一种特殊语言，其之内涵已超越"原有之意"，手工艺的魅力就在于此。通过大量的收集、分类与整理，本书从基本概念、分类、结构与装饰术语、制作技法术语、工具术语、材料类术语、物象纹饰术语以及著作、名家名匠与作坊等主要方面，对各类术语进行解析，其目的如下：第一，体现中国艺术家具术语之广；第二，彰显中国艺术家具术语的灵活性；第三，挖掘术语背后匠人的经验哲学。

本书适合高等院校工业设计、产品设计、家具设计与制造专业的师生，以及从事传统家具制作、现代家具设计以及古家具修复与保护等相关人员参考或阅读。

图书在版编目(CIP)数据

中国艺术家具术语解析 / 张天星，隋文瀚著. —南京 : 东南大学出版社，2023.9

（中国艺术家具研究系列/张天星主编）

ISBN 978-7-5766-0810-6

Ⅰ. ①中… Ⅱ. ①张… ②隋… Ⅲ. ①家具-名词术语-中国 Ⅳ. ①TS666.2-61

中国国家版本馆 CIP 数据核字(2023)第 140666 号

责任编辑：李　倩　　　　责任校对：子雪莲
封面设计：王　玥　　　　责任印制：周荣虎

中国艺术家具术语解析

Zhongguo Yishu Jiaju Shuyu Jiexi

著　　者：张天星　隋文瀚
出版发行：东南大学出版社
出 版 人：白云飞
社　　址：南京市四牌楼 2 号　邮编：210096　电话：025-83793330
网　　址：http://www.seupress.com
经　　销：全国各地新华书店
排　　版：南京布克文化发展有限公司
印　　刷：南京凯德印刷有限公司
开　　本：787 mm×1092 mm　1/16
印　　张：23.75
字　　数：520 千
版　　次：2023 年 9 月第 1 版
印　　次：2023 年 9 月第 1 次印刷
书　　号：ISBN 978-7-5766-0810-6
定　　价：79.00 元

中国艺术家具隶属中国传统家具，其内含双重因素，即过时性因素与启示性因素。过时性因素是适合所在时代发展"形式化表现"，而启示性因素则截然相反，其是具有同根性与传承性的"进步性理念"。中国艺术家具包含中国古代艺术家具、中国近代艺术家具与中国当代艺术家具三类，三者同为艺术家具范畴，必然存在一种内在的联系性。中国古代艺术家具、中国近代艺术家具与中国当代艺术家具隶属不同阶段的家具形式，三者在"形式化表现"方面因审美倾向的不同而有所差异。除了形式化表现，还有"造物理念"的存在，"造物理念"是文化同根性与文化传承性的关键，其令中国古代艺术家具、中国近代艺术家具与中国当代艺术家具三者产生联系。造物理念作为中国艺术家具中具有进步性与启发性的内容，其内含体系性。

当前，中国传统文化复兴趋势不减，家具作为文化的载体之一，势必融入复兴的热潮。通过长期的跟踪关注式调研发现，基于传统文化的家具形式有二，即基于"工业化"的家具形式与基于"手工经验"的家具形式，前者植根于现代家具行业，后者则产生在传统家具行业。两个行业的传承方式有所差异，前者以"贴元素"的方式实现传承，后者则以"改良"与"嫁接"的手段进行传承。经过长期的市场检验，两种设计模式存在一个共同的问题，即借助"效率型"的实践活动方式进行着量化复制，最终走向家具设计同质化的深渊。"效率型"实践活动方式包含手工劳动与机械生产，传统家具行业借助手工劳动的方式延续着造物经验，而现代家具行业则借助机械生产实现着工业设计理论，前者隶属"低效率型"实践活动方式，可被"高效率型"实践活动方式所替代；后者隶属"高效率型"实践活动方式，可被"更高效率型"实践活动方式所替代。"效率型"实践活动方式的特点在于借助"规律"实现"量化"，以达到普及设计文化的目的。但对于传统文化的发展与传承而言，由于生活方式的演变，借助"规律的总结"进行传统文化的传承显然不是良策妙法。

通过上述对传统家具文化发展与传承背景的简述，笔者对如下问题进行思考：第一，传统造物理念中的启示性内容；第二，在传统家具的范畴中实践活动方式存在的类别；第三，在传统文化发展与传承中不同实践活动方式所处的地位；第四，传统造物理念中具有启示性的内容与实践活动方式的关联性；第五，中国传统家具造物理念内含的体系性内容。

现象引起反思，反思促成"中国艺术家具研究系列"的形成。本套丛书的初步研究范畴涉及如下方面：第一，从分类、风格、流派、工艺以及设计等方面，对中国古代艺术家具、中国近代艺术家具与中国当代艺术家具进行系统研究。第二，以术语解读为对象，采用"横纵向交叉"的方式进行解读研究：在纵向解读术语方面，以中国艺术家具的发展与传承为目的；在横向解读术语方面，以中国艺术家具的具体实践为目的。第三，从"创新型"实践活动方式的角度提出中国当代艺术家具方法论的探索方向。

研究具有辩证性，由于研究者的学科背景不同，对同一问题的研究会出现"多样化"的倾向，对于传统家具的发展与传承，有人崇尚技术美学，有人信奉手工经验，有人立足形而上，有人专攻形而下。本套丛书立足手工艺角度，挖掘中国艺术家具中的启示性内容，为中国当代艺术家具的设计提出合理的传承方向。

张天星

中国传统家具与中国文化息息相关，诸多院校家具专业的课程设置、现代设计从业者以及传统家具行业的匠人均以之为青睐对象，但是其间也尚存一些问题：首先，诸多院校家具专业的课程设置包括研究与设计实践两个部分，由于受到西方设计理念的熏染，人们常以现代设计理论体系为立足点对传统家具的相关问题进行探讨与研究；其次，与前述情况类似，现代设计从业者常借助"规律"的总结对传统家具中的可视元素进行提炼，而后进行"效率型"设计的重复；最后，传统家具行业的匠人采用延续经验的方式对传统家具进行着复制。综上可知，三者的问题虽隶属不同性质，但其背后的原因是一致的，即对传统家具的成型过程有所疏忽。

术语是传统家具成型的关键，其不仅承载工之过程，而且内含美的倾向，因此术语解析在传统家具研究中处于重要地位，其是解读中国传统家具的基础。笔者对术语进行解析的目的有三：第一，术语的普及化与通俗化。对于前者而言，中国传统家具专业缺乏系统性的理论引导，致使相关从业者对传统家具的解读存在错位。术语作为中国传统家具行业的沟通用语，其与行业的实践活动方式无法割裂，要想对传统家具内所承载的造物理念进行深度解读，行业术语的推广与普及极为重要。对于后者而言，术语通俗化即通过解析的方式对中国传统家具行业的术语进行传播，就目前的形势而言，基于"现代设计理论"背景下的相关从业者与研究者，缺失对传统手工经验的感悟与理解，借助术语解析可达到从理论层面熟悉的目的。第二，借助术语了解传统家具"工"的"过程"。传统家具与现代家具的实践活动方式不同，通过术语解析可对传统家具的"工"进行深度了解。第三，借助术语感受传统家具内藏的"美"。本书所研究的传统家具是以手工艺实践活动方式为主的中国艺术家具，通过术语的解析可感知手工艺的灵活、自由与无限。

本书从基本概念，分类，结构与装饰，制作技法，工具，材料，物象纹饰，以及著作、名家名匠与作坊八个方面进行术语解析。本书的解析采取横纵并行的方式，横向意指步骤，纵向意在解析延续性，两种方式的穿插解析可使人们对手工艺内涵的创造性与传统的本质有所感悟。生命不止，研究不息，不周之处，尚待深化。感谢传统家具行业前辈的知无不言；感谢广东省哲学社会科学规划 2023 年度粤东西北专项项目"岭南古典家具的当代传承谱系研究"（项目编号：GD23YDX2YS02）的赞助与支持。

张天星

目录

1 基本概念术语

1.1 家具称谓类

1.1.1 中国艺术家具

造型优美，工艺精湛，具有时代精神，且代表某种生活方式的人文家具，被称为中国艺术家具。1998年，中国艺术家具在上海艺术家具市场有限公司中初露锋芒；2006—2007年，中国艺术家具随着中国工艺美术学会工艺设计分会在《解放日报》《新民晚报》中开设《艺术家具》专版，以及红木艺术家具网的创立而成长；2008年，在上述基础上，《艺术家具》杂志正式创立，进一步推动了艺术家具的发展与成熟。艺术家具是一个动态的概念，上至商周，下至当代，它是具有时代性的，并非只禁锢于某个时代、某种风格。中国艺术家具从时间上可分为古代艺术家具、近现代艺术家具与当代艺术家具；从材料上可分为木质家具（漆木家具与硬木家具两大体系）、陶石家具、竹藤家具、金属家具（青铜家具、不锈钢家具等）等；在风格上有古典家具（夏商周时期家具、春秋战国时期家具、秦汉时期家具、魏晋南北朝时期家具、隋唐五代时期家具、宋元时期家具、明式家具与清式家具）、民国家具、海派家具、新古典家具、新海派家具、新中式家具与新东方家具等之别；在流派上有苏作、晋作、广作、京作、鲁作、宁作、仙作、东作等之分。

1.1.2 中国古代艺术家具

古代艺术家具隶属中国艺术家具之范畴，只是在时间段上早于近现代艺术家具与当代艺术家具。古代家具不等同于古代艺术家具，古代艺术家具是古代家具中的经典之作，无论是制作工艺还是设计形式，都应是具有时代性的（既能够反映当时人们的审美取向，又能够体现当时的技术水平）。夏商周时期家具、春秋战国时期家具、秦汉时期家具、魏晋南北朝时期家具、隋唐五代时期家具、宋元时期家具、明式家具以及清式家具中的经典家具，均属古代艺术家具之范畴。

1.1.3 中国近现代艺术家具

民国家具与海派家具属于近现代艺术家具，其是西方文化参与的产物，建筑形式与人们生活方式的改变是促使家具形制与功能发生变化的催化剂。民国家具开始于1912年，其作为古代艺术家具向近现代艺术家具过渡的桥梁，继承清式家具的式样与工艺是理所当然的，但是由于受到西方思想的冲击，许多新家具形式得以诞生[1-3]，如沙发、梳妆台、挂衣柜、牌桌等。

海派家具作为民国家具的继承者，具有三种形式，即中西合璧的海派红木家具、摩登家具以及装饰主义风格的家具。海派家具的萌芽、发展与成熟既离不开租界建筑的带动，也离不开石库门住宅群的推动，更离不开市民意识的引导。英式、法式、西班牙式等租界建筑，奠定了海派家具萌芽的基础，而石库门里弄住宅的出现是促使海派家具形成、发展与成熟的关键。

石库门里弄住宅的形制较为小巧，其布局介于中国四合院和西方联体住宅之间，古时的家具形式已难以适应时下的居住空间，加之市民们欣赏白木家具的适用，却嫌其派头不够，留恋红木家具的尊贵与大气，却无奈于房间太小，故中西合璧的海派红木家具应运而生。海派红木家具虽为中西合璧，但其工艺基础仍然是中式的（榫卯结构依然是其内部的主要部分）。由于此时的海派家具式样以西式为主，故名称颇多，如中西式、西式中做以及拿来主义等；时至20世纪二三十年代，石库门里弄住宅逐渐走向成熟，别样的家具形式也随之而出现，摩登家具便是最好的证明。石库门里弄住宅少有明亮、宽敞的客厅，所以追求精致生活的上海人将向阳的卧室作为装饰设计的重点，于是 Modern Room（摩登卧室）诞生了，随之带动了摩登家具的问世。

特征是事物相互区分的标志，摩登家具不同于初期的海派家具，自然有其别样之处，如摩登脚、调羹脚等；海派家具作为市民审美的载体，并非禁锢于古时的经典之中，而是将西方的主流艺术形式[4]融入本土的设计之用，如新艺术与装饰艺术运动，此种行为并非一时"跟风"，而是根据实际情况做出的正确反应（抗日战争造成红木短缺，海派家具设计师即利用小料拼接，以达到合理利用有限资源的目的）。在装饰上，果子花纹饰、几何纹饰（三角纹饰）、乐器纹饰等均是装饰主义风格的海派家具喜用之纹饰；在形制上，海派家具体积较小，组合类家具较多；在种类上，海派家具有大衣柜、抽屉柜、床头柜、梳妆台、沙发、矮茶几、玻璃门柜、独角圆桌、屏板床等形式。

1.1.4　中国当代艺术家具

中国艺术家具是工艺设计的产物，当代艺术家具隶属其中，自然也不例外。中国当代艺术家具是中国现代家具的一部分，是造型优美、工艺精湛，以知行学为方法论，且代表当代人生活方式的人文家具。

以知行学为方法论的工艺设计有别于以事理学为基础的工业设计[5]，中国当代艺术家具作为工艺设计的衍生物，其"设计＝手工艺或者手工艺精神＋艺术"不同于"设计＝技术＋艺术"的西方现代家具。内外兼修、形神兼备，不仅是古代艺术家具与近现代艺术家具的精髓，而且是当代艺术家具的精神支柱。

形与神、内与外均离不开"工艺"的塑造，古时之工艺与当代之工艺的内涵不同，古时的工艺既有工，也有美，既包括制作过程，也包括设计过程，而经过工业革命的冲击后，工艺的概念被默认为技术，所以中国艺术家具设计的精髓也随之而进化，由古时的"工＋美"演变为当代的"设计＋工艺"（设计与工艺的高度统一）。风格是时代的坐标，古代艺术家具如此，当代艺术家具亦如此。根据工艺与设计的关系，权衡整体，顾及细节，我们以工艺、设计、东方文化、西方文化为坐标，将中国当代艺术家具分为新古典、新中式、新东方以及新海派四类。

1.1.5　中国的家具与在中国的家具

"中国的家具"与"在中国的家具"虽只有一字之别，但其内的含义却截然相反，正如"在中国的佛教"与"中国的佛教"一般[6-7]，前者遵守的是印度之宗教与哲学的传统，而后者则是将外来的佛学与中国的道家和儒家相互融合，使之成为中国文化的一部分。"在中国的家具"和"中国的家具"也是如此，前者是依照西方之设计原则与美学法则，而后者的引领者则是中国文化与哲学思想，即便是借鉴西方之思想，也是在中国文化与哲学的熔炉中历练过的。正如瓦格纳的"中国风"式"中国椅"与中国工匠所出之明式圈椅一样，前者虽是以明式家具为蓝本，但依然是基于"技术美学"思想下的西方设计，故其应归属于"在中国的家具"之列；而后者则不同，其是基于"工艺美学"思想下的中国设计，故其隶属"中国的家具"之范畴。

从上述所举的案例中可知，"在中国的家具"与"中国的家具"确有本质之别，无论是在未进入机械化时代的过去，还是在步入工业化的今天，"中国的家具"依然需要具有中国特色，中国的家具有古代、近代与现代之别。在古代，匠师用中国的造物理念（通过对器物所实施的技术来彰显主观群体的哲学倾向）生产、制作着"中国的家具"。

时至近代，由于中西文化的碰撞，"中国的家具"出现了革新，但此种革新并非"彻底的改变"，而是在原有的造物理念上融入了些许西方美学，虽然匠师将这些带有他国元素的家具冠名为"洋庄"，但其依然位列"中国的家具"之队伍。工业化的出现代表着现代化的开始，随着机械化大生产与批量化的来临，"中国的家具"似乎出现了断裂，曾经的经典之作已成为过往烟云，伴随着"设计师"一词的出现（该词伴随着工业设计而产生），现代家具设计的从业者似乎将全部精力都倾入"技术美学"与"工业设计"的热潮之中[8]，乐此不疲地生产着"在中国的家具"，而与现代家具行业相对应的传统企业也未能将"工艺美学"发扬光大，只是凭借自己的实践经验与数年的积累重复着古人之作，此时的中国家具似乎已出现了止步不前之状。

随着时间的慢慢推移，人们对西方设计元素出现了疲劳之感，于是一系列的"寻根"现象开始出现，该种现象的外在表现就是大量中式现代风格的涌现，如新中式、中国风[9-10]、现代中式、时尚新中式、新东方、现代东方、新古典、新苏式、新京式与新广式等。虽然"百花齐放"之现象有些混乱无序，但已证明相关从业者（学者、设计师、匠师等）已意识到中西文化的差异之处了。在不断的实践中，上述的探索逐渐出现了分化，即以"工艺美学"思想为基础的"中国的家具"之形式与以"技术美学"思想为基础的"在中国的家具"之形式，由于两者的思想源头与文化基础存在本质性的差异，故前者之形式多云集于传统家具行业及个别的现代家具行业之中，而后者之形式则多出自现代家具行业之手。综上可知，"中国的家具"与"在中国的家具"有着本质之别。

1.1.6　古旧家具

古旧家具是指 1911 年以前的老家具，其范围较古典家具广，不仅在工艺上各有千秋，而且在材质与式样上也不尽相同。

1.1.7　古典家具

古典家具是古代家具之经典。古代家具种类繁多，但并非样样经典，其中能够反映中国文化的、具有时代精神的、具有传承意义的、工艺精湛的、造型优美的家具当属经典之作，即古典家具。

1.1.8　仿古家具

仿制是仿古家具的主要特点，其从造型与风格入手，仿制古款进行生产，彰显了当代家具人对古典家具文化的眷恋与不舍。

1.1.9　高仿家具

高仿家具与仿古家具一样，均是以仿制为主，但与仿古家具不同的是，高仿家具不仅关注其"式"（即风格），而且对其工艺有极为严格的要求。历经长时间的探索与实践，高仿家具的特点已形成，即形、材、艺、韵。

1.1.10　传统家具

传统家具与现代家具相对应而存在，两者的区别在于式样与工艺。具有传统式样，且沿用中国传统家具之工艺的家具形式被称为传统家具，其重点在工艺之上。

1.1.11　硬木家具

硬木家具相对于软木家具而言，其密度较大。

1.1.12　红木家具

红木家具的概念有广义与狭义之别[11]，广义的红木家具属红木文化一类，而狭义之概念是一类优质硬木的总称。

1.2　风格与流派类

1.2.1　新古典

新古典家具风格兴起于1979年之后，中国文化的回归是其发展的诱因。起初，新古典家具的主导力量以传统家具行业的工匠与匠师为主，随着时间的推移，现代家具行业的部分设计师也加入了新古典家具的队伍。新古典家具作为先前文化（史前到 1911 年）的回归，理应表现形式众多（历朝历代均有经典家具出现），但是由于家具实物的缺失，新古典家具一直被禁锢在满文化的范畴之内，而忽略了汉文化的再现。中国古代艺术家具的辉煌并非只局限于硬木家具，漆木家具也是其中之一，新古典作为中国传统艺术的现代化呈现，不应将漆木家具拒之门外。

1.2.2　新中式

任何设计都是需求的产物，在仿古成风的现状下，人们渴望新的审美与功能，而非固守旧时的生活方式，于是新中式应运而生。由于中国古代艺术家具以木材为主，故传世之事物甚少，只有大量的明清家具还尚存于世，故在新中式形成之初，多以明清家具式样为灵感来源，或加（将不同器物的形式解构后重组）或减（去掉器物之上的装饰部件），以达到新颖之视觉效果。

1.2.3　新海派

新海派家具作为当代艺术家具的风格之一，延续了海派家具的精神，即折中主义，属中西合璧之产物。临摹海派家具，属新海派范畴之内，因为任何事物在萌芽之初均需要积累与学习的过程；将海派的典型元素（果子花、角隅纹饰等）与现代材料（不锈钢、玻璃、亚克力板等）相结合，也是新海派家具的一种表现，因为与时俱进、追逐生活方式的变化是家具发展的必经之路；将现代技术融入榫卯结构的设计中，彰显家具的时代感，亦是新海派家具的形式之一，因为技术不仅是形式改变的诱因，而且是时代发展的印记，更是促使新海派家具到达成熟的标志。

1.2.4　新东方

新东方家具是中国现代家具中的一分子，无论是现代家具行业还是传统家具行业，对于新东方都有一份特殊的情感，也许是厌倦了西式设计的五花八门，抑或是厌倦了中式复古设计的杂乱，想寻求一份内心的静谧。新东方与新古典、新中式和新海派有着不同的呈现，经过时间的检验、岁月的雕琢，新东方的两大核心思想已经形成，即"融·简"与

"禅·悟"。融代表融合与交融，既可以是文化的融合（中西文化、传统文化与现代文化的融合），也可以是材料的融合，还可以是技术与工艺的融合，而简是简素，而非简单，是融合后的简，如将有机设计融入中国设计之中，是达到融·简的路径之一；禅·悟不仅仅是形式的表现，更是内在精神的升华，悟是感性上升为理性的必经之路，也是寻求事物本质的必过之桥，本质是事物可持续发展的根本，是无形的。新东方沿袭了禅之意境，故空灵是其最终的表达形式。

箱体结构和框架结构是中国家具的两大结构，新东方作为现代文人抒发情感的载体，通过空灵、简素、质朴的外表，将内心的寄托交付于这两种结构形式之上。简非简单，而是简素、质朴的美，是设计的最高境界，故新东方的设计较新古典、新中式与新海派难。中国家具讲究内外兼修，故工艺是新东方呈现出空灵与素朴之美的关键，将现代创新工艺融入新东方之设计中，其效果自然不同凡响，如无缝拼接技术的运用（预应力技术）。

1.2.5　宁作

宁作又称"甬作"，是指宁波及其周边地区所制作的家具。宁作家具作为我国传统家具的流派之一，不仅与中国文化一脉相承，而且将当地的工艺、审美取向、风俗等"地域特色"融入其中，充分体现了中国艺术的统一与多样性原则。甬作家具注重质料，讲究做工，拷头、包圈、透雕、仿玉璧、吉子、人纹饰、仿竹、弦纹、嵌纹、剑脊、泥金等"十八大技艺"体现出工艺上的细致精到和独具匠心。

1.2.6　仙作

仙游匠师精通圆雕，在借鉴京作宫廷家具造型的基础上，吸收了苏作家具的工艺，并结合本地雕刻文化，仙作家具应运而生。

1.2.7　东作

东阳素有"雕花之乡"之称，东阳木雕与黄杨木雕、金漆木雕、龙眼木雕等齐名。东阳木雕历经唐代与宋代的锤炼，在明清两代达到鼎盛。艺术无界限，故而东阳木雕后被引入家具设计之领域实属必然（图1-1），崭新的流派——东作便应运而生。

东阳匠师擅长建筑浮雕，故东作家具在借鉴广作家具之形的基础

图 1-1　东作图例

上，将建筑部件作为结构融入其设计之中，从而形成了有别于其他流派的东作家具。东作家具有以下特点：一是善用浮雕，浮雕不仅是东阳木雕之精华，而且是其特色工艺之一；二是在家具上满雕纹饰，即"满地雕刻"，纹饰题材极为广泛，包括人物、山水、飞禽、走兽、花卉、鱼虫等，看似烦琐的画面，但立体感与层次感十足，可谓是近观有其质、远观有其势。

1.3　与哲学相关

1.3.1　知行学

知行学源于王阳明的知行合一。由于"格竹"的一无所获，故而王阳明对理学产生了深深的怀疑，于是他提出了"致良知"，求心性，要求解放思想。设计与解放思想密切相关，故将源于知行合一的知行学作为中国当代艺术家具的方法论再恰当不过了。

对于知与行地位的讨论，可谓是仁者见仁、智者见智，无论是《尚书·商书·说命中》中的"非知之艰，行之惟艰"，还是春秋时郑国大夫子产提出的"知易行难"，均将知与行区分对待，而王阳明将知与行置于同等地位，即知行合一，冲破了格物致知（朱子理学）的禁锢，将"心上功夫"（知）与"事上功夫"（行）合为一体。

知行学作为中国当代艺术家具的方法论，需以知行合一为基础。无论是在"设计＝手工艺＋艺术"的古时，还是在"设计＝手工艺精神＋艺术"的现代，设计与工艺的高度统一是当代艺术家具永恒的主题。设计属"知"之范畴，工艺属"行"之行列，设计与工艺的结合是手脑联动的结果，是主观群体之审美具象化的必经之路。

1.3.2　形而上

形而上与形而下是相对的概念，是无形的，属于思想层面。无形的思想需要有形的实物加以承载，形而上是"文"，形而下为"质"，文胜质则史，质胜文则野，故形而上与形而下需相依而存。道家、儒家、法家等思想如不能与当时的实践相结合，恐怕已沦为无人能解的神秘文化了。

1.3.3　形而下

形而下属于有形之范畴，即器，属物质的层面。家具是有形的，故属于器之队列。

1.3.4　形而中

对于家具而言，形而中意指实现方式。在家具设计中，形而中与"技"等同。

第1章参考文献

［1］林作新. 谈谈中国的家具业［J］. 北京木材工业，1998（4）：1-6.
［2］刘文金. 对中国传统家具现代化研究的思考［J］. 郑州轻工业学院学报（社会科学版），2002，3（3）：61-65.
［3］刘文金. 中国当代家具设计文化研究［D］. 南京：南京林业大学，2003.
［4］李敏秀. 中西家具文化比较研究［D］. 南京：南京林业大学，2003.
［5］张天星. 中国当代艺术家具的方法论［J］. 家具与室内装饰，2014（6）：22-23.
［6］冯友兰. 中国哲学简史［M］. 北京：北京大学出版社，2013.
［7］冯友兰. 中国哲学史新编［M］. 北京：人民出版社，2007.
［8］孔寿山，金石欣，杨大钧. 技术美学概论［M］. 上海：上海科学技术出版社，1992.
［9］方海. 现代家具设计中的"中国主义"［M］. 北京：中国建筑工业出版社，2007.
［10］刘文金，唐立华. 当代家具设计理论研究［M］. 北京：中国林业出版社，2007.
［11］濮安国. 中国红木家具［M］. 杭州：浙江摄影出版社，1996.

第1章图片来源

图 1-1 源自：东阳红木家具企业提供.

2 分类术语

2.1 坐具类

坐具有无靠背和有靠背之分，无靠背的称之为杌凳、墩与凳等，有靠背的则称之为椅。椅、凳、墩类虽同属坐具，但区别甚大，椅子不仅具有与凳、墩类相同之功能，即坐，还有后两者不具备之功能，即供人倚靠。椅子又被称为"倚子"，在唐德宗贞元十三年（797 年）间有对其的文字记载。而对"椅子"一词最早的记载则是源于日本天台宗高僧慈觉大师圆仁所著之《入唐求法巡礼行记》一书，书中提及："相公及监军并州郎中、郎官、判官等皆椅子上吃茶，将僧等来，皆起立，作手立礼，唱'且坐'。"可见，唐代不仅出现了椅子这种坐具，而且出现了"椅子"一词。随着生活方式的改变，椅子的种类逐渐拓展，出现了诸如靠背椅、扶手椅、玫瑰椅、圈椅、交椅、灯挂椅、南官帽椅、太师椅、宝座、禅椅、轿椅、鹿角椅、长椅、摇椅、躺椅、沙发椅、茶台椅、休闲椅、餐椅等等[1-5]。

杌凳类与椅类不同，其是无靠背有足之坐具。凳的历史较为悠久，正如宋吴曾所言之："床凳之凳，晋已有此器。"除此之外，凳还有"橙"（南宋洪迈提及："有风折大木，居民析为二橙，正临门侧，以侍过者。"）与"兀"（南宋陆游曾言："徐敦立言：往时士大夫家，妇女坐椅子、兀子，则人皆讥笑其无法度。"）之称。凳之种类也不在少数，如在形式上有长、方、圆、月牙、椭圆、梅花式、海棠式等，在功能上又有床尾凳、茶台凳、梳妆台凳等之别。这些凳类是坐具之类，而凳在早期的功能却不是用于"坐"，而是"踩"或"蹬"，正如东汉刘熙在《释名》中所言："榻登施于大床之前，小榻之上，所以登床也。"从中可知，在以席地而坐为主的时代，凳之功能主要为"踩踏"。

墩子是伴随垂足而坐之起居方式而诞生的一类坐具，早在唐代就有对其的记载，且形式已出现了多样化，时至宋代，墩子还是在朝廷上礼遇高级官员的特殊坐具，如《宋史》中所言："遂赐坐。左右欲设墩。"墩子也有鼓墩、圆墩、方墩、绣墩（周身施有精美织物之装饰的圆墩）、藤墩等之别。

2.1.1　椅

带有靠背的坐具称之为"椅"，它是"垂足而坐"之生活方式的产物[6-8]。椅子作为日常生活中的重要器具，包括两大类，即带扶手与无扶手。

1）靠背椅（无扶手）

（1）灯挂椅。灯挂椅是古时靠背椅（无扶手）的形式之一，其两端上挑的搭脑好似江南地区竹制油盏灯的提梁（图2-1），故得名"灯挂椅"。

图2-1　灯挂椅图例

（2）梳背椅（无扶手）。由于此椅的靠背被数量不等的竖材分割，其形似木梳[9-11]，又似笔杆，所以不同地区对其有不同的称谓（图2-2）。南方地区称之为"单靠"或是"笔梗椅"（由于方言的缘故，将"笔杆"更名为"笔梗"），而北方地区则以"梳背椅"称之。

图2-2　梳背椅图例

（3）小靠背椅。由于此类椅靠背的最大高度仅达到腰际处，在尺寸上有别于一般的椅子，故称其为"小靠背椅"（图2-3）。由于小靠背椅的外形小巧，故非常轻便，且易于移动。

（4）交椅（无扶手）。交椅起源于胡床，由于汉灵帝好胡服、喜胡

图 2-3　小靠背椅图例

床，故胡床被广为推崇，正如《风俗通》中所言："汉灵帝好胡服，景师作胡床，此盖其始也，今交椅是也。"由于帝王的喜好，交椅已成为象征身份与地位的器具，故民间有"第一把交椅"之说法。任何事物都是在发展中前进的，交椅也不例外。交椅也有其自身的演变过程，从猎椅、行椅、交床到太师椅，无不诉说着交椅的发展。之所以一把交椅有不同的名称，原因在于当时的风俗禁忌、使用环境等有所差异。在形式上，交椅呈现多样化之趋势，其不仅有圆背与直背之分，而且有带扶手与无扶手之别（表 2-1）。

表 2-1　交椅图例

形式	图例	
圆背	a　　　　b　　　　c	a 宋代太师椅 b 新古典式交椅 c 新古典式交椅（"春在中国"）
直背	a　　　　b	a、b 清代黄花梨直后背交椅 （北京故宫博物院）
带扶手	a　　　　b	a、b 明代黄花梨带枕直背交椅 （美国加州中国古典家具博物馆）

形式	图例
无扶手	 a至c 单人椅与三人交椅

（5）文单椅。文单椅（图 2-4）是文椅的一种，而另一种文椅则是带扶手的，又有"玫瑰椅"之称。文椅属苏作家具的一种，古时它一般被置放于书房、画轩等地方，其优美简洁的造型充满了"书卷之气"，是文人喜用之坐具。到了现代，由于人们的生活方式已不同于古人，所以文椅被置放的地方也不固定。

图 2-4 文单椅图例

（6）海派靠背椅（无扶手）。海派靠背椅（图 2-5）作为海派家具的类别之一，既有传统家具的造物理念，也有西方元素的融入。海派靠背椅可分为三类，即西式中化、摩登样式与装饰主义风格。作为近现代艺术家具的代表，海派靠背椅拉近了传统与现代之间的距离。

（7）当代艺术家具之靠背椅（无扶手）。新古典、新海派、新中式、新东方等风格均是古典家具改良与创新的结果（图 2-6），隶属当代艺术家具之列。①新古典靠背椅的设计方法有三种，即造型的重组、器物比例的缩放、创新工艺的应用：在造型的重组方面，常将不同古典家具的经典部件加以解构，然后再进行重组设计，如圈椅和机凳类的结合；在

图 2-5　海派靠背椅图例

a至c 新古典

d至g 新中式

h至k 新东方

图 2-6　当代艺术家具之靠背椅图例

器物比例的缩放方面，将原尺寸的器物加以缩放从而得到功能新颖的新坐具；在创新工艺的应用方面，匠师将业内的新兴工艺应用于家具设计中，如预应力技术、丝翎檀雕、光影雕刻等。②新海派作为海派家具的延伸，其设计方法同新古典一样。③新中式作为新兴之风格，代表着一种新的生活方式。所谓古不乖时，今不同弊。古时的经典已是曾经的辉煌，虽经典但已不能融入现代的生活之中，故新中式之设计应有别于新古典的设计，但是任何设计都需经过萌芽、形成与发展、成熟三个阶段，新中式也不例外，在前两个阶段有古典家具的影子（古典元素的运用）实属难免。另外，家具行业有传统与现代之分，由于其设计思想的差别，所以在不同行业其表现形式也有所差别，后者较前者现代，但"有根"之设计原则是不能动摇的。④新东方设计风格中包含西方式设计思想，故其表现形式有别于新古典、新中式等，却与新海派家具有异曲同工之妙。

（8）靠旦椅。靠旦椅（图2-7）是被置放于墙边之座椅，在中国古代艺术家具中，其是为随从而备之坐具（随从坐在其上，臀部不能完全占据座面，只能坐于一角）。

图2-7 靠旦椅图例

（9）梯子椅。梯子椅（图2-8）为海派座椅，属于多功能之家具形式，其可成为梯子之式样，亦可成为座椅之状。

a、b变形前　　　　　　　　　　　　　　　　c变形后

图2-8 梯子椅图例

2）扶手椅

（1）玫瑰椅

文椅有带扶手和无扶手两类[12-15]：无扶手的被称为"文单椅"；带扶手的则被称为"玫瑰椅"（图2-9）、"小姐椅"，前者是南方对其的称

谓，而后者则是北方的叫法。在南方，玫瑰椅常被陈设于书房，靠窗摆放，且靠背高度常低于窗边；而在北方，小姐椅常被置放于床边，供看书之用。此类文椅之扶手和靠背的高度都较低，且两者的高度相差不大。由于靠背板上施以的装饰种类和形式不一，如雕刻、镶嵌、贴皮、漆艺等，故文椅的种类与形式也不在少数，如直棂围子玫瑰椅、冰裂纹围子玫瑰椅、独板围子玫瑰椅、券口靠背玫瑰椅、圈口靠背玫瑰椅、雕花（浮雕、透雕、综合雕刻等）靠背玫瑰椅等。

图 2-9　玫瑰椅图例

（2）官帽椅

官帽椅因形似古时之官帽而得"官帽椅"之名。官帽椅在形式上有出头与不出头之别：出头之官帽椅有"四出头"与"两出头"之分；不出头的官帽椅即"南官帽椅"。

① 四出头官帽椅。搭脑两端以及扶手两端均出头的官帽椅，被称为"四出头官帽椅"（图 2-10）。四出头官帽椅在形式上较为多变，如搭脑、扶手、鹅脖、联帮棍与枨子等均是灵活且多样的载体。以联帮棍为例，其形式除了"直棍大小头式"之外，还有诸如"顶瓶式"（竹瓶荷叶式）、"竹瓶形"与"S形大小头式"等存在。联帮棍仅为四出头官帽椅整体中的一个组成部分，就有如此多的变化，可见四出头官帽椅变化的丰富性之所在。

图 2-10　四出头官帽椅图例

② 两出头官帽椅。两出头官帽椅即只有扶手两端出头或搭脑两端出头的官帽椅。

③ 南官帽椅。搭脑两端及扶手两端均不出头的官帽椅被称为"南官帽椅"（图 2-11）。

a 扇面形南官帽椅；b 高靠背南官帽椅；c 高扶手南官帽椅；d 矮南官帽椅；e、f 六角形南官帽椅；g 梳背南官帽椅；h 直棂围子南官帽椅；i 靠背雕万字纹南官帽椅；j 老榆木南官帽椅

图 2-11　南官帽椅图例

（3）圈椅

靠背的外框之曲线与扶手形成半圆形的坐具（图 2-12），被统称为"圈椅"。在古典家具中，圈椅属经典款式之一，造型典雅纯朴，线条流

a 宋画中的圈椅；b《五山十刹图》中的圈椅；c 榉木圈椅；d、e 古典式圈椅；f 梅花茶花椅；g 新中式圈椅；h 至 j 新东方式圈椅

图 2-12　圈椅图例

畅简洁，从高到低一顺而下，曲度适中的椅圈、S形的靠背板给臂膀、双手、脊椎以舒适之感。在设计上，将中国文化中"天圆地方"的宇宙观融入其家具设计，圈椅将方与圆合理结合，如上圆下方、外圆内方，均以"圆"为主，圆是和谐的，象征着幸福，方是稳健的，代表着宁静而致远。圈椅将儒家之中庸思想完美地融入其设计之中。对圈椅的尊重与青睐仍然是现代工匠和设计师的心声，以圈椅为灵感来源的创新设计（新古典、新中式、新东方等）比比皆是。

（4）交椅

椅子隶属高型家具的范畴，出现于唐代以后，唐人将带后背且有扶手的坐具称为"椅子"。时至宋代，椅子的形式呈现多样化，有直背和圆背之分。交椅（图2-13）亦属于椅类，故也有上述之差别。有"第一把交椅"之称的该种坐具是身份和地位的象征，不论是坐堂论事，还是帝王巡游，交椅均被置放于主要的位置，不仅有带扶手与无扶手之别，而且有单人与双人之分。

a 圆后背雕花交椅　　　　b 圆后背素交椅

图 2-13　交椅图例

（5）宝座

宝座又有"御座"之称，属于宫中御用之物，是宫廷大殿之上帝王专用的扶手椅，此扶手椅在尺度上较一般的扶手椅大（图2-14）。由于宝座是权力与地位的象征，故形式意义大于实用价值。在古典家具中，宝座常通体布满了繁缛的雕饰、华贵的镶嵌与工序复杂的漆饰。对于该坐具的设计，应特别注意其设计原则有别于其他日常之用具，宝座需以"人文精神"为本（与"以人为本"有着本质上的差别），如"世博椅"的设计便是突出以上精神的案例之一。

（6）梳背椅

梳背椅因靠背形式，又得名笔杆椅（图2-15）。

（7）太师椅

太师椅（图2-16）是北方的称谓，南方称其为"独座"。太师椅又名"行椅""猎椅""太师样"，从宋代张端义的《贵耳集》中所知（今

图 2-14　宝座图例

a 榉木梳背椅　　　　b 竹节梳背椅　　　　c 红木梳背椅

图 2-15　梳背椅图例

图 2-16　太师椅图例

之校椅，古之胡床也，自来只有栲栳样，宰执侍从皆用之。因秦师垣在国忌所，偃仰片时坠巾，京尹吴渊，奉承时相，出意撰制荷叶托首四十柄，载赴国忌所，遣匠者顷刻添上，凡宰执侍从皆有之，遂号太师样。今诸郡守倅，必坐银校椅，此藩镇所用之物，今改为太师样，非古制也)，最初之太师椅为"栲栳样式"的交椅，且名曰"太师样"。宋代以后，人们将"太师样"与"交椅"之称加以结合，并称为"太师椅"，但宋代之后的太师椅与之前大有不同，即弧形的扶手逐渐衍生出了棱角，荷叶式的"托首"也演变为卷书式的"搭脑"，此时的太师椅显然已脱离了圈椅之形式。清人李斗在《扬州画舫录》中提及"椅有圈椅、背靠椅、太师椅、鬼子诸式"，从中可见，李斗已将圈椅与太师椅区别开来。

（8）禅椅

禅椅可供禅师在其上盘腿而坐，故得"禅椅"之名，其有"坐高较低、坐深较深、坐宽较宽"等特点（图 2-17），如《张胜温画卷》中"禅宗七祖"所坐之椅，由于前端距离靠背较远，座面宽敞，如不是盘腿而坐，是无法倚靠到后背的。禅椅与禅宗之精神无法分割，禅宗是佛教中的一个流派，其崇尚佛之本生，讲究"净心""自悟""顿悟"，正因为具有如此之精神，我们才可从禅椅中感受到"菩提本无树，明镜亦非台。本来无一物，何处惹尘埃"之境界。禅椅的空灵与神秘，既是古人钟爱之物，如明代高濂就特别关注禅椅之材料的运用、工艺的处理与背上枕首横木是否阔厚等（高濂认为"禅椅较之长椅，高大过半，惟水磨者佳，斑竹亦可。其制，惟背上枕首横木阔厚，始有受用"），也是现代相关从业者青睐之物。

图 2-17　禅椅图例

（9）轿椅

轿椅这种类型的坐具较为少见，是古时富贵人家出行时所乘坐的椅具，前后各一人肩扛轿杠，主人端坐其上，故又有"肩舆"之称。轿椅（图 2-18）靠背的高度适中，左右安有扶手，为了安装轿杠，其束腰处较一般座椅高。另外，在轿椅下还设有宽大的台座或踏脚板，且较为厚重，目的有二，既为乘坐者的腿足提供了支撑之物，又利于轿椅在行走中保持平衡。

（10）鹿角椅

鹿角椅（图 2-19）之椅式为清代皇家专用的椅子，该坐具的出现

图 2-18 轿椅图例

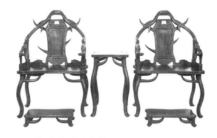

a 清早期古典式鹿角椅　　b、c 新古典式鹿角椅

图 2-19 鹿角椅图例

离不开清代的"秋狝"与"春蒐"之制度（与"捺钵制"同义），前者是秋天打猎，后者则是春天狩猎，鹿角椅的用材正是来自皇帝在狩猎中所猎之鹿。此坐具棱角未去，故实用价值较象征意义小，将猎物制成椅子有"国家昌盛"之意，故此坐具是政治的象征。

（11）民国时期扶手椅

生活方式的改变对人们的审美具有较大影响，在此背景下，扶手椅逐渐西化。作为中西交融的产物，民国扶手椅形成了其独有的风格：在工艺上，与明清家具一脉相承，榫卯工艺、雕刻技法、用漆之道等，无不渗透着中国造物的灵活与多样；在材料上，以酸枝木（印度酸枝木或泰国酸枝木），即"老红木"为主。在民国时期的扶手椅（图 2-20）中，风格多样，中西杂糅，既能察觉到洛可可与新古典的影子，又能感受到中国文化与艺术的庄重与稳健。

图 2-20 民国时期扶手椅图例

（12）海派扶手椅

海派家具是在中西文化交融中产生的。在海派形成的初期，扶手椅（图2-21）以模仿西式为主，在风格上有英式、法式、西班牙式、犹太式等；在材料上以桃木、橡木居多；在结构上也有中式和西式之分。到了20世纪30年代左右，富裕的家庭意识到家具是身份与地位的象征，故对材料和款式有了新的要求，在材料上，以红木代替白木，在装饰上，在家具表面施以"面与块"为主的"果子花"（西方纹饰与我国牡丹相结合的产物）纹饰，其有别于中国传统以"线"为主的纹饰。任何一种风格都是与时俱进的，到了20世纪40年代左右，装饰主义开始在上海流行，加之材料的稀缺，故在纹饰上喜用以几何造型为主的装饰纹饰，在工艺上出现了包覆工艺（软体＋木材）。

图2-21　海派扶手椅图例

（13）长椅

带扶手的长椅（图2-22）的形式各异、风格多样，设计形式呈现多元化。

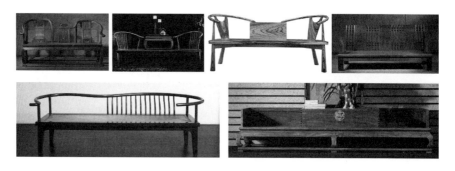

图2-22　长椅图例

（14）摇椅

摇椅是指腿足不直接与地面相接触，可以自由摇动的坐具或卧具

（图 2-23），有"座椅式"摇椅和"躺椅式"摇椅之分。靠背与地面的夹角较大者被称为"座椅式"摇椅，反之则为"躺椅式"摇椅。

图 2-23　摇椅图例

（15）躺椅

躺椅是指一种座面较长，供人躺靠的坐具（图 2-24）。躺椅的形式不一，有带扶手之躺椅与无扶手之躺椅之分。在中国当代艺术家具中，设计者乐于将古典家具中的"线"加以提取，并加上带有中国味儿的材质与工艺，如竹与藤编工艺。

图 2-24　躺椅图例

（16）休闲椅

在古典家具的品类中并不存在休闲椅，直到古典家具被现代化的气息所感染才出现了此类型的家具。休闲椅是供人短暂休息之用的坐具（图 2-25）。在形式与风格上，休闲椅可以是多样的，如高型、低型、古典、新古典、新中式、新东方等等；在结构上，采用中国最为经典的榫卯结构；在设计上，须将"有根"之设计融入其中。

图 2-25　休闲椅图例

（17）餐椅

餐椅与休闲椅一样，均是近现代生活方式所生之坐具形式。在民国家具、海派家具以及中国当代艺术家具（包括新古典、新海派、新中式与新东方等）等形式中，餐椅的出现较为普遍。在上述风格的餐椅中，种类与式样众多，既有对中式的延续，亦有对西式的改良，前者诸如海派家具中的本庄式家具与中国当代艺术家具中的新古典、新中式，后者诸如海派家具中的洋庄式家具与中国当代艺术家具中的新海派。

（18）书台椅

书台椅属于书房家具的一部分（图2-26），其功能类似于古典家具中的"文椅"。之所以赋予此类家具不同的称谓，是因为古人与现代人的设计思想有所不同，最终导致其在造型与功能方面的差别。

图 2-26　书台椅图例

（19）茶台椅

茶台椅为与茶台配套使用之坐具（图2-27），其与餐椅、休闲椅等一样，有新古典、新海派、新中式与新东方等风格之别。

图 2-27　茶台椅图例

（20）沙发椅

沙发椅兼有沙发和座椅的双重性，其软包既可与木外框相连，也可为独立部件有单人沙发椅和双人沙发椅之别（图2-28）。

图 2-28　沙发椅图例

（21）转椅

转椅为支撑部位可自由转动的椅子形式（图2-29）。

图 2-29　转椅图例

（22）婴儿座椅

婴儿座椅为婴儿所用之坐具（图2-30）。

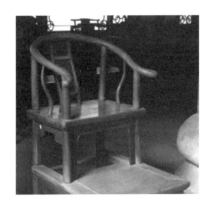

图 2-30　婴儿座椅图例

（23）站椅

站椅形式有二：一为姗姗学步之婴儿站立所用；二为多功能器具的一种，即该坐具可与婴儿床相互转化（图2-31）。

图 2-31　站椅图例

2.1.2 机凳

没有靠背的坐具被称为"机凳"。座面、腿足是机凳的基本结构。由于机凳有带束腰与无束腰之别，故枨子（直枨、横枨、霸王枨、裹腿枨）、牙子、束腰也是机凳的结构之一。对于传统家具而言，在一般情况下，无束腰机凳的腿足为直足，并配以枨子；反之，有束腰机凳的腿足为马蹄足或者三弯腿，并配有牙板等部件。机凳的腿足有不同形式之别，其座面也是如此，有长方形、圆形、正方形、多边形、椭圆形、梅花形、扇面形等之分，故有方凳、圆凳、条凳等之别，正如文震亨在《长物志》中所言："机有二式，方者四面平等，长者亦可二人并坐，圆机须大，四足彭出……"其中条凳又有大小之别，如大条凳、小条凳、二人凳、门凳、春凳、脚凳等均属条凳系列。在中国传统家具中，还有一类可折叠的凳类存在，即"胡床"，其又被称为"交足""折叠凳""马扎""交足凳"等。而对于新古典、新海派、新中式以及新东方等新兴风格的家具而言，其造型更趋向于多样化，如脚凳与床尾凳等。

（1）方凳。方凳是指座面呈现方形的坐具（图2-32、图2-33）。

图 2-32　方凳图例 1

图 2-33　方凳图例 2

（2）圆凳。圆凳是指座面呈圆形的坐具（图2-34）。

图2-34　圆凳图例

（3）条凳。座面窄且狭长者，被称为"条凳"（图2-35），有小条凳、大条凳、长凳等之分。长凳为适合二人或者二人以上使用的坐具，其形式有二，即可移动式和固定式，可移动式常用于室内，而固定式则常用于室外，如在园林建筑中依附于亭、台、廊等建筑的固定式长凳被称为"美人靠"，又有"飞来椅"与"吴王靠"之名。美人靠是一种带有木制曲栏的坐具，常出现在古代园林之建筑中，其组成部分既包括栏杆，也包括长凳，由于形似鹅脖，故南方将之称为"鹅颈凳"。从文人们的笔下可知，该种坐具的历史较为悠久，如李白曾言"沉香亭北倚栏杆"，黄巢也因造反未果，而出"独倚危栏看落晖"之话语。长凳包括二人凳、春凳以及三人凳等。在古典家具中，二人凳的形式与桌案类似，故设计有相通之处，也有带束腰、无束腰以及四平式，在新古典、新海派、新中式以及新东方等当代艺术家具中，其形式则更为多样。春凳，是二人凳中的一种，可被视为坐具，亦可被视为卧具，其用途有别于其他二人凳。春凳作为婚嫁之物时必须成对出现。小条凳在北方被称为"小板凳"，其座面长度较大条凳短。

a 榉木小条凳；b 大条凳；c 红漆席面二人凳；d 柞木春凳；e、f 新东方式长凳

图2-35　条凳图例

（4）踏脚。踏脚又称"脚踏""脚床""踏床"或者"脚蹬子"，常与

椅子、交杌、交椅、宝座、床榻等同时使用。踏脚有的与上述家具相连，如交椅的踏脚；有的则分开制造，如宝座和床榻前的踏脚（图2-36）。

图 2-36　踏脚图例

（5）滚脚凳。滚脚凳与踏脚有类似之处，但形式有别，前者套有滚筒，可前后滚动，有按摩的作用，文人书房中常设之。

（6）滚凳。滚凳即"踏脚"的一种（图2-37），该器具需在中间设四个轴，以便用来滚动，可起到按摩之效。

a、b 明代黄花梨滚凳

图 2-37　滚凳图例

（7）床尾凳。床尾凳是人们生活方式改变的产物。现代卧具的出现使得其所配备的家具也必将随即出现（图2-38），床尾凳就是其中一例。此类型的凳子常与床配合使用，其上可放就寝的物件，也可被视为坐具，属多功能性家具。在形式上，床尾凳与条凳有异曲同工之处。

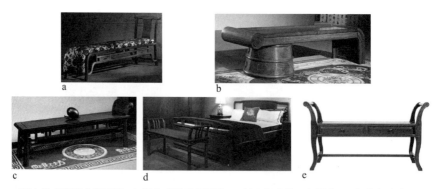

a 新古典式官帽式床尾凳；b 新中式风云床尾凳；c 新古典式祥云床尾凳；d 新东方式床尾凳；e 带抽屉床尾凳

图 2-38　床尾凳图例

（8）交杌。由于腿足部分交叉相连，故此类杌凳被称为"交杌"（图2-39），又名"马扎"。交杌起源于胡床，由于其可以折叠、方便携带，故从古至今一直备受大众青睐。由于历朝历代人们文化地位、审美取向的不同，交机之形式也各有差别，如简单的交机是以八根直材为骨架，座面穿以绳索或皮革条带即可；较为精细的交机则施以雕刻、镶嵌等工艺，座面以较为贵重的织物编织而成，并设置踏脚。由于交机的座面材料有织物与木材之分，故其折叠方式也有上折和下折之别。织物面的交机为下折式，木材座面的交机为下折式。

图 2-39　交机图例

2.1.3　墩

沈从文先生在《中国古代服饰研究》中提道："腰鼓形似坐墩，是战国以来妇女为熏香取暖专用的坐具。"可见此种坐具的历史之悠久。在唐代，受到佛教莲台的影响，妇女的坐具多为腰鼓式，被称为"基台"或"筌蹄"，在其上覆盖绣帕或织物即"绣墩"。经过宋代的发展，在明清时墩已成为坐具中的佼佼者，不仅灵秀可人，而且富丽多姿（图 2-40）。

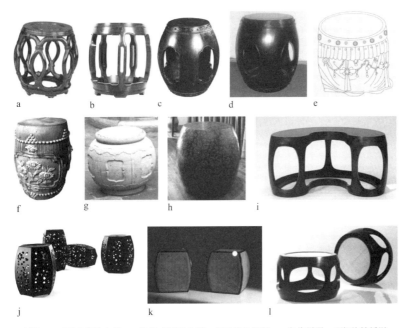

a 坐墩；b 五开光弦纹坐墩；c 海棠式开光坐墩；d 五开光坐墩；e 唐代绣墩；f 瓷釉鼓绣墩；
g 石绣墩；h 堆漆式鼓墩；i 新东方式坐墩；j 仿镂雕式坐墩；k 藤坐墩；l 鼓墩

图 2-40　墩式图例

明清两代的绣墩不仅可在室内使用，而且可用于室外。在材质上，坐墩有木、竹、藤、石、瓷等；在艺术造型上也花样颇多，有开光（三开光、五开光与多开光等）与不开光之分，开光为中国传统家具的一种装饰，故其形状较为丰富。对于不开光形式的坐墩而言，其表面常被施以装饰，如雕刻、镶嵌、漆艺等。另外，坐墩的雕饰极为精致，不管是海棠，还是竹节，抑或是藤蔓，皆栩栩如生，艺术感染力十足。

在古典家具创新的过程中，各界设计师均赋予坐墩不同的表现形式，如运用不同于木材的材质、缩放比例与提取经典部件等方法来展现传统文化的博大精深。

2.2　承具类

2.2.1　几

几在席地而坐时期是较为重要的一类家具。在西周时期，几可作为"陈设放物"之器具，是身份的象征、地位的标志，当时被称为"庋物儿"（庋是置放器物的架子）。另外，几还可被视为"凭倚"之物，供长者或尊者席地而坐时放于身前或身侧（相当于坐具之扶手）以支撑身体，名为"凭几"。到了春秋时期，几之用途更是广泛，相当于后来的桌案。随着人们生活方式的改变，垂足而坐逐渐代替了席地而坐，凭几不再盛行，置物成为其主要功能，并出现了炕几、花几、琴几、条几、香几、套几等。

（1）炕几。炕几是指放于床榻、炕以及沙发之上使用的矮形家具（图2-41）。炕几较炕桌狭窄，桌面呈长方形。在古典家具中，其形式有二：一是三块厚板直角相交，足底或平直落地，或内翻，或外兜，形成卷书状，两旁板既可光素，也可施以雕饰；二是四腿位于四角处，似条桌。

图2-41　炕几图例

（2）花几。花几用于陈设花卉、盆景、花瓶等物，其腿足较高，既可单独使用，又可与其他家具配套使用（图2-42）。由于花几隶属高型家具，故从宋元时期开始流行，造型多样，用料讲究，工艺精湛。在造型上，花几有方有圆，形状不一，高雅舒展，腿足的变换是其设计的重点，如"蜻艇腿""马蹄足""三弯腿"等；在工艺上，常采用雕刻、戗金、镶嵌等。

a至c 圆花几　　　　　　　　　　　　　　　　　d 三连花几

e至j 方花几

图 2-42　花几图例

（3）琴几。琴几是指专供弹琴者演奏的一类家具（图 2-43），有低型和高型之分。与炕几类似，琴几是由三块厚板组成，既可光素，也可施以雕饰。

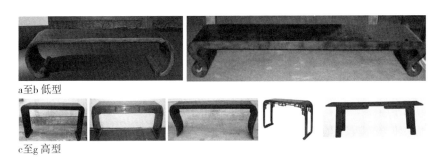

a至b 低型

c至g 高型

图 2-43　琴几图例

（4）条几。条几为作陈设之用，由三块厚板组成，有低型和高型、平头与翘头之分（图 2-44）。

（5）香几。香几为放置香炉的器物，古时常被置于厅堂、中庭之中。香几与花几在形制上颇为类似，有圆有方。不仅如此，圆香几与圆凳、方香几与方凳也有异曲同工之处，只是高矮有别、尺寸有异（图 2-45）。

（6）套几。套几属于早期组合家具之一，几面有长方形与正方形之分。套几在形式上可分可合（图 2-46），不使用时可重叠放置，方便且

a至c 高型

d、e 低型

图 2-44　条几图例

a、b 三足

c、d 四足

e、f 五足

g、h 六足

图 2-45　香几图例

图 2-46　套几图例

节省空间，故被称为"套几"。套几中的每一个单体式样相同，只是尺寸有别，其大小呈渐变式，将"统一""变化""连续""渐变"等美学原理融入其设计中。

（7）茶几。古时，香几与茶几可通用，但到了清代，家具的功能更为细化，茶几从香几中分离出来，演变为一个独立的新品种。茶几可与不同家具配合使用，如扶手椅、沙发、凳类等。与扶手椅配套使用时，茶几的高度较沙发与凳类的高，被称为"椅几"；与沙发配套使用时，被称为"沙发几"，由于尺寸的差异，又有沙发大几、沙发小几与沙发平几之分（图2-47）。

a至e 椅几

f至h 沙发几

图 2-47　茶几图例

（8）蝶几。蝶几与燕几、七巧桌均有异曲同工之妙，都属于组合家具类，只是燕几出现于宋代，而蝶几是明代的产物。蝶几主要是以"斜角形"为基础，由六种（十三只）斜形桌组成。

（9）燕几。唐人将宴请宾客专用的几案称为"燕几"，燕几最大的特点就是可以根据宾客的数量而随意分合，其初以六为度，因此得名"骰子桌"，后有人提议再加一几，故又被命名为"七星"。燕几根据大中小三种桌子可灵活演变出25种形式，即大小长方形桌、大小方形桌、T字形桌、山字形桌、门字形桌、坛丘形桌等，还可拼凑成76种格局，如回纹、屏山、斗帐、函石、虚中、瑶池、悬帘、双鱼、石床、万字形、金井等。燕几是宋代文人审美取向之佳作，不仅具有使用价值，而且有中国哲学之体现。不仅如此，在燕几的设计中还有模数化与标准化思想的参与，其对蝶几、叠几与套几的设计颇具启示性（图2-48）。

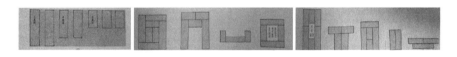

图 2-48　燕几图例

（10）叠几。两几按照一上一下重叠放置被称为"叠几"（图2-49）。

（11）被几。被几是指置放炕上用品的几类家具（图2-50）。

（12）凭几。凭几是古人为了舒服起见，置放于席上、后床榻上的

图 2-49　叠几图例

核桃楸雕刻被几

图 2-50　被几图例

支撑、倚靠类家具，又名"冯几"（表 2-2），其位置可依使用者的需要而设，既可被置放于用者身前，如明代吴伟之《词林雅集图》中所示，又可将其视为扶手或靠背，置于用者的侧面或者后面，如明代曾鲸之《沛然像轴》与宋代李嵩之《听阮图》中所示的凭几，还可将其置放于足下，如宋代《槐荫消夏图》与元代刘贯道之《梦蝶图》所示的凭几之式。

表 2-2　凭几图例

位置	图例		
身前			
身后			

位置	图例
足下	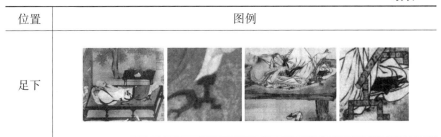

2.2.2　案

　　案之四足是缩进的，这是其与桌子的区别之一。在形式上，案有平头案和翘头案（有大翘头与小翘头之别，大翘头案常用于敬天法祖及较为正式的场所，如衙门、寺院与祠堂，以示一种威严之感，故此种翘头案的设计通常较高，而小翘头案则与前者相反，高度不及前者高，翘头亦不及前者大，故较为适合走进生活，如文人用的手卷案、书案与画案）、卷书案与架几案之分，除此之外还有带托泥与无托泥、带管脚枨与无管脚枨等之别。在造法上，案有夹头榫与插肩榫之别。在功能上，案可分为炕案、画案、书案、供案等。上述之案隶属垂足而坐时代的产物，除了"垂足而坐"，中国还有"席地而坐"之生活方式的存在，那么此时之案必然有别于前者所述之形式（高型案），如 1977 年湖北随州出土的春秋战国之漆案、江苏连云港出土的汉代漆案以及长沙马王堆中出土的食案等，均是低型案的代表。尽管同为低型家具，却也有形式之别，一种是"举案齐眉"典故中的形式，另一种则是带腿足的低型案类，前者犹如马王堆一号墓中出土的"彩绘云气纹漆案"，形似托盘，而后者则是低型案的主流形态。

　　（1）榻。榻是盛食的器具。时至两晋，榻已达到极为流行之程度，此时的榻与汉代的"托盘式漆案"极为类似（图 2-51），汉在前，两晋在后，可见其中的递承关系。

a　　　　　　　　　　b

a 汉代彩绘云气纹漆案；b 三国时期彩绘鸟兽鱼纹漆榻

图 2-51　托盘式漆案与榻图例

（2）平头案。根据案面形式的不同，有平头与翘头之分（图2-52）。在古典家具中，平头案有夹头榫和插肩榫之别（材质为木材），而在新兴的风格或其他材质的平头案中并不局限于上述造法。

图 2-52　平头案图例

（3）翘头案。翘头案的案面两端高起，犹如建筑飞檐之形状。翘头案与平头案一样，有插肩榫和夹头榫之分（图2-53）。

图 2-53　翘头案图例

（4）架几案。架几案由一块板材（案面）与两个几座组成，其可谓是组合式家具的一种（图2-54）。

图 2-54　架几案图例

（5）卷书案。卷书案的案头呈卷书状。

（6）条案。条案案面呈长方形，平头案和翘头案均隶属条案的范畴。

（7）画案。画案又被称为"天然几"，文震亨在《长物志》中提及："天然几，以文木如花梨、铁犁、香楠等木为之，第以阔大为贵，长不可过八尺，厚不可过五寸。飞角处不可太尖，须平圆，乃古式。"从上述可知，古典之画案也有平头和翘头之别，只是翘头处须掌握一定的"度"。画案早在魏晋南北朝时期就开始流行，其形式随着朝代的变更而演变。隋唐五代时期的画案多为宽面长体大案；两宋时期的画案在高度上有所提升，为托泥高坐式，且造型朴素大方；而在明清时期，画案的形式又出现了新的变化，在制作和装饰方面均较为讲究。既然画案属案形结体，无外乎夹头榫和插肩榫两种造法，但是在新兴风格中其造法较为多样（图 2-55）。

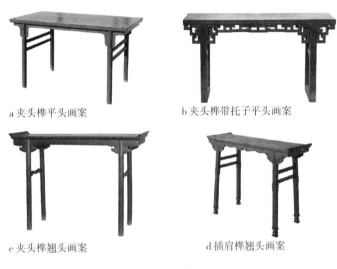

a 夹头榫平头画案　　　　　　b 夹头榫带托子平头画案

c 夹头榫翘头画案　　　　　　d 插肩榫翘头画案

图 2-55　画案图例

（8）书案。书案是指专供阅读之用的桌子（图 2-56）。

图 2-56　书案图例

（9）供案。供案是古时用来祭祀的条案，上置祭品（图 2-57）。供案的原形可追溯至商周时期的祭俎，时至秦汉，俎逐渐减少，供案逐渐增多并最终取代了俎，成为庙朝、礼仪、祭祀场合的主要陈设用具。

图 2-57　供案图例

（10）香案。香案隶属陈设型案类（图 2-58）。

图 2-58　香案图例

（11）炕案。炕案是指用于炕上的案子，其形制较低，故属小型案类之列（图 2-59）。炕案与其他案类一样，有平头、翘头与卷书之别。

a 清康熙年间填漆戗金花卉纹炕案（翘头）；b 清康熙年间填漆戗金花卉纹炕案（平头）；c 紫檀炕案（平头）

图 2-59　炕案图例

2.2.3　桌与台

腿足位于四角者被称为"桌"，腿部缩进者则属案形结体，但是任何事物均有其例外者，一种酷似案形结体的桌子便是如此，此类型的桌子与案非常相似，但其本质结构与案形结体相差甚远，只是将较大的桌面置放于较小的四平面式桌之上，在视觉上给人以案形结体之感。在形状上，由于桌面有不同的形式之别，如方形、圆形、椭圆形、长方形、月牙形、六边形等等，故有圆桌、方桌、条桌、半桌等；另外，由于功能与置放位置的差异性，桌类可分为画桌、书桌、棋桌、琴桌、供桌、宴桌（八仙桌）、酒桌、茶桌、餐桌等。在上述的器具中，有些功能是相通的，只是古今对其的称谓有所差异，如酒桌与餐桌、书桌（书台）与写字台、茶台与咖啡桌等。

（1）圆桌。圆桌又有"圆台"（图 2-60）与"百灵桌"之称。在古时，圆桌属厅堂家具；在现代，其位置不固定，可摆放于客厅，亦可置放于餐厅作为餐桌。古时的圆台常与坐墩一起使用，陈设于厅堂的正中。圆台包含着团圆、和谐、周而复始、生生不息之吉祥、美好的寓

a、b 独脚式　　　　　　　　　　　　　　c 非独脚式1

d、e 非独脚式2　　　　　　　　f 折叠式　　g、h 非折叠式

图 2-60　圆台图例

意，故受到大众的青睐。圆桌在形式上除了独脚与非独脚之别，还有折叠与非折叠之分，前者（折叠）在宋金的壁画中偶有见到。

（2）百灵桌。百灵桌即"圆桌"（图2-61），是南方人对于圆桌的称谓，该叫法因喜在桌台上引吭高歌的百灵鸟而得。

a、b 清雍正年间紫檀描金花卉纹百灵桌

图 2-61　百灵桌图例

（3）方桌。在方桌中，有尺寸大与小之别，尺寸大者被视为"八仙桌"，尺寸较小者为"四仙桌""六仙桌"等（图2-62）。

图 2-62　方桌图例

（4）条桌。条桌又称"长桌"（图2-63），桌面长而狭，书桌、画桌、餐桌（部分）、酒桌等均属于条桌范畴之内。条桌的形式丰富、类别多样，可分为有束腰、一腿三牙、无束腰、高束腰、四面平、带翘头等几种形式。在无束腰类别中，为了缓解视觉上的单一感，常在方桌上添加矮老、罗锅枨（桥梁枨）、霸王枨等部件。

图2-63 条桌图例

（5）半桌。半桌即小的长方形桌案（图2-64），相当于八仙桌的一半，由于其可以拼接使用，故又有"接桌"之称。在形式上，半桌不仅有圆形、方形与多角形之别，而且有三足与四足等之分。

a方形　　　b至e半圆形　　　　　　　　　　　f多边形

图2-64 半桌图例

（6）七巧桌。七巧桌属于古时的组合家具（图2-65），是"半桌"的一种。顾名思义，七巧桌是由七张大小不等、形状不一（一张方桌、五张三角形桌以及一张平行四边形的桌子）的桌子组合而成，既可以单独使用，也可以组合使用。

（7）月牙桌。月牙桌也是"半桌"的一种（图2-66），由于其桌面形状似月牙，呈半圆状，故得此名，也有"半圆桌"之称。月牙桌的形状很多，如直足与三弯足、带束腰与无束腰、有托泥与无托泥等。在装饰上，月牙桌既可光素，也可施以雕饰（浮雕、镂雕等）、镶嵌、彩绘等。由于自身的形制，月牙桌可靠墙摆放，也可倚靠屏风，亦可两张桌子合二为一，使之成为圆台。

图 2-65　七巧桌图例

图 2-66　月牙桌图例

（8）炕桌。炕桌隶属矮型家具（表 2-3），多被置放于炕上、床上、沙发上以及长椅上等，有带束腰与无束腰，直足、马蹄足与三弯足之分。由于"炕"在北方较南方普遍，故"炕桌"在古时的北方较为常见。另外，炕桌也可被移动至地上，供人围坐吃饭之用，故又被称为"饭桌"。而今，炕桌不仅可以被置放于炕上，而且可以与长椅、沙发、罗汉床等一起使用。

表 2-3　炕桌图例

风格	图例			
古典	a 红漆嵌螺钿百寿字炕桌；d 大漆螺钿炕桌； b 清中期红木圆炕桌；e 清代云龙纹戗金黑漆炕桌 c 填彩漆锦地开光炕桌；			
新古典				
新中式				

（9）酒桌。桌有两种形式：一种是四足位于四角者；另一种是由低型案演化而来的"案形结体"（图 2-67），如酒桌、部分琴桌与画桌等。本处的酒桌便属于这第二种形式，由于酒桌的主要功能就是供人饮酒与用膳（与食案类似），故多以拦水线设之，以免酒水溢出。在古典家具中，酒桌之常见形式有二，即插肩榫与夹头榫两种。

a 至 c 插肩榫　　　　　　　　　　　　　　d、e 夹头榫

图 2-67　酒桌图例

（10）画桌。画桌属于"条桌"范畴，亦有案形结体与非案形结体之别（图 2-68）。

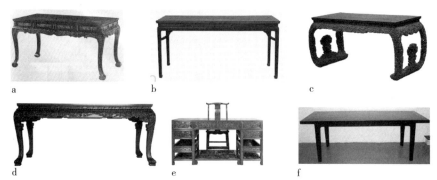

a 清乾隆年间紫檀三弯腿画桌；b 有束腰霸王枨画桌；c 有束腰几形画桌；d 三弯腿画桌；e 新古典式架几案式画桌；f 大漆挖缺腿画桌

图 2-68　画桌图例

（11）书桌。书桌又名"书台""写字台"（图 2-69）。在古典家具中，书桌有一般式样的书桌和褡裢式书桌（褡裢式又可被称为"马鞍式"，其是南方人对于褡裢式桌类的称呼，此种形如褡裢口袋式的桌子，可谓是现代写字台的前身）之分。前者不论是书桌的抽屉还是容膝空间

图 2-69　书桌图例

的高度均一致，而后者的抽屉则不等高，中部抽屉的底部到地面的距离高于两侧抽屉底部到地面的距离。而在古典家具与时俱进的过程中，为了迎合现代人的生活方式、审美取向以及居住面积，书桌不论在尺寸上还是在形式上均有别于古典式书桌。

（12）棋桌。棋桌是指供人下棋用的桌类，有活面与固定面之分（图2-70），前者可将棋盘、棋子等物置放于桌面之下的夹层中，并在其上覆盖活动的桌面，而后者则不造夹层，桌面是固定的。

a 半桌式活面棋桌　　　b 方桌式固定面棋桌　　　c 方桌式三弯腿棋桌

图 2-70　棋桌图例

（13）牌桌。用以玩牌的桌具被称为"牌桌"（图2-71）。

a、b 清乾隆年间紫檀牌桌

图 2-71　牌桌图例

（14）琴桌。琴桌与酒桌一样，有两种形式之别，即四足者位于四角处与案形结体（图2-72）。

a 案形结体　　　　b、c 四足四角

图 2-72　琴桌图例

（15）壁桌。壁桌是靠墙摆放的一类条形桌（图2-73），在其上可置放插屏、古玩等物。

（16）供桌。供桌又称"供台"（图2-74），是祭祀之物，常在其上放置香炉、蜡烛及供品等，故得名"供桌"，常与天然几、八仙桌、扶手椅配套使用。供桌的形制与其他桌类相似，有带束腰与无束腰之分。

a、b明末黑漆条案

图 2-73　壁桌图例

图 2-74　供桌图例

（17）抽屉桌。抽屉桌是指狭长且带有抽屉的桌子（图 2-75），包括两种形式：一种是案式抽屉桌（带吊头），此类抽屉桌兼有案与桌的特征；另一种是腿足位于四角处的抽屉桌（无吊头）。

a三屉雕花（带吊头） b四屉带托子（带吊头）c三屉抽（无吊头）d多屉抽（无吊头）

图 2-75　抽屉桌图例

（18）八仙桌。八仙桌又有"方桌""方台"与"宴桌"（宴桌是宋人对八仙桌的称谓）之称。之所以称其为八仙桌（图 2-76），自然与民间传说不无关系。八仙桌有无束腰与带束腰之分，桌面可为木、石以及瓷等。

图 2-76　八仙桌图例

（19）方台。方台即"八仙桌"，是南方人对方桌的叫法。

（20）方桌。方桌即"八仙桌"。

（21）抬桌。抬桌是古时商贩根据实际情况设计的一种特殊的桌类家具（图 2-77）。

a 《羲之写照图》中的抬桌　　　b 金代壁画中的抬桌

图 2-77　抬桌图例

（22）挑桌。挑桌与抬桌之功能形式类似（图 2-78）。

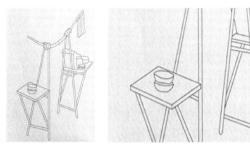

a、b 金代壁画中的挑桌

图 2-78　挑桌图例

（23）围栏桌。围栏桌的桌形在我国图片与实物资料中均属罕见之物，其形式类似于山西大同金墓出土的围栏床，只是功能有所不同。围栏桌由围栏（蜀柱）、桌面、腿足、矮老与横枨等主要部件组成，家具与建筑无法分割（图 2-79）。这种桌子也不禁使人联想起中国传统建筑之露台。

a、b 围栏桌　　　　　　　　c、d 露台

图 2-79　围栏桌与露台图例

（24）房前桌。房前桌是指红妆家具之内室家伙。

（25）手绢桌。手绢桌是明代文人观赏字画所用之桌类（图 2-80）。

（26）折叠桌。折叠桌的形状不一，有圆有方（图 2-81），圆者如宋代壁画中的折叠圆桌，后者如明末至清初的黑漆皮面折叠桌（该种折叠桌在《鲁班经匠家镜》中也有所记载）。折叠桌又有"狩猎桌""行军

图 2-80　手绢桌图例

a 山西岩石寺金代壁画中的折叠桌；b 明末黄花梨展腿方桌；
c 明末黑漆皮面折叠桌

图 2-81　折叠桌图例

桌"之称，将其折叠后还可供席地之用，可谓是多功能的典范。

（27）梳妆台。梳妆台是指供人们梳妆用的桌子（图 2-82），常被置放于卧房中，其上常设有镜子。梳妆台是近代才出现的家具形式，故其设计较符合现代人的生活方式。有些梳妆台留有容膝空间，有的则没有，是根据需要而定，并无定式。

图 2-82　梳妆台图例

（28）茶台。茶台又称"茶桌""咖啡桌"（图 2-83），是在古代家具的基础上，结合当代人的生活方式以及审美取向而延伸出来的新品类。茶台有海派、新古典、新海派、新中式、新东方等之分。借鉴古典家具之形的属新古典之列，结合现代技术与材料的属新中式之范畴，将中西文化加以融合的属新海派与新东方之领域。

（29）餐台。在古典家具中并无"餐桌"之称号，古时视八仙桌、酒桌、食案等为餐台（餐桌），故餐桌隶属"近代艺术家具"与"当代艺术家具"之列（图 2-84）。

（30）展示台。展示台是指在商场或展厅中用于展示物品的台类家具（图 2-85）。

图 2-83 茶台图例

图 2-84 餐台图例

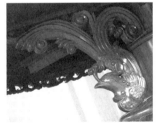

图 2-85 展示台图例

2.3 卧具类

2.3.1 床

　　早期的"床"并非卧具，而是坐具，正如《说文解字》中记载："床，安身之坐者。"此时床的功能是"坐"而非"卧"。由于胡床的引入，家具的形制逐渐升高，床隶属家具亦不例外，在床的上部开始设置顶和蚊帐，并可垂足而坐于床边。到了唐代，由于桌椅类家具的发展，床的功能变得较为单一，专供睡卧之用。时至明清时期，由于家具种类日益丰富，床也出现了罗汉床、架子床、拔步床等之分。步入现代，建筑形式不断地演变与发展，人们的家居空间也随之而改变，故出现了适合现代人生活方式的屏板床、片子床等卧具。

（1）罗汉床。三面设有围子的卧具被称为"罗汉床"（罗汉床是清代对三面设围子之坐具的称呼，而在宋代之时其还依然属于榻之列，如《孝经图》与《维摩演教图》中的榻便是"罗汉床式"之榻）与"屏风榻"（由于罗汉床犹如三面置放屏风的榻之形式，故得"屏风榻"之名）。在古典家具中，罗汉床的围屏在形式上有三屏风式、五屏风式、七屏风式；在造法上有独板围子、攒边装板围子、攒接围子、斗簇围子、嵌石板围子等；在装饰上有雕刻（浮雕、镂雕、综合雕等）、镶嵌（石、木、百宝、瓷、玉、丝绸等）、斗簇的图案（诸如灯笼锦等）、攒接的图案（万字纹、品字纹、曲尺纹等）与髹饰等。在罗汉床的改良与创新中，新工艺、新技术、新材料、新设计的运用与出现保持了此卧具在与时俱进中的"可持续性"发展。除了卧具，罗汉床还兼有坐具之功能（图2-86），正如《韩熙载夜宴图》中的三面围子式罗汉床一般。此项功能则是对传统的延续，因为在席地而坐之时，床的功能有二，即"安身之坐"与"躺卧"。

a 辽墓剑腿带围栏床；b 三弯腿带围栏床；c 黄花梨曲尺罗汉床；d 紫檀木云石围板罗汉床；e 榆木黑大漆云纹罗汉床；f 清中期根艺罗汉床；g 直棍三围屏罗汉床；h 卷书式罗汉床；i 新古典式七屏式罗汉床；j 新东方式框架式罗汉床

图 2-86　罗汉床图例

（2）大烟床。大烟床是罗汉床的一种（图2-87），又名"鸦片床"，该床较传统之罗汉床短且宽。鸦片在最初进入中国之时，人们以其作待客之用，为了表示对客人的尊重，故需以"床"待之，久而久之，鸦片专用之床便得以形成。

a、b 清末红木大烟床

图 2-87 大烟床图例

（3）架子床。床最初的功能有二，即坐与卧，正如《释名》中所言的"人所坐卧曰床"，但是此处之"床"，笔者主要指的是作为卧具的床。在古典家具中，三面设围子，四角有立柱（门柱与角柱），其上有盖（承尘）的卧具，被称为"架子床"。架子床的产生并非突然之举，而是历经酝酿的，东晋《女史箴图》中的高围子床可谓是架子床的前身。架子床不仅有四柱（四角设柱子）、六柱（除了四角设柱子之外，前面再增设两根）与八柱（除了四角设柱子之外，前后各增设两根）之分，而且有一边开门与两边开门之别，两边开门代表床的位置是在中央，而一边开门则表示床是靠墙摆放的。家具、室内与建筑本属一体化，故在家具中出现室内隔断与建筑之元素实在不足为奇，架子床便是其中一例。架子床将室内之"罩"引入其中，以为装饰，如月洞门式与花罩式架子床等，均是将室内隔断引入家具之案例。架子床在历经时间的洗礼后依然深受大众的青睐，于是各种仿制、改良与创新之举措不断出现，如简化、拆分、重组等表现（图 2-88）。

（4）拔步床。拔步床可谓是古床中的"床王"，由于制作此床需要一千多个工时，耗工又耗时，故此床又有"千工床"之称。该床主要出现在明晚期最富庶的江南地区，其形似居室，床前设围廊，可置放小桌、机凳、衣箱、灯盏等器具。另外，拔步床又有"踏步床""六步床""四步床"之称（图 2-89），前者因"拔步"而得名，后两者是因"尺寸"而得名。

（5）禅床。禅床如同禅椅，供僧人打坐、休息之用，不设围子，与榻的形制相似（图 2-90）。

（6）暖床。由于该卧具有取暖之功能，故得名"暖床"（图 2-91）。在冬季之时，可将暖炉置于暖床内。由于在床体内要置放暖炉，故暖床形制多为箱体结构。

（7）凉床。凉床又称"凉榻"（图 2-92），该卧具属"非正寝"之用，其多出现于书房、庭院等地，供文人雅士、僧人或百姓小憩之用。凉床在明代时较为流行，从被抄的严嵩家中（据《天水冰山录》可知，从严嵩家中抄出 308 张凉床，其中有描金穿藤雕花凉床 130 张，山字屏风式梳背小凉床 138 张以及素花梨木凉床 40 张）可感知凉床在当时的流行程度。

a、b《女史箴图》中的高围子床（高围子）；c 榆木架子床（四柱）；d 漆描金架子床（四柱）；e 插肩榫式架子床（四柱）；f 新古典式架子床（四柱）；g 新东方式架子床（四柱）；h 榉木架子床（六柱）；i 门围子式架子床（八柱）；j 榆木黑漆架子床（八柱）；k 月洞门式架子床（罩式）；l 花罩式架子床（罩式）

图 2-88　架子床图例

a 黑红大漆描金拔步床　　b 红漆拔步床　　c 红木拔步床

图 2-89　拔步床图例

　　（8）屏板床。屏板床的出现是传统走向现代的纽带，代表着人们生活方式的改变，其形制与架子床、拔步床等大不相同，床的顶盖及高挑的门柱与角柱退化了，三面围子也随之简化，这样使得床身更加通透，可从两侧上床，极为方便，与现代人的生活方式极为吻合。屏板床也有古典、新古典、新海派、新中式与新东方之分（图 2-93）。

a 直足禅床   b 三弯腿禅床

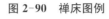

图 2-90 禅床图例

图 2-91 暖床图例

图 2-92 凉床图例

a 新海派   b 新古典   c 新中式1

d 新中式2   e、f 新东方

图 2-93 屏板床图例

（9）婴儿床。顾名思义，该器具是为婴儿所用。

2.3.2 榻

榻的历史较为久远，可追溯到夏商周时期，历经数个朝代的发展，最终形成了我们今天所见之床的形制。榻与古人的生活方式息息相关，起初的"榻"即无栏杆、无围子、四足落地呈平面状的坐具。如同早期的"床"一样，榻也是多功能的，可兼作其他类型的家具。

到了汉代，胡床被引入，影响了人们的生活方式，榻也随之而变——其高度被提升。又经过隋唐五代、明清的发展，榻的形式也不再局限于一种，有美人榻与围屏榻之别。

为了将床与榻区分开来，北京地区的工匠们将只有床身、三面无围屏的卧具称为"榻"，而将三面均安装围子的称为"罗汉床"；但在南方地区，无论是三面安活络式围屏的还是无围屏的均被统称为"榻"，还将其分为围屏榻（围屏榻即北方地区所称的"罗汉床"）与美人榻。

（1）榻。榻的形制与古典桌案类较为相似，只是在比例与尺度上有所不同。榻与床同为卧具，在形式上略低于床、略窄于床，正如《释名》中所言："长狭而卑者曰榻。"榻在造型上有带束腰与无束腰两类（图2-94），不仅如此，其局部的造型也是千变万化的，如有直足、马蹄足与三弯腿之区别，还有直牙子与壶门式牙子之别，亦有光素与带雕饰之分。在榻中，有一类较为特别的形式，即"美人榻"，又名"贵妃榻"与"小姐榻"，是女子专用之物，其形制与罗汉床类似，只是形体较罗汉床小，属闺房陈设类家具。

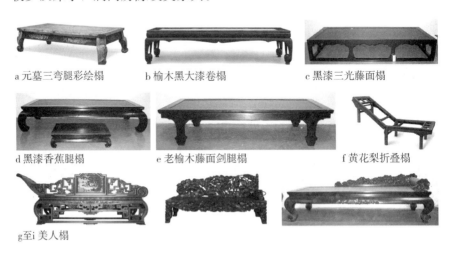

a 元墓三弯腿彩绘榻　　b 榆木黑大漆卷榻　　c 黑漆三光藤面榻

d 黑漆香蕉腿榻　　e 老榆木藤面剑腿榻　　f 黄花梨折叠榻

g至i 美人榻

图2-94　榻图例

（2）矮榻。从《释名》中对"榻"的诠释可知，榻以"狭长而低矮"为特征，但低中还有更低者，这种超低榻与其他形制之榻略有差别，需被置放于炕上使用（图 2-95）。

图 2-95　矮榻图例

2.4　庋具类

2.4.1　架、柜、橱

中国艺术家具的称谓与其分类方法有关系，按照"形式"分类的称呼与按照"功能"分类的称呼截然不同。在一般情况下，按照形式分类的范围较广，其还包括按照功能分类的类别。如方角柜与圆角柜是按照柜、架、橱之"形式"而进行的分类，若按其"功能"分类，其又可细分为药柜、大衣柜、顶箱柜、亮格柜、书柜、鞋柜等等。另外对于拥有同样功能的家具，古今亦有别，如同为摆放书籍之用的家具，虽功能相差无几，但有"架格""书格""书架"等称谓之分。

（1）架格。架格是以立木为四足，用横板将空间分层，如三层、四层、五层等（图 2-96）。在架格上既可置物，也可摆设书籍，当其作为

a 三层（全敞式）　b 四层（全敞式）　　c 三层带屉（全敞式）d 非开敞式

e 至 g 带背板式　　　　　　　　　　h 板式镂空式

图 2-96　架格图例

陈设书籍之用时，在四足之间设置隔板是架格的基本形式。根据不同的设计目的，架格可演变出很多形式，如在亮格处添加附件，如圈口、券口、直棂、透棂等，还可施以雕饰，以提升其视觉效果。

（2）亮格柜。亮格柜由亮格与柜子组成，又称"柜格"。亮格、柜门、柜膛（抽屉）是亮格柜的基本组成部分，亮格部分可作陈设用，柜门和柜膛（抽屉）可作储藏与置物之用（图2-97）。

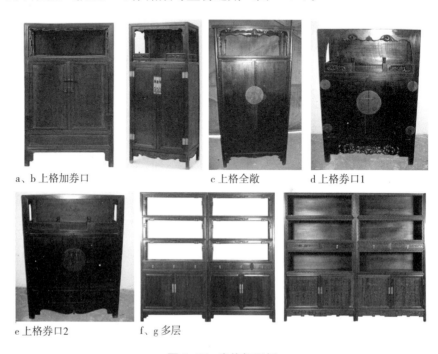

a、b 上格加券口　　　　c 上格全敞　　d 上格券口1

e 上格券口2　　　　f、g 多层

图 2-97　亮格柜图例

（3）万历柜。万历柜属于亮格柜中的一种，即带有单层亮格的柜类家具（图2-98）。该种亮格柜在万历年间甚是流行，故得此名，犹如景泰蓝之得名一般（景泰年间较为重视掐丝珐琅的发展，故得"景泰蓝"之名）。任何事物的流行都是有原因的，万历柜亦不例外。至明末，中国迎来了第二次的收藏热（第一次是北宋，第二次是明末至清初，第三次是清乾隆时期，第四次是清末至民国初期，第五次是当今），收藏热的兴起便是导致万历柜出现与流行的诱因之所在。

（4）圆角柜。柜子顶部的转角处被柔化，倒棱去角，呈现温润的圆角（图2-99），故被称为"圆角柜"。因其立柱外侧侧角明显，还有"大小头橱"之称。除此之外，圆角柜还有一称谓，即"面条柜"，该名因其上的铜面叶之形状而起（呈条状）。圆角柜的形式较为多样，既有带底座与无底座的，也有带柜膛与无柜膛的，还有带闩杆与无闩杆的。

（5）方角柜。柜子顶部的转角没有被柔化，依然呈方形，故被称为

a 明代黄花梨万历柜　　　　b 新古典式万历柜

图 2-98　万历柜图例

a 至 d 带闩竿式

e 至 j 无闩竿式

图 2-99　圆角柜图例

"方角柜"（图 2-100）。在尺寸上，方角柜有大、中、小之别；在功能上，有炕柜、画柜、药柜、立柜、顶箱柜、衣柜等之分。

（6）炕柜。炕柜隶属方角柜，是尺寸较小的一类。

（7）朝衣柜。朝衣柜是古代官员放置朝服的四件柜（两具立柜＋两具顶箱），其功能相当于现代的衣柜。

（8）顶箱立柜。顶箱立柜隶属方角柜之列（图 2-101），由于其采用上箱加下柜的形式，故有"顶箱立柜"之称。顶箱立柜的形式有上箱下柜、小四件、大四件、六件等之别。

（9）多宝阁。任何一件器物之所以有不同的称谓，都是因为分类的依据有所不同，多宝阁也不例外，它不仅有"多宝阁"之称，而且有"博古格""博古架""万宝格""百宝格""什锦格"等之称（图 2-102），前

a、b 大型方角柜　　　　　　c至e 中型方角柜

f至h 小型方角柜

图 2-100　方角柜图例

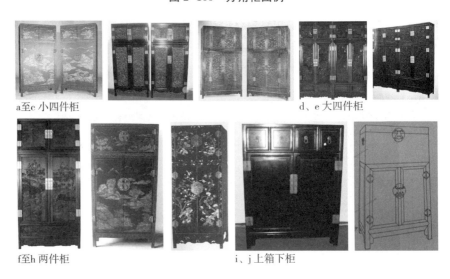

a至c 小四件柜　　　　　　　d、e 大四件柜

f至h 两件柜　　　　　　　i、j 上箱下柜

图 2-101　顶箱立柜图例

四种叫法是因其功能而得名，而"什锦格"则是因其格子的形式不同而得名。多宝阁与架格、亮格不无关系，是在其形式的基础上加竖板，使之成为高低不等、大小不一的小格，用于陈设文玩、古器等摆件。多宝阁是清代用于陈设古董的多层架格，从《十二美人图》中可见多宝阁在清雍正年间的模样，该种器物的流行与"第三次收藏热"关系甚大。多宝阁的设计犹如其他古典家具一样，讲究"对称"之原则，此处的对称并非"绝对的对称"，而是具有"弹性化"的"对称性"，即左右的空间无需在"尺寸"与"形状"上保持绝对的一致性与统一性。

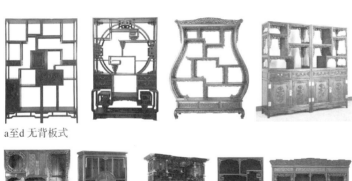

a至d 无背板式

e至i 背板式

图 2-102　多宝阁柜图例

（10）竖柜。竖柜又称"立柜"（图 2-103），由于其形制与箱之形体类似，故又有"多屉箱"之称。在古时，竖柜是文人书斋中存放杂物的家具。

a、b 三屉　　　　　　　　　　c 四屉　　d、e 多屉

图 2-103　竖柜图例

（11）箱柜。由于此柜上可叠放箱子，故得名"箱柜"（图 2-104）。箱柜的用途有二，一是可作支撑之用，二是可储藏物品，故属多功能家具之范畴。

图 2-104　箱柜图例

（12）药柜。中国中药种类繁多，故将其分类放置是极为必要的，药柜的出现就是为了满足以上的要求，所以药柜在形式上以抽屉为主（图 2-105）。

图 2-105　药柜图例

（13）鸟笼柜。该柜子类似于碗柜与书柜，但内部结构却与前两者有所不同，其是置放鸟笼之家具（图 2-106）。

图 2-106　鸟笼柜图例

（14）经柜。经柜是指储藏经文的柜类（图 2-107）。

a、b 元代黑漆箱式经柜

图 2-107　经柜图例

（15）床头柜。在中国古代艺术家具中无床头柜这种称谓。床头柜出现于海派时期，由于建筑形式的变革带动了家具形制的变化，为了配合片子床的使用，床头柜应运而生，其用于摆放就寝用品及台灯等，且紧靠床头放置。床头柜的形式丰富、风格众多：在形式上，有抽屉式、柜式、几台式等（图2-108）；在风格上，有海派、新古典、新海派、新中式、新东方等。由于中国家具具有明显的地域性，故在工艺上又有苏作、广作、京作、晋作、鲁作、仙作、东作等之分。

图 2-108　床头柜图例

（16）衣柜。在古时也存在衣柜，只是叫法有所不同，如朝衣柜，其功能与衣柜类似，只是生活方式的不同最终使得其称谓有所差别。"衣柜"这一称谓出现于海派家具中，由于受西式生活方式的影响，旗袍、西服等垂挂类衣物需要新的家具形式（图2-109），于是"大衣柜"应运而生。

图 2-109　衣柜图例

（17）隔厅柜。隔厅柜又称"间厅柜"（图2-110），用于分割室内空间，是集展示、陈列以及储藏功能于一身的柜类家具。

（18）电视柜。电视柜是指放置电视的柜类家具，隶属当代艺术家具之范畴（图2-111）。

（19）鞋柜。鞋柜是指用于贮存鞋子的柜类家具（图2-112）。

（20）组合柜。组合柜是指不同形式的柜类之组合，属于组合类家具之一，如电视柜与酒柜的组合、书柜与博古架的组合、架格与博古架的组合等（图2-113）。既可将组合柜置放于客厅，也可将其置放于书房，根据使用者的需求而定。

a、b 新古典式隔厅柜

图 2-110　隔厅柜图例

图 2-111　电视柜图例

图 2-112　鞋柜图例

图 2-113　组合柜图例

（21）书柜。书柜有带门与无门之别，带门的书柜又可分为有玻璃门的与无玻璃门的（图2-114）。书柜一词早在唐代就已出现，如白居易在《题文集柜》中言："破柏作书柜，柜牢柏复坚。收贮谁家集，题云白乐天。"可见书柜之历史的悠久。"柜"是北方人的称谓，而在南方称之为"橱"，故书柜又有"书橱"之称，这两种属于带门之列。除了带门的，还有不带门的，即"书架"。器物的种类会随着时间的推移出现变体，书柜也好，书架也罢，均是如此，在创新的大背景之下，书柜也出现了新的形制，如柜架组合式。

图2-114　书柜图例

（22）画柜。画柜是指置放书画的柜类（图2-115）。

图2-115　画柜图例

（23）文件柜。文件柜是指用于放置文件、信函、资料等的柜子，出现于近代艺术家具中。

（24）餐边柜。生活方式的变化与家具功能的细化使得家具品类日益增多，如大衣柜、酒柜、鞋柜、电视柜、隔厅柜等，均隶属当代艺术家具之列，餐边柜也不例外，其是放置餐具与食品的柜类家具（图2-116），亦隶属当代艺术家具之范畴。餐边柜陈设于餐室，与餐台、餐椅配套使用。在形式上，餐边柜与其他新兴品类的艺术家具一样，既有对古典家具的借鉴，也有对其的改良；在工艺上，既有对经典中国工艺的应用，也有创新工艺的参与；在材料上，不仅不局限于硬木之范畴，而且更趋向于多元化；在风格上，有新古典、新海派、新中式、新东方等。

图2-116　餐边柜图例

（25）餐具柜。餐具柜是指专门放置餐具的柜类，比餐边柜的功能更为细化（图2-117）。

a、b 架格式　　　　　　　　　　　c至e 橱柜式

图 2-117　餐具柜图例

（26）碗柜。碗柜是指用于放置盘、玻璃水瓶、菜碟以及其他餐用器具的贮藏类家具（图2-118）。

图 2-118　碗柜图例

（27）酒柜。在古代家具中不存在酒柜，酒柜是中西合璧之产物，虽受到西方文化的冲击，但它并未脱离中国艺术家具之范畴。酒柜之所以给人一种似曾相识的感觉，是因为部分酒柜是以方角柜为基础，将现代人的审美取向融合于其设计之中，但并非所有酒柜都停留在改良阶段（新古典），新风格的出现是延续中国文化的必要所在，故新中式、新东方等风格之酒柜的出现实属必然（图2-119）。

a、b 双门式　　　　　c至e 四门式

图 2-119　酒柜图例

（28）米柜。与米箱之功能类似，米柜是指用于置放各种米的柜类家具（图2-120）。

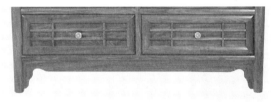

图2-120　米柜图例

（29）双门柜。双门柜又叫"双门橱"（图2-121），是近代与当代艺术家具对其的称谓。柜门为两扇者，被称为"双门柜"。双门柜既可是闷户橱的延续，也可是方角柜的传承，故其范围极广。

图2-121　双门柜图例

（30）四门柜。与双门柜形式类似，只是柜门为四扇者，被称为"四门柜"（图2-122）。

图2-122　四门柜图例

（31）五斗柜。五斗柜是指由五组纵向排列的抽屉组成的柜子（图2-123），主要用于存放衣物，隶属卧房家具。

图2-123　五斗柜图例

（32）五斗橱。带柜门的五斗柜被称为"五斗橱"（图2-124）。

图 2-124　五斗橱图例

（33）其他柜类。诸如天津柜、西藏柜、便柜、墙柜以及铺柜。

（34）闷户橱。闷户橱的功能有二：承置物品和储藏物品。由于闷户橱的抽屉数量不等，故又有柜塞（设有一具抽屉的）、联二橱（设有两具抽屉的）与联三橱（设有三具抽屉的）等之分。在古时，闷户橱常作陪嫁之用，由于其上需放置时钟、帽筒、镜台等，故又有"嫁底"之称。闷户橱的形制与案类似，亦有翘头与平头之别。另外，闷户橱还有一种下置柜体的形式（将闷仓转变为柜体），被称为"柜橱"，其是闷户橱的变体。柜橱与联二橱、联三橱等一样（图2-125）也有带抽屉与无抽屉、翘头与平头之分，带翘头的柜橱又被叫作"翘头柜"。

a、b 单具抽屉　　　c、d 两具抽屉　　　　　　　　　　e 三具抽屉1

f、g 三具抽屉2　　　　　　　　h至j 柜橱式

图 2-125　闷户橱图例

（35）佛橱。佛橱又称"佛龛""神龛"（图2-126），是供奉佛像的家具，由于是礼佛用具，故佛龛的做工较为精美，正如《长物志》中所述："佛橱、佛桌，用朱、黑漆，须极华整，而无脂粉气。有内府雕花者，有古漆断纹者，有日本制者，俱自然古雅。近有以断纹器凑成者，若制作不俗，亦自可用。"不仅如此，佛龛的形式也呈多样化，既有以"平顶造型"为主的坐式、盖式及楼式，也有类似于建筑之缩小版的"殿宇式"等。

（36）书橱。书橱是指用于置放书籍的储藏类家具（图2-127），其形似箱，不同的时代对其的审美各有所异，如明代喜用带底座式的，正如文震亨所言："小橱以有座者为雅，四足者差俗……"

a至d 平顶式

e至j 殿宇式

图 2-126　佛橱图例

图 2-127　书橱图例

（37）红橱。红橱是指红妆家具之内房家伙（置放于室内的家具）。

（38）床前橱。床前橱是指红妆家具之内房家伙（置放于室内的家具）。

（39）其他橱类。中国家具在与时俱进的过程中出现了很多新品类，如首饰橱、杂物橱等（图 2-128）。

a、b 首饰橱　　　　　　　　　　c、d 杂物橱

图 2-128　其他橱类图例

2.4.2　箱、盒、匣、筒

箱、盒、匣、筒等与橱柜一样，均属贮藏类家具，并同为庋具之类，在宋代前区别并不明显，如《韩非子》中的"楚人有卖其珠于郑

者，为木兰之柜，熏以桂椒，缀以珠玉，饰以玫瑰，辑以羽翠，郑人买其椟而还其珠"，以及《说文解字》中的"匮，匣也，从匚，贵声"，从中可见，当时的人们并未将柜、匣、椟等器具做明显的区分。直至宋代，这些家具才得以有所区别，正如戴侗在《六故书》中所言："今通以藏器之大者为柜，次为匣，小为椟。"由此可知柜、匣、椟等在宋代出现了尺寸之别。暂且放下柜类，我们先介绍一下这些小型的储藏类器物，如箱、盒、匣、奁、函等。在尺寸上，箱较盒、匣、奁与函等器物大，无论是前者还是后者，均呈多样化之态势，如朱漆盒、黑漆盒、镜盒、梳妆镜箱、书箱、衣箱、行李箱、抬箱、药箱、轿箱、座箱、画箱、官皮箱、食盒、印盒、果盒、纸巾盒等，均是多样化的见证。盒在尺寸上不及箱，其又被称为"匣""奁""函"等，如北宋瑞安慧光塔中的"识文舍利函"、汉代的单层五子奁与双层九子奁等，均属盒之类。除了上述的柜、箱与盒等类之外，皮具类还包括筒与笼等器物，前者如文人所钟爱的笔筒，后者如唐代的"金银结条笼子"与清代的"流云纹戗金细钩描漆鹌鹑笼"等，均属皮具家族中的一员。

（1）小箱。小箱用于存放文件簿册、细软（精细、便于携带的贵重物品）。由于回族家庭的妇女常用它存放其装饰用的绢绒花，所以小箱又有"花匣"之称（图2-129）。

图 2-129　小箱图例

（2）衣箱。衣箱的用途主要是存放衣服（图2-130），故得名"衣箱"。由于尺寸的差异，衣箱的形状也不尽相同，有长方形和正方形之分。

a至c 正方形

d至h 长方形

图 2-130　衣箱图例

（3）药箱。药箱的正面为两开门或插门。由于药箱抽屉颇多，故适宜分屉储放多种物品。

（4）轿箱。轿箱是指在轿上使用的箱子（图2-131）。

图2-131　轿箱图例

（5）冰箱。冰箱即古时用以盛放冰块的箱子（图2-132），又称"冰桶"与"洋桶"，该物的发展可追溯至周代之"冰鉴"。而今所用之冰箱虽非我国之发明，但称呼却是沿袭了古代之习惯。冰箱本为柜类结构，但我们依然以"箱"称之，其原因就在于我国古代之冰箱隶属"箱类"。

a、b 清代柏木冰箱

图2-132　冰箱图例

（6）座箱。座箱属多功能家具之一，可兼作储藏柜之用（图2-133）。

图2-133　座箱图例

（7）抬箱。抬箱是指用于抬着的箱子，需两人及以上配合（图2-134）。

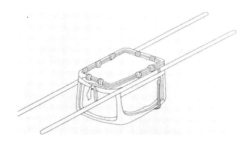

图2-134　抬箱图例

（8）挑箱。挑箱是指置放于肩上的箱子，一个人即可承担（图2-135）。

图2-135　挑箱图例

（9）经箱。经箱是指置放经卷的箱类（图2-136）。

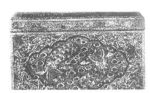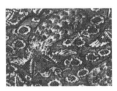

a、b 元代人物花鸟纹戗金经箱（日本库山青雄）

图2-136　经箱图例

（10）官皮箱。官皮箱是指盛放圣旨、机要文件、印信、官袍与文房用品的器具（图2-137），由于携带方便，其是官员巡视与出游的随身品，故得名官皮箱。有人认为官皮箱不仅有以上之功能，而且兼有梳妆匣之功用，可置放梳妆用具之类，可见官皮箱的演变充满了历史的变故。官皮箱尽管身兼二职，但其最初应为古时官员的随身之物。官皮箱的形制较为丰富，有的呈棺形，有的呈长方形。

a、b 明末朱漆官皮箱　　　　　　　　c 清初黑漆镶铜边小皮箱

图2-137　官皮箱图例

（11）文具箱。文具箱是置放文房之物的器具，有固定式和便携式之分（图2-138）。

（12）食盒。食盒是指盛放食物、酒水的盒子，有提梁式与桌案式之别。前者是为了出行（外出祭祀或者旅行）方便，故须设置提梁，且箱盒部分采用分层式；而后者则采用分区式，以便于食物的分类放置，在出行中可折叠放置（图2-139）。

a 清代紫檀旅行文具箱（北京故宫博物院）；b 清代剔红文具箱（中贸圣佳国际拍卖有限公司）

图 2-138　文具箱图例

图 2-139　食盒图例

（13）具杯盒。具杯盒不仅携行方便（图 2-140），而且清洁卫生，如在江苏宝应西汉墓中出土的具杯漆盒（此物高 22 cm，直径为 27 cm，1981 年江苏宝应天平乡前走马墩汉墓出土）即为典型之案例，其内可盛放近 30 只耳杯。具杯盒有"立叠式"与"平叠式"之分，如上述所提之西汉墓中出土的具杯漆盒即为"平叠式"之案例。

a 西汉中期具杯漆盒（江苏省宝应博物馆）；b 盒内平叠的彩绘漆耳杯

图 2-140　具杯图例

（14）攒盒。攒盒即早期的组合类器物之一，其设计与燕几有异曲同工之妙，既可单独成器，又可组合使用（图 2-141）。

a 至 c 东晋时期彩绘瑞兽纹漆攒盒

图 2-141　攒盒图例

（15）砚盒。砚盒是指专门盛放墨砚之器物（图 2-142）。

图 2-142　砚盒图例

（16）捧盒。捧盒是指置放杂物的盒子（图 2-143）。

a　　　　　　b　　　　　　c　　　　　　d　　　　　　e

a 明宣德年间款剔彩；b 明代八仙图剔黑；c 清识文描金；d 圆形捧盒；e 方形捧盒

图 2-143　捧盒图例

（17）香盒。香盒是指盛放香之盒（图 2-144）。

图 2-144　香盒图例

（18）熏衣盒。熏衣盒是一种具有熏香功能的衣箱（图 2-145）。

图 2-145　熏衣盒图例

（19）掷骰盒。掷骰盒是指古时投骰子的一种容器（图 2-146）。

辽黑漆盒（辽宁省博物馆）

图 2-146　投骰盒图例

（20）经函。经函是指置放经卷的盒类（图 2-147）。

a至c 北宋识文经函（浙江省博物馆）

图 2-147　经函图例

（21）套盒。套盒是一种组合类盒子，具有大小尺寸之别（图 2-148）。

a　　　　　　　　　　　　b　　　　c　　　　d
a 唐代法门寺地宫七重宝函（陕西省扶风县法门寺博物馆）；b至d 清代花果纹洒金地识文描金三层套盒（北京故宫博物院）

图 2-148　套盒图例

（22）双耳长盒。双耳长盒是一种外表酷似耳杯的盒类（图 2-149）。

a、b 秦朝描漆双耳长盒（湖北省博物馆）

图 2-149　双耳长盒图例

（23）玉圭盒。玉圭盒是指盛放玉圭的盒类（图 2-150）。

a、b 明代云龙纹朱漆戗金玉圭盒（山东省博物馆）

图 2-150　玉圭盒图例

（24）蝈蝈盒。蝈蝈文化是中国文化与艺术的一部分，蝈蝈作为三大鸣虫之首，深受古人之青睐。中国之养虫文化与南宋宰相贾似道关系甚大，其所撰写的《促织经》可谓是养虫方面的经典祖书。蝈蝈文化如此盛行，蝈蝈盒自然不可小视（图 2-151）。

图 2-151　蝈蝈盒图例

（25）果盒。果盒是指盛放果品鲜货的盒类（图 2-152）。

a 至 c 元代闻宣款双凤纹金花银果盒（南京博物院）

图 2-152　果盒图例

（26）提盒。提盒是借住手提的一种盒子（图 2-153）。

a 至 c 明代人物山水花鸟纹剔红提盒（北京故宫博物院）d、e 清代黑漆描金提盒（南京博物院）

图 2-153　提盒图例

（27）镜盒。镜盒是指用于置放镜子的盒具（图 2-154）。

a
b
a 南宋剔犀执镜盒（常州博物馆）；b 三色更叠之细节

图 2-154　镜盒图例

（28）册页盒。册页盒是指置放古时文件的盒具（图 2-155）。

（29）纸巾盒。在古代家具中并无纸巾盒这一物件，纸巾盒是当代艺术家具之称谓（图 2-156）。由于中国家具门类众多，故在其基础上发展起来的纸巾盒之形式也呈现多样性。

（30）其他盒类。除了上述盒类之外，还有乐器盒、首饰盒等（图 2-157），前者是置放乐器所用，而后者则是用于储存首饰。

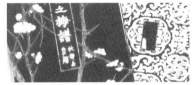
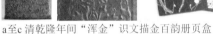

a至c 清乾隆年间"浑金"识文描金百韵册页盒　　　d 清代梅花纹黑漆镶甸册页盒

图2-155　册页盒图例

图2-156　纸巾盒图例

图2-157　其他盒类图例

（31）印匣。印匣是指放置印玺的小盒子，其形制取决于印玺之形状。印匣有盝顶式与罩盖式之分。家具与建筑密不可分，盝顶式印匣之形状就是中国古建筑盝顶式屋顶（其正投影、左视图和右视图为梯形，俯视图为四角形）的缩影（图2-158）。而罩盖式则不同于盝顶式，由于其匣盖可将匣底完全遮盖住，故有"罩盖式"之称。

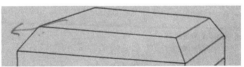

图2-158　印匣图例

（32）梳妆匣。梳妆匣属于古代女子梳妆类用具（图2-159），又称"拣妆""减妆""鉴妆"（以上三种称谓是明人对梳妆匣的叫法，梳妆匣的外形与官皮箱类似，拣妆在明代颇为流行，从《西厢记》《天水冰山录》等中可感知一二）以及"镜奁""镜箱""官皮箱""镜匣"等之称。奁（古代盛放梳妆用品的器具）作为女子的梳妆用具已沿用千年，时代并非停滞不前，故奁的形式也不是一成不变的。从材料上看，奁有青铜、木、银与瓷之分；在形式上，其还有多子奁与非多子奁之别。无论是前者还是后者，均描绘着"奁"的发展轨迹。

a至e 漆奁1

f至j 漆奁2

k、l 银奁　　　　m、n 硬木奁

图 2-159　印匣图例

（33）多子奁。提及多子奁，当属汉代的最为著名。多子奁有"单层"与"多层"之别（图 2-160），如马王堆一号墓中出土的"单层五子奁"与"双层九子奁"（高 20.2 cm，口径为 35.2 cm）均是多子奁在形式方面的彰显。对于多子奁，后世依然有沿袭，如产生于清代的"皮胎描金葫芦"便是案例之一。

a、b 西汉描漆单层五子奁　　　c、d 西汉针刻纹双层七子奁

图 2-160　多子奁图例

（34）皮胎描金葫芦。犹如汉代之多子奁与具杯盒，皮胎描金葫芦内可置放供 10 人使用的餐炊具，该器物的设计颇为巧妙，有"举不盈斤，陈则满席"之特点。"举不盈斤"是指其自身的重量之轻；"陈则满席"是形容皮胎描金葫芦的容量之大。

（35）画筒。画筒是指用于盛放画卷的筒类（图 2-161）。

图 2-161　画筒图例

（36）笔筒。笔筒是放置书写工具之物件（图2-162）。

图 2-162 笔筒图例

（37）笔斗。笔斗即"笔筒"，宋人对笔筒的叫法与称谓，实例如"宋代姜夔笔斗"，该笔斗是漆与棕竹雕刻的结合产物（图2-163）。

图 2-163 笔斗图例

（38）子孙桶。子孙桶是指红妆家具之内房家伙（置放于室内的家具）。

2.4.3 笼、函

（1）结条笼子。结条笼子是唐代作采摘之用的器物，是以金丝和银丝编织而成（图2-164）。

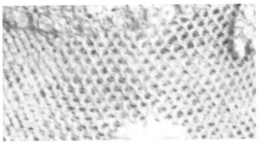

图 2-164 结条笼子图例

（2）鹌鹑笼。鹌鹑笼是指用于置放鸟类的笼子（图2-165）。

a、b清代流云纹戗金细钩描漆鹌鹑笼

图2-165　鹌鹑笼图例

2.5　屏风类

屏风与其他家具一样，是古人思想之承载者，汉人李尤在《屏风铭》中提及："舍则潜避，用则设张。立必端直，处必廉方。雍阏风邪，雾露是抗。奉上蔽下，不失其常。"此段论述，不仅描述了屏风的特征与功用，而且道出了屏风是儒家道德伦理的化身，被赋予了深刻的文化内涵。

屏风是古人室内的重要组成部分，其作用有以下五点：一是具有提示作用，即可在其上写字，以示备忘，如《水浒传》中的柴进在"睿思殿"中所见之提有"四大寇"之屏风便是提示作用的案例；二是权力的象征，正如《礼记》中所言的"天子当依而立"（"依"即"屏风"），即权威的真实写照；三是分割空间，由于古时之居室并非如今天之居室这般分割明确，故古人常以屏风予以分割实属合理之事；四是挡风之功用，古之居屋较大，也不如今天之居室这般严密，故以屏风将三面进行遮挡（罗汉床的产生便是受到屏风三面遮挡之习惯的影响），可谓是既保暖又私密；五是屏风的装饰性，古时室内讲究移步换景、曲径通幽，而屏风就是调节单调、增添律动与生气的重要物件，不论空间大小，都可将其精妙地分割与设计，使房间内处处皆美景。正如明代程羽文在《清闲供》中所述："径转有屏，屏欲小；屏进有阶，阶欲平；阶畔有花，花欲艳；花外有墙，墙欲低……"仁者见仁，智者见智，屏风似隔非隔、似断非断的意境，在文人墨客的眼中，它是被人格化了的艺术之物，充满了诗意。

屏风并非一成不变，随着时代的更替，其品种也是与时俱进的，到了明清时期屏风已有座屏、台屏、围屏（曲屏）、折屏、步障、砚屏、枕屏、炕屏、竹屏和挂屏（书法屏、绘画屏）等形式之别。除了品类之外，屏风在材料的运用与装饰上亦呈多样化之态：在材料上，有锦〔如石崇与人斗富的 50 里（1 里＝500 m）步障]、木质、竹、陶瓷、玉石等之别；在装饰上，也有雕刻、镶嵌、髹饰等之分。

屏风作为中国文化的承载者，既需继承古之精髓，又需加入创新因素，前者可将古典艺术再现于屏风之内，而后者则可根据中国当代艺术家具之设计予以创新。

2.5.1 座屏

座屏指的是带有底座的屏风（图 2-166），一般置于主要座位之后，如太师椅，它是大堂中的常见之物，有单扇与多扇之别，多扇者无须设置底座。

图 2-166 座屏图例

2.5.2 台屏

台屏体型较小，常置于书桌之上，其有固定式和活动式之分（图 2-167），前者的屏心与座架是不可分离的，而后者则可以随意拆装，故后者又可被称为"插屏"。

图 2-167 台屏图例

2.5.3 插屏

插屏隶属台屏，它的体形较小，且只有单扇之形式，屏心与座架可以分离，故有"插屏"之称（图2-168）。

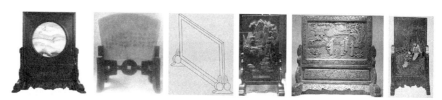

图2-168 插屏图例

2.5.4 围屏

由于围屏可以折叠，其俯视图犹如一条曲线，故又有"曲屏""软屏"之称（图2-169）。

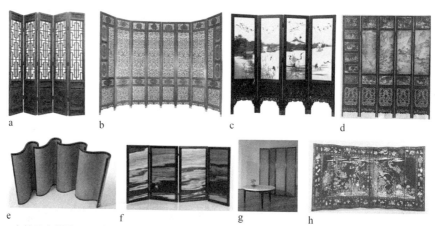

a 六抹五扇围屏；b 五抹八扇围屏；c 三抹四扇苏绣围屏；d 紫檀寿山石嵌百宝十二扇围屏；e 曲面围屏；f 四扇嵌大理石围屏；g 五扇藤编围屏；h 清康熙年间花鸟纹博古款彩围屏

图2-169 围屏图例

在古典家具中，围屏的屏扇多为偶数，或四，或六、八，或十二（如2003年佳士得拍卖行以2500万元人民币成交的清乾隆年间之"紫檀寿山石嵌百宝十二扇屏风"便是十二扇之案例），乃至更多。槅心、裙板、亮脚、绦环板等都是围屏的组成部分，故可在其上施以不同的装饰。围屏中的每扇既可加横材，也可为独板，如加横材，则有四抹、五抹、六抹等之别。围屏的种类与形式随着时代的变化而演变，如将古典围屏进行比例缩放、将屏心嵌入藤、刺绣等异材，均是使之多样化的途径。

2.5.5 折屏

折屏是从围屏中发展出来的另一种形式（图 2-170）。

a至c 清乾隆年间黄花梨款彩西湖十景折屏

图 2-170 折屏图例

2.5.6 步障

步障又有"软屏风"与"锦屏风"之称（图 2-171），其起源较早，可追溯至魏晋南北朝时期，据《世说新语·汰侈》中记载，西晋豪富石崇曾以 50 里锦为步障与人斗富。除此之外，此物件还常见于明画之中，由于明代的室内光线较暗，故明人常于庭院或敞轩中活动，由于步障可舒可展，又轻便易携，故成了室外活动的最佳选择。

a、b 明代流行的步障

图 2-171 步障图例

2.5.7 砚屏

砚屏是置放于砚台旁边用于挡风以延缓砚台中水分的蒸发，是古时文人的常用之器物。提及砚台，我们一定会想起欧阳修的"紫石砚屏"、黄庭坚的"乌石砚屏"与苏东坡的"月石砚屏"，正因为上述砚屏过于著名，故赵希鹄才认为是欧阳修与黄庭坚等人发明的砚屏（其在《洞天清禄集》中言："古无砚屏……自东坡、山谷始作砚屏。"），无论赵希鹄的言语是否属实，但有一点毋庸置疑，即砚屏在宋代就已经存在了。任何家具均有功能性与陈设性之别，随着时间的推移，功能性与陈设性出现了失衡，即"功能性"有所退化，而"陈设性"逐渐突出，砚屏作为其中之一自然不例外。

2.5.8 枕屏

枕屏是置放于枕前的屏风（图 2-172），其主要作用就是挡风，兼有欣赏之功用。除了砚屏，枕屏亦是文人喜爱之物，如白居易在《貘屏赞》（在古时，人们认为貘是一种非常神奇的动物，不仅能吸食人的噩梦，而且能祛除百病，古人常将其画于枕屏之上）中所言："予旧病头风，每寝息，常以小屏卫其首。适遇画工，偶令写之。"

a、b 北宋《绣枕晓镜图》中的枕屏

图 2-172　枕屏图例

2.5.9 炕屏

炕屏即炕上所用之屏风。

2.5.10 竹屏

竹屏虽无早期之实物出土，但从宋人的诗中可知此物的存在，如"竹屏风下凭乌几"（乌几是以乌羔皮裹饰的小几），其中的竹屏风便是案例之一。

2.5.11 挂屏

挂屏是指挂在墙上的屏风（图 2-173），犹如装饰字画等。挂屏出现于明末清初，常成对出现。

图 2-173 挂屏图例

2.6 架类

架类是中国艺术家具不可缺少的门类之一，古时如此。当今亦如此。架类包括灯架、衣架、巾架、盆架、瓶架、镜架、乐器架等。在爱迪生没有发明电灯之前，人们以油灯和蜡烛来获取光明，故需支撑之物，即"灯架"。灯架有高矮之分，即有矮灯架与高灯架之分，为了保证其稳定性，常有灯座与之配合使用，如十字形、曲足形、屏座形、支架形与平底形等。除此之外，灯架的造型也是变化颇多，如树杈形、S形、托盘形、动物形（如汉代之铜灯）以及其他仿生形等。衣架是挂衣服的架具，起源于春秋战国时期，有横式与竖式之分。巾架是专门放置毛巾的器具，其犹如缩小版的衣架，由底座、立杆、横杆等部件组成。盆架的种类也是五花八门，如火盆架、花盆架、面盆架等，其中不仅有直腿型的，还有三弯腿与柱腿状的。瓶架是专门置放瓶子的架类器物，其与盆架类似，只是瓶架比盆架略高，在结构上有箱型与框架型之别。镜架隶属梳妆之行列，是用以支撑镜子的支架，其无论是在种类上，还是在结构与装饰上，均呈现出多样化之特征，如椅凳类、床榻类与桌案类等均可成为镜架之造型的灵感来源。乐器架是作置放乐器之用的，如鼓架、钟架、磬架、方响架、钲架、镈架、琴架等，乐器种类繁多、形式不一，故盛放其的架子自然也不例外。除了上述架类外，还有秤架、兵器架、钵架（都承盘）、帽架、笔架、砚架、桶架、纺架、枕架、戏架等等。总之，功能的细分不仅是生活精致化的表现，而且人类文明提升的外在体现。

2.6.1 天平架

天平架包括架子和设有抽屉的底座。架子作钩挂天平之用，带有抽屉的底座用于收纳银两、砝码以及锤凿工具（凿白银所用）等。

2.6.2 衣架

衣架即用于挂衣服的架子，起源于春秋战国时期，有横式与竖式之分（图2-174）。在形式上，横式衣架常在底座上安装立柱，并施以站牙夹之，柱间用横材与横板（中牌子）连接。

图2-174 衣架图例

2.6.3 面盆架

面盆架即用于承托面盆的架子（图2-175）。面盆架有高与矮、可折叠与不可折叠之别。高的面盆架的外形与衣架略像，有搭脑、中牌子、挂牙等部件，而足端与矮面盆架的形制一致，有三足、四足、五足、六足等之分。

图2-175 面盆架图例

2.6.4　火盆架

火盆架即用于置放火盆的架子（图 2-176）。

图 2-176　火盆架图例

2.6.5　花盆架

花盆架即用于置放盆景的架类（图 2-177）。

图 2-177　花盆架图例

2.6.6　洗架

洗架即用于置放笔洗的架类（图 2-178）。

图 2-178　洗架图例

2.6.7 灯架

灯架又称"立杆""灯台"（图 2-179），是承托室内照明用具（油灯、蜡烛等）的架类家具。灯架有高与矮、固定式与升降式之别。

a 至 e 矮式

f 至 k 高式

图 2-179 灯架图例

2.6.8 笔架

笔架的功能与笔筒一样，只是形式有所不同。笔架是用来挂放毛笔、画笔等的架类家具（图 2-180）。

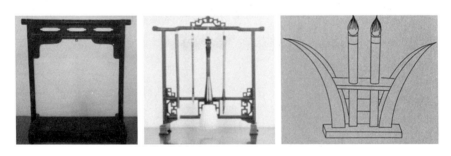

图 2-180 笔架图例

2.6.9 镜架

镜架又称"镜台"（图 2-181），是用来承托铜镜的架类家具。在形式上，镜架借鉴了古典家具之形，有折叠式、宝座式、屏风式、交椅式等之分；在工艺上，与古典家具一脉相承，有镶嵌、雕刻与大漆之别。镜台属梳妆类家具，与梳妆台的功能类似，但形式有别，古时以镜架为主，近代与当代则以梳妆台为主。

图 2-181　镜架图例

2.6.10　乐器架

置乐器的架子即"乐器架"，如鼓架、钟架、磬架、方响架、钲架、镎架等（图 2-182、图 2-183）。

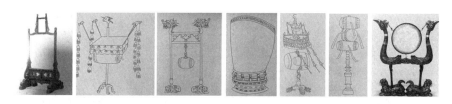

图 2-182　鼓架图例

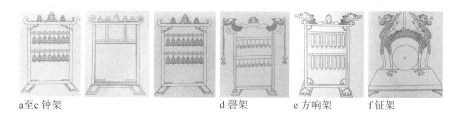

a至c 钟架　　　　　　d 磬架　　e 方响架　　f 钲架

图 2-183　钟架、磬架、方响架与钲架图例

2.6.11 烛台

烛台即用于支撑蜡烛的架类家具（图2-184）。

图 2-184 烛台图例

2.6.12 巾架

巾架与衣架类似，是专门置放毛巾的架类家具。

2.6.13 瓶架

瓶架即用于置放摆瓶类的架类家具（图2-185）。

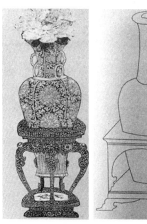

图 2-185 瓶架图例

2.6.14 其他

除了上述架类之外，还有帽架、兵器架、秤架、砚架、枕架、桶架、茶碾架等（图2-186）。

a 箭架   b 帽架   c 枕架   d 砚架

图 2-186 　其他类图例

2.7　其他类

2.7.1　豆

制作豆的材质多种多样，可以是陶，也可以是青铜，还可以是木。以陶为原料所成之豆被称为"陶豆"（图 2-187），如南京博物院中馆藏的新石器时代之陶豆；以青铜为原料所成之豆被称为"青铜豆"，如燕国几何纹青铜长柄豆，青铜豆出现于商代晚期，流行于春秋战国时期，用之盛放腌菜和肉酱等；以木为原材料的豆多为漆豆，漆豆大约出现于秦汉时期。综上可知，中国艺术家具不仅是一部艺术史，而且是一部材料史。

a、b 陶豆   c、d 青铜豆   e、f 漆豆   g、h 瓷豆

图 2-187 　豆图例

2.7.2　羽觞

羽觞即"耳杯"（图 2-188），其原为祭器，后为饮器，如在《楚辞》、王羲之的《兰亭序》、李白的《春夜宴桃李园序》等中均对其有所

a 战国时期羽觞   b 西汉羽觞

图 2-188 　羽觞图例

提及。材料是器物时代性的表达方式之一，羽觞作为其中之一亦不例外、陶制、青铜制、大漆制、瓷制、玉制、金银制等均为见证之所在。

2.7.3　漆笾

漆笾的形制与豆类似，但其深度较豆浅且无盖。

2.7.4　熏笼

熏笼是熏香手巾、衣物以及被盖等的器具，在《东宫旧事》中曾有记载，在太子纳妃之时，备有漆画手巾"熏笼"三件。

2.7.5　衣篚

衣篚即盛放衣物的箱子。

第 2 章参考文献

［1］胡文彦. 中国历代家具［M］. 哈尔滨：黑龙江人民出版社，1988.

［2］崔咏雪. 中国家具史：坐具篇［M］. 台北：明文书局，1986.

［3］胡德生. 中国古代的家具［M］. 北京：商务印书馆，1997.

［4］朱宝力. 明清大漆髹饰家具鉴赏［M］. 深圳：海天出版社，2008.

［5］刘传生. 大漆家具［M］. 北京：故宫出版社，2013.

［6］濮安国. 明清家具鉴赏［M］. 杭州：西泠印社出版社，2004.

［7］胡德生. 胡德生谈明清家具［M］. 长春：吉林科学技术出版社，1998.

［8］濮安国. 明式家具［M］. 济南：山东科学技术出版社，1998.

［9］濮安国. 中国红木家具［M］. 杭州：浙江摄影出版社，1996.

［10］蔡易安. 清代广式家具［M］. 上海：上海书店出版社，2001.

［11］王世襄. 明式家具研究［M］. 北京：生活·读书·新知三联书店，2008.

［12］杨耀. 明式家具研究［M］. 陈增弼，整理. 2 版. 北京：中国建筑工业出版社，2002.

［13］朱家溍. 明清家具：上［M］. 上海：上海科学技术出版社，2002.

［14］朱家溍. 明清家具：下［M］. 上海：上海科学技术出版社，2002.

［15］胡文彦，于淑岩. 家具与建筑［M］. 石家庄：河北美术出版社，2002.

第 2 章图表来源

图 2-1 源自：路玉章《晋作古典家具》；笔者拍摄.

图 2-2 源自：中山红木家具企业提供；深圳现代家具设计公司提供.

图 2-3 源自：胡德生《中国古代的家具》；笔者拍摄.

图 2-4 源自：蔡易安《清代广式家具》；笔者拍摄.

图 2-5 源自：上海红木家具企业图录扫描.

图 2-6 源自：中山红木家具企业提供；南通红木家具企业提供；上海现代家具设计公司提供.

图 2-7、图 2-8 源自：上海收藏家赵文龙提供.

图 2-9、图 2-10 源自：新会红木家具企业图录扫描；上海红木家具企业提供.

图 2-11 源自：王世襄《明式家具研究》；中山红木家具企业图录扫描.

图 2-12 源自：邵晓峰《中国宋代家具：研究与图像集成》；笔者拍摄；中山红木家具企业提供；东阳红木家具企业提供；深圳红木家具企业提供.

图 2-13 源自：中山红木家具企业提供.

图 2-14 源自：上海红木家具企业提供；新会红木家具企业提供.

图 2-15 源自：深圳红木家具企业提供.

图 2-16 源自：上海红木家具企业提供.

图 2-17 源自：邵晓峰《中国宋代家具：研究与图像集成》；蔡易安《清代广式家具》；上海现代家具设计公司提供；深圳现代家具设计公司提供.

图 2-18 源自：上海收藏家赵文龙提供.

图 2-19 源自：新会卢氏红木家具企业图录扫描；新会红木家具企业图录截图；新会红木家具企业提供.

图 2-20 源自：上海红木家具企业提供.

图 2-21 源自：张天星《中国艺术家具概述》；上海红木家具企业提供.

图 2-22、图 2-23 源自：上海红木家具企业提供；南通红木家具企业提供.

图 2-24 源自：邵晓峰《中国宋代家具：研究与图像集成》；上海红木家具企业提供；北京古典红木家具企业提供.

图 2-25 源自：中山红木家具企业提供；上海现代家具设计公司提供.

图 2-26 源自：中山大涌红木家具企业提供.

图 2-27 至图 2-29 源自：中山红木家具企业提供；上海现代家具设计公司提供；东阳红木家具企业提供.

图 2-30、图 2-31 源自：上海收藏家赵文龙提供.

图 2-32 源自：上海红木家具企业提供.

图 2-33、图 2-34 源自：中山大涌红木家具企业提供；上海现代家具设计公司提供.

图 2-35 源自：张天星《中国当代艺术家具中的新东方》；上海红木家具企业提供.

图 2-36 源自：上海古典红木家具企业提供；上海现代家具设计公司提供.

图 2-37 源自：笔者拍摄.

图 2-38、图 2-39 源自：中山大涌红木家具企业提供.

图 2-40 源自：王世襄《明式家具研究》；邵晓峰《中国宋代家具：研究与图像集成》；上海现代家具设计公司提供；深圳现代家具设计公司提供.

图 2-41 源自：《明式家具鉴赏与研究》.

图 2-42 源自：中山古典家具红木企业提供；深圳现代家具设计公司提供；上海现代家具设计公司提供.

图 2-43、图 2-44 源自：笔者拍摄；上海现代家具设计公司提供.

图 2-45 源自：中山红木家具企业提供；上海现代家具设计公司提供.

图 2-46 源自：笔者拍摄.

图 2-47 源自：中山红木家具企业提供；上海现代家具设计公司提供；深圳现代家具设计公司提供.

图 2-48 源自：邵晓峰《中国宋代家具：研究与图像集成》.

图 2-49 源自：蔡易安《清代广式家具》.

图 2-50 源自：路玉章《晋作古典家具》.

图 2-51 源自：杭间《中国工艺美学思想史》.

图 2-52 至图 2-54 源自：笔者拍摄.

图 2-55 源自：新会红木家具企业提供.

图 2-56 源自：上海现代家具设计公司提供；天津红木家具企业提供.

图 2-57 源自：上海现代家具设计公司提供.

图 2-58 源自：上海红木家具企业提供；天津收藏家马老师处资料扫描.

图 2-59 源自：朱宝力《明清大漆髹饰家具鉴赏》；上海红木家具企业提供；中国嘉德国际拍卖有限公司拍卖图录截图.

图 2-60 源自：笔者拍摄；中山红木家具企业图录扫描；邵晓峰《中国宋代家具：研究与图像集成》.

图 2-61 源自：路玉章《晋作古典家具》.

图 2-62 源自：上海现代家具设计公司内部资料扫描；北京古典红木家具企业提供.

图 2-63 源自：上海现代家具设计公司提供；北京古典红木家具企业提供.

图 2-64 源自：上海现代家具设计公司提供；上海古典红木家具企业提供.

图 2-65 源自：笔者拍摄.

图 2-66 源自：笔者拍摄；上海红木家具企业图录扫描.

图 2-67 源自：笔者拍摄.

图 2-68 源自：濮安国《明清家具鉴赏》；笔者拍摄.

图 2-69 源自：笔者拍摄；中山红木家具企业提供；北京古典红木家具企业提供.

图 2-70 源自：中山红木家具企业资料扫描；笔者拍摄.

图 2-71 源自：新会红木家具企业内部资料扫描.

图 2-72 源自：笔者拍摄；朱宝力《明清大漆髹饰家具鉴赏》.

图 2-73 源自：朱宝力《明清大漆髹饰家具鉴赏》.

图 2-74 源自：上海收藏家赵文龙处资料扫描.

图 2-75 源自：笔者拍摄；天津红木家具企业图录扫描；上海现代家具设计
公司提供.

图 2-76 源自：胡德生《中国古代的家具》；中山红木家具企业提供.

图 2-77 至图 2-79 源自：邵晓峰《中国宋代家具：研究与图像集成》.

图 2-80 源自：上海收藏家赵文龙提供.

图 2-81 源自：邵晓峰《中国宋代家具：研究与图像集成》；朱宝力《明清大
漆髹饰家具鉴赏》.

图 2-82 至图 2-85 源自：上海古典红木家具企业提供；中山古典红木家具企
业提供；北京古典红木家具企业提供.

图 2-86 源自："凿枘工巧"：中国古坐具艺术展图录扫描；上海现代家具设
计公司提供；中山古典红木家具企业提供.

图 2-87 源自：李兴畅等《广作家具的渊源与传承》.

图 2-88 源自：杭间《中国工艺美学思想史》；"凿枘工巧"：中国古坐具艺术
展图录扫描；笔者拍摄；深圳现代家具设计公司提供.

图 2-89 源自："凿枘工巧"：中国古坐具艺术展图录扫描；笔者拍摄；广州
古典红木家具企业提供.

图 2-90 源自：新会古典红木家具企业资料扫描.

图 2-91 源自：路玉章《晋作古典家具》.

图 2-92 源自：上海红木家具企业资料扫描.

图 2-93 源自：上海红木家具企业提供；中山古典红木家具企业提供；深圳
现代家具设计公司提供.

图 2-94 源自：笔者拍摄；上海现代家具设计公司提供.

图 2-95 源自：上海善居堂资料扫描.

图 2-96 源自：中山古典红木家具企业提供；新会古典红木家具企业提供；
王世襄《中国古代漆器》.

图 2-97 源自：上海现代家具设计公司提供；笔者拍摄.

图 2-98 源自：《古典工艺》杂志；新会红木家具企业提供.

图 2-99 源自：上海古典红木家具企业提供；上海现代家具设计公司提供.

图 2-100 源自：上海红木家具企业提供；上海现代家具设计公司提供；笔者
拍摄.

图 2-101 源自：朱宝力《明清大漆髹饰家具鉴赏》；上海现代家具设计公司
提供；上海古典红木家具企业提供；王世襄《明式家具研究》.

图 2-102、图 2-103 源自：笔者拍摄.

图 2-104 源自：《古典工艺家具》杂志.

图 2-105 源自：上海现代家具设计公司提供；王世襄《中国古代漆器》.

图 2-106 源自：上海收藏家赵文龙提供.

图 2-107 源自：朱宝力《明清大漆髹饰家具鉴赏》.

图 2-108、图 2-109 源自：上海古典红木家具企业提供；深圳现代家具设计
　　　　公司提供.

图 2-110 至图 2-114 源自：中山古典红木家具企业提供；上海现代家具设计
　　　　公司提供；上海古典红木家具企业提供.

图 2-115 至图 2-117 源自：笔者拍摄.

图 2-118 源自：上海现代家具设计公司提供.

图 2-119、图 2-120 源自：中山红木家具企业提供；上海古典红木家具企业
　　　　提供.

图 2-121 源自：上海古典红木家具企业提供；笔者拍摄.

图 2-122 至图 2-124 源自：上海现代家具设计公司提供；中山古典红木家具
　　　　企业提供；新会明清家具企业提供.

图 2-125 源自：上海现代家具设计公司提供；笔者拍摄；中山红木家具企业
　　　　提供.

图 2-126 源自：朱宝力《明清大漆髹饰家具鉴赏》；胡德生《中国古代的家
　　　　具》；笔者拍摄.

图 2-127 源自：朱宝力《明清大漆髹饰家具鉴赏》.

图 2-128 源自：笔者拍摄.

图 2-129、图 2-130 源自：上海现代家具设计公司提供；笔者拍摄.

图 2-131 源自：朱宝力《明清大漆髹饰家具鉴赏》.

图 2-132 源自：笔者拍摄.

图 2-133 源自：新会红木家具企业资料扫描.

图 2-134、图 2-135 源自：邵晓峰《中国宋代家具：研究与图像集成》.

图 2-136 源自：胡德生《中国古代的家具》；王世襄《髹饰录解说》.

图 2-137 源自：朱宝力《明清大漆髹饰家具鉴赏》.

图 2-138 源自：杭间《中国工艺美学思想史》；笔者拍摄.

图 2-139 源自：新会古典红木家具企业杂志扫描.

图 2-140、图 2-141 源自：杭间《中国工艺美学思想史》.

图 2-142 源自：笔者拍摄.

图 2-143 源自：王世襄《髹饰录解说》；中国嘉德国际拍卖有限公司秋拍图
　　　　录扫描.

图 2-144 源自：中贸圣佳国际拍卖有限公司拍卖图录扫描；王世襄《髹饰录
　　　　解说》.

图 2-145、图 2-146 源自：笔者拍摄；王世襄《中国古代漆器》.

图 2-147 源自：上海千文万华——中国历代漆器艺术展图录扫描.

图 2-148 源自：丁文父《中国古代髹漆家具：十至十八世纪证据的研究》；
　　　　王世襄《髹饰录解说》.

图 2-149 源自：王世襄《髹饰录解说》.

图 2-150 源自：王世襄《中国古代漆器》.

图 2-151 源自：中国嘉德国际拍卖有限公司秋拍图录扫描.

图 2-152 源自：杭间《中国工艺美学思想史》.

图 2-153 源自：王世襄《髹饰录解说》；笔者拍摄.

图 2-154 源自：王世襄《中国古代漆器》.

图 2-155 源自：王世襄《中国古代漆器》；王世襄《髹饰录解说》.

图 2-156 源自：上海现代家具设计公司提供；笔者拍摄.

图 2-157 源自：笔者拍摄.

图 2-158 源自：王世襄《明式家具研究》.

图 2-159 源自：杭间《中国工艺美学思想史》；王世襄《中国古代漆器》；朱
　　宝力《明清大漆髹饰家具鉴赏》；上海红木家具企业提供.

图 2-160 源自：杭间《中国工艺美学思想史》.

图 2-161、图 2-162 源自：笔者拍摄.

图 2-163 源自：张天星《中国古代大漆家具表面装饰损伤的修复技法研究》.

图 2-164 源自：杭间《中国工艺美学思想史》.

图 2-165 源自：王世襄《髹饰录解说》.

图 2-166、图 2-167 源自：笔者拍摄.

图 2-168 源自：笔者拍摄；上海瓷器鉴定专家程庸提供；邵晓峰《中国宋代
　　家具：研究与图像集成》.

图 2-169 源自：上海现代家具设计公司提供；广州红木家具企业内部杂志
　　扫描.

图 2-170 源自：马未都《马未都说家具收藏》.

图 2-171 源自：朱宝力《明清大漆髹饰家具鉴赏》.

图 2-172 源自：陈文平《明清家具三作赏析》.

图 2-173、图 2-174 源自：笔者拍摄.

图 2-175 源自：上海现代家具设计公司提供；笔者拍摄.

图 2-176 源自：施大光《中国古代家具拍卖图鉴》；邵晓峰《中国宋代家具：
　　研究与图像集成》.

图 2-177 源自：笔者拍摄；邵晓峰《中国宋代家具：研究与图像集成》.

图 2-178 源自：中国嘉德国际拍卖有限公司春拍图录扫描.

图 2-179 源自：笔者拍摄；杭间《中国工艺美学思想史》.

图 2-180 源自：上海现代家具设计公司提供；邵晓峰《中国宋代家具：研究
　　与图像集成》.

图 2-181 源自：施大光《中国古代家具拍卖图鉴》；笔者拍摄.

图 2-182 源自：邵晓峰《中国宋代家具：研究与图像集成》；笔者拍摄.

图 2-183 源自：邵晓峰《中国宋代家具：研究与图像集成》.

图 2-184 源自：上海红木家具企业提供.

图 2-185 源自：邵晓峰《中国宋代家具：研究与图像集成》；笔者拍摄.

图 2-186 源自：邵晓峰《中国宋代家具：研究与图像集成》.

图 2-187 源自：笔者拍摄；王世襄《髹饰录解说》.

图 2-188 源自：笔者拍摄.

表 2-1 源自：邵晓峰《中国宋代家具：研究与图像集成》；笔者拍摄.

表 2-2 源自：胡德生《中国古代的家具》；笔者拍摄.

表 2-3 源自：胡德生《中国古代的家具》；上海红木家具企业提供；中山古典红木家具企业提供；深圳现代家具设计公司提供.

3 结构与装饰术语

3.1 结构术语

3.1.1 形制型结构

（1）大边。大边是带有四框之家具的结构之一。如若四框呈长方形，大边则为长而出的一边；如若四框是正方形，大边则为出榫的部分；如若四框是圆形，那么每一段外框均可被称为大边。综上可知，无论四框为何种形状，大边均位于出榫的一侧。

（2）抹头。抹头亦是带有四框之家具的结构之一，但它与大边相反，如果四框为长方形，抹头为短而带有榫眼的一边；而如果四框为正方形，抹头则是位于凿有榫眼的一侧。

（3）边抹。边抹是大边和抹头的总称。

（4）搭脑。在传统家具中，搭脑是指位于椅背顶端的横木（图3-1），但是在新古典、新中式、新东方以及新海派家具中，其范围被扩大至坐卧类。在座椅中，搭脑有不同形状之别，如一字式、桥梁式、驼峰式、纱帽翅式、卷书式、弓形等[1-3]。

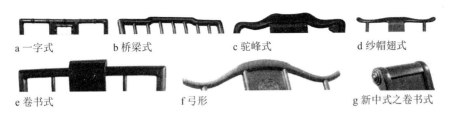

| a 一字式 | b 桥梁式 | c 驼峰式 | d 纱帽翅式 |
| e 卷书式 | | f 弓形 | g 新中式之卷书式 |

图3-1 搭脑图例

（5）托脑。托脑即"搭脑"，是广式家具对"搭脑"的叫法。

（6）凹栳。凹栳是广式家具中对形状弯曲之搭脑的叫法（图3-2）。

（7）束腰。束腰是位于大边之下的结构部件（图3-3），其形似建筑

图 3-2　凹栊图例

中的须弥座，常见于案类、椅凳类及床榻类中。对于不同器物，束腰的位置有所差别，如在案类家具中，束腰位于面板与腿足之间；在椅凳类家具中，束腰则位于座面与腿足之间。

图 3-3　束腰图例

（8）领头。领头即"束腰"，是广式家具对"束腰"的叫法。

（9）托腮。托腮是指束腰之下、牙条之上的部分，有台阶式和普通式之分（图 3-4）。

图 3-4　托腮图例

（10）落膛。落膛是传统家具的一种做法，是指装板与边框不在同一水平面，前者较后者低（图 3-5）。

图 3-5　落膛图例

（11）侧脚。侧角原是建筑用语，即柱体内倾之意，由于该种形式可为稳定性加分，故匠师将其引入家具之中，且把呈外撇之形式的腿足称为"侧角"（图 3-6）。

图 3-6　侧角图例

（12）收分。收分与侧角一样均为建筑用语，即将木柱的上段或下段沿径向逐渐修细，形成微微内收的曲线。

（13）软屉。在传统家具中，用藤、绳、织物、棕、牛筋、皮毛或者其他纤维棉编织的表面（图 3-7）被称为"软屉"，如杌凳、座椅的座面。在"新古典""新中式""新东方"风格的家具中，软屉的定义范围已被扩大，不仅限于藤与织物，而且包括皮革、皮毛类。

图 3-7　软屉图例

（14）硬屉。硬屉与软屉相对存在，包括两种：一种为攒框装板的屉面；一种为木板贴席之面。

（15）冰盘沿。冰盘沿属于混面的一种（图 3-8），是家具外框边缘立面的线脚，其造型呈上舒下敛状，此线脚最大的特点是"上下不对称"。

图 3-8　冰盘沿图例

（16）垛边。垛边即在边抹处加一条横材（图 3-9），在视觉上给人以厚板制成之效果。在传统家具中，"垛边"常与"裹腿做"同时出现，

图 3-9　垛边图例

但是在新古典、新中式以及新东方风格的家具中，"垛边"与"裹腿做"未必同时使用。从形式上看，"垛边"与"劈料"在视觉效果上极为相似，但它们之间存在着本质的差别，即有无附加木条。

（17）吊头。在传统家具中，此称谓为案形结体家具部件的称号，即案面探出部位与腿足相交所形成的空间。

（18）担出去。担出去是对案面伸出去的形容，与"吊头"同意。

（19）翘头。翘头意为"向上弯曲"（图3-10），多指家具面板两端的翘起部分，也被称为"飞角"（建筑用语）。对于传统家具设计而言，翘头多与案形结体并用；对于新古典、新中式、新东方、新海派等新兴风格而言，翘头作为一种装饰形式，可出现在家具的不同部位。

图3-10　翘头图例

（20）喷出。喷出是指边抹部分向外伸出，超过了四足所占的面积，在视觉效果上可达到增加边抹尺寸的目的。"喷出"与"吊头"的区别在于两点：一是此称谓被传统匠师用于桌类家具中；二是大边和抹头均须探出。

（21）喷面式。桌面四边向外喷出的形式，被称为"喷面式"。

（22）亮脚。在传统的椅类家具中，亮脚位于椅类靠背板底部（图3-11），且接近座面处，呈镂空、开敞式；在屏风类家具中，亮脚位于屏风的最下端，即靠近地面处。根据家具整体造型的需求，亮脚可被设计为不同的造型。

图3-11　亮脚图例

（23）托子。托子的作用如同托泥，但它与托泥的区别在于：托子为承托案形结体家具腿足的横木，而托泥为木框（图3-12）。

图 3-12　托子图例

（24）托泥。托泥是承托家具腿足的木框（图 3-13）。由于家具的形制不同，故托泥也有不同造型之分，如方托泥、圆托泥、梅花形托泥等。

图 3-13　托泥图例

（25）托沙。托沙即"托泥"，是广式家具中对"托泥"的叫法。

（26）台座。台座的作用如同托泥，只是在形式上略有不同。台座在高度和厚度上均胜过托泥（图 3-14），且为实体（中间不透空）。

图 3-14　台座图例

（27）须弥座式台座。该称谓来源于佛教，在中国将形似须弥山（即"修迷楼"）的基座称为"须弥座"，后被引入中国传统家具的设计之中，发展为家具中的束腰、台座等部件。

（28）挡板。挡板属于案类家具结构与装饰的一部分，在两足之间打槽安装的带有雕花的木板，被传统工匠称为"挡板"，有些类似于圈口内镶嵌雕刻的木板。

（29）望柱。望柱是指竖立在两块栏板之间的柱子（图 3-15）。

图 3-15　望柱图例

（30）寻仗。寻仗位于望柱之间，呈水平之势，其下方常置有《营造法式》中的"瘿项云拱"，即宝瓶荷叶式的柱体（图3-16）。

图3-16 寻仗图例

（31）门柱。门柱属于架子床结构的一部分（图3-17），传统匠师将安置在架子床正面中部的两根柱子称为"门柱"。

图3-17 门柱图例

（32）角柱。角柱是指安置于架子床转角处的柱子（图3-18）。

图3-18 角柱图例

（33）垂柱。垂柱是指架子床的挂檐板下悬吊之装饰（图3-19）。

图3-19 垂柱图例

（34）挂檐板。挂檐板为床榻类家具的构件，犹如屋檐下的门框(图3-20)。

图 3-20　挂檐板图例

（35）横楣子。横楣子即"挂檐板"。

（36）门围子。在架子床中，角柱与门柱之间的两块面板（图 3-21）被称为"门围子"。

图 3-21　门围子图例

（37）闩杆。在传统家具中，闩杆属于柜类家具的结构之一，即两柜之间的立柱（图 3-22）。在新古典、新中式、新东方风格的家具中，对于闩杆的应用与表现出现了不同程度的简化与变形。

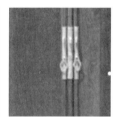

图 3-22　闩杆图例

（38）柜膛。柜膛位于柜门与腿足之间（图 3-23）。

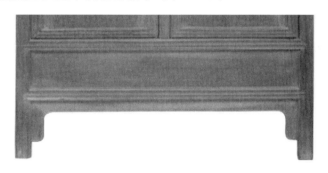

图 3-23　柜膛图例

（39）柜帮。柜帮是指柜子两侧的面板。

（40）硬挤门。无闩杆的柜类被称为"硬挤门"（图 3-24）。

图 3-24　硬挤门图例

（41）槅心。槅扇式围屏由槅心、绦环板、裙板、亮脚等部分组成，槅心的位置处于围屏的最高处，即位于绦环板、裙板和亮脚之上。由于槅心在围屏中所占面积最大，故又被称为"屏心"。

（42）四抹围屏。此称谓为围屏所属，抹头即横材，故有四根横材出现在围屏之屏扇中的造法被称为"四抹围屏"。

（43）五抹围屏。有五根横材出现在围屏之屏扇中的造法被称为"五抹围屏"。

（44）六抹围屏。有六根横材出现在围屏之屏扇中的造法被称为"六抹围屏"。

（45）三屏风式围子。床榻类的结构之一——围子部分由三块板材组成的形式，被称为"三屏风式围子"（图 3-25）。

图 3-25　三屏风式围子图例

（46）五屏风式围子。围子部分由五块板材组成，或是背板被两条竖材分割的形式，均被称为"五屏风式围子"（图 3-26）。

图 3-26　五屏风式围子图例

（47）七屏风式围子。围子部分由七块板材（石材、木材或是其他材料）组成，或是背板被两条竖材分割，与背板相邻的旁板各以一条竖材隔之的形式，都以"七屏风式围子"相称（图 3-27）。

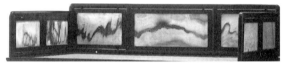

图 3-27　七屏风式围子图例

（48）裙板。裙板位于围屏下半部分，且属于下半部最大的一块装饰板。

（49）亮格。亮有敞开之意，格为隔板（图 3-28），故亮格就是没有遮挡物的储物空间，多出现于传统家具的柜类中。由于亮格边缘雕刻形式的不同，故有月洞门式、圈口式、券口式等。

a、b 圈口式　　　　　　c、d 月洞门式　　e、f 券口式

图 3-28　亮格图例

（50）吉子板。吉子是宁式家具中的装饰与连接部件，面积颇大的吉子或是周围包覆花板的吉子，被称为"吉子板"。

（51）床。床即罗汉床、榻、架子床、拔步床等的床面。

（52）中牌子。中牌子是指衣架、高面盆架等两根立柱间的横板（图 3-29）。

图 3-29　中牌子图例

3.1.2　加固型结构

1）牙类

（1）牙子。牙条、牙头、挂牙、站牙、角牙等被统称为"牙子"。

（2）素牙子。牙子通身无装饰或未被锼挖的牙子被称为"素牙子"（图 3-30）。

（3）站牙。此牙子位于立柱的两侧。但在传统家具创新的过程中，

图 3-30　素牙子图例

匠师也常借鉴站牙的形式来装点家具（图 3-31）。

图 3-31　站牙图例

（4）胆瓶座。即"瓶壶牙子"，胆瓶座是晋作工匠对形似"暖水瓶内胆"之站牙的称谓（图 3-32）。

图 3-32　胆瓶座图例

（5）瓶壶牙子。壶瓶牙子即"站牙"，是清代工匠对"站牙"的称谓。

（6）抱鼓。抱鼓乃建筑用语，后被引入家具设计领域，由于其形状与乐器中的"鼓"极为相似，故称其为"抱鼓"（图 3-33）。在家具中设置此构件既有装饰的效果，又有强化站牙的功能。

图 3-33　抱鼓图例

（7）挂牙。挂牙是指纵边长于横边的牙子（图3-34）。

图 3-34　挂牙图例

（8）角牙。角牙位于横竖材的丁字形交界处，也有"托角牙子"之称，不仅可以增加节点的强度，如在其上施以雕刻，而且有装饰之功能。中国传统家具与建筑密不可分，故角牙的形成也同样源于建筑构件中的"雀替"——又称"替木""托木""插角"，是位于梁柱或垂花与寿梁相交处，形似三角形的木雕构件（图3-35）。

图 3-35　角牙图例

（9）牙板。牙板又称"牙条""池板"，存在于传统家具的不同部位，如桌案的边抹下、椅凳的座面下以及柜类的柜体之下（图3-36）。

图 3-36　牙板图例

（10）牙头。牙头即牙条两端的下垂部分，既包括与牙条一木连做的，也包括另外安装的（图3-37）。

（11）池板。池板即"牙板"。

（12）券口牙子。此类牙子的形式为券口状。

（13）壶门式牙条。此类牙条的造型为壶门轮廓状。

（14）壶门式券口牙子。此类券口牙子的形状为壶门轮廓状。

图 3-37　牙头图例

（15）一腿三牙。一腿三牙即每根腿足与三块牙子（左右两牙条及其角牙）相连的形式，该形式的出现也许是为了模仿建筑中的斗拱（图 3-38）。

图 3-38　一腿三牙图例

（16）披水牙子。披水牙子属于座屏的一部分，位于站牙之下，用以连接俩墩子的牙子（图 3-39）。在站牙极为单薄的状况下，采用披水牙子的造法可强化站牙的牢固度。

图 3-39　披水牙子图例

2）矮老

矮老即"短柱"，多用在枨子与其上部的构件之间（图 3-40）。

3）卡子花

卡子花又称"结子装饰"，与矮老在家具中的位置一样，只是造型

图 3-40　矮老图例

略有不同。卡子花有单环、双套环以及变体之分（图 3-41）。

图 3-41　卡子花图例

4）枨子类

（1）枨子。枨子是腿足之间的连接部件，有直枨与带有造型的枨子之分，如罗锅枨、霸王枨等。

（2）直枨。相对于罗锅枨、霸王枨而言，直枨上无任何造型，呈直而平状（图 3-42）。

图 3-42　直枨图例

（3）横枨。广义的横枨指的是连接俩立材的横材，与直枨同义；狭义的横枨指的是位于传统家具两侧的枨子（图 3-43）。

图 3-43　横枨图例

（4）罗锅枨。罗锅枨是与直枨、横枨相对而言的，其称谓的不同源于南北方匠师对此种枨子之造型理解的差异性（图 3-44）。南方匠师认为此种枨子形似桥梁，故称之为"桥梁档"，而北方的匠师认为其形状与人驼背（罗锅）时极为相似，故称之为"罗锅枨"。

图 3-44　罗锅枨图例

（5）霸王枨。霸王枨是安放在腿足内侧的斜枨，下端以勾挂垫榫予以连接，上端则承托着面子的穿带（图 3-45）。此构件不仅具有加固作用，而且兼有装饰之功能。另外，在中国传统家具与时俱进的过程中，设计师们将霸王枨安放于家具的不同部位，以满足设计所需。

图 3-45　霸王枨图例

（6）裹腿枨。这是一种很形象且直观的叫法，由于水平的枨子将腿足缠裹起来，故称之为"裹腿枨"（图 3-46）。

图 3-46　裹腿枨图例

（7）连脚枨。广式家具对"枨子"的叫法（图 3-47）。

（8）管脚枨。管脚枨即圆材用丁字形结合的一种，是圆腿无束腰家具的一种造法，北方称之为"裹腿做"，南方则称其为"包脚"。

（9）着地管脚枨。将裹腿枨应用于家具上的做法被称为"着地管脚枨"，北方匠师称其为"裹腿做"。该做法不仅涉及圆材与圆材之间的丁字形结合（即"圆包圆"），而且包括方材之间的丁字形结合。该做法如劈料作一样，均是受竹、藤家具的启发而产生的。

图 3-47　连脚枨图例

（10）赶枨。在椅凳类家具中，为了提高家具的坚实度，需在足部安装横枨和直枨，为了避免其榫卯的相互冲突，故需调整枨子的高度，因此出现了"赶枨"的造法，其目的是分散榫眼。赶枨从造法上可分为两种：一种为侧面两根横枨的高度均高于前后两根直枨的高度；另一种为"步步高赶枨式"，即正面踏脚枨的高度最低，侧面两根横枨的高度略高，后面一根枨子最高（图 3-48）。

图 3-48　赶枨图例

5）券口

将三根板条安装在方形或者长方形的框架中，即"券口"。在传统家具中，券口多被用于椅子上、架格、亮格柜的亮格上和闷户橱的抽屉前脸上。券口有不同造型之分，如壶门形券口、雕花券口等（图 3-49）。

图 3-49　券口图例

6）圈口

将四根板条安装在方形或者长方形的框架中，即"圈口"，南方匠师称之为"虚镶枊"（图 3-50）。圈口有不同造型之别，如方圈口、雕花圈口、委角线圈口、委角方形圈口、壶门式圈口、冬瓜桩式圈口等。

另外，圈口的形成方式也有所不同，一般分为两种：一为用两根木材胶结而成；二为一木劈料而成。

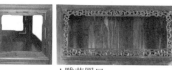

a 方圈口　　b、c 冬瓜桩式圈口　　　　　　d 雕花圈口　　　　e 委角线圈口

图 3-50　圈口图例

7）穿带

"带"是中国家具的重要部件，其重要性犹如房屋中的梁架，或是人体内的脊柱。如选料不合理，设计位置不当，均会影响家具的使用寿命。"带"，即能够束紧物体的带状物，其形状扁且宽，在家具设计中常与攒边装板工艺配合使用，是贯穿于面板背后的木条（图 3-51）。

图 3-51　穿带图例

8）拖带

若面板为石板，则用"拖带"安于边框上，即"拖带"是承托石板面心的木条，其作用犹如"穿带"。

9）鹅脖

鹅脖是椅子扶手下靠前的一根立柱（图 3-52）。

图 3-52　鹅脖图例

10）联帮棍

联帮棍是安置于扶手的正下方（鹅脖与后腿之间），下端与椅面之抹头相交的立柱（图 3-53）。联帮棍的形式不一，有顶瓶式、竹瓶形、直棍大小头式与 S 形大小头式。

图 3-53　联帮棍图例

（1）镰刀把。镰刀把即"联帮棍"。

（2）顶瓶式联帮棍。顶瓶式又称"荷叶式"与"宝瓶荷叶式"，其形来源于建筑中的装饰元素，即《营造法式》中的"瘿项云拱"。该部件不仅可作为联帮棍使用，而且可成为卧具，诸如架子床、拔步床等中的装饰与结构部件（即寻仗下的支撑物）。

（3）宝瓶荷叶式联帮棍。宝瓶荷叶式联帮棍即寻仗下的支撑物，即《营造法式》中的"瘿项云拱"（图 3-54）。

图 3-54　宝瓶荷叶式联帮棍图例

11）闷仓

在传统家具中，"闷仓"属于闷户厨的构件之一，由于此空间封闭于抽屉之下，故匠师称之为"闷仓"（图 3-55）。

图 3-55　闷仓图例

12）栌斗

栌斗是斗拱中的部件之一，又称"坐斗"。栌斗位于斗拱的最下层，且是斗拱中最大的斗。栌斗除了在建筑中出现，在家具中也是常见之物（图 3-56）。

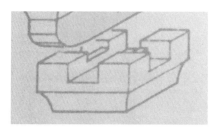

图 3-56　栌斗图例

3.1.3　装饰型结构

1）委角
委角即直角部分向内收缩，并呈柔和的圆角状（图 3-57）。

图 3-57　委角图例

2）腿足类
（1）鼓腿彭牙。顾名思义，此词被用来形容腿足和牙条连接处的形状，即牙条与腿足上端造成夸张且向外膨胀的形状。鼓腿彭牙是有束腰家具的形式之一（图 3-58）。

图 3-58　鼓腿彭牙图例

（2）虾公脚。虾公脚是广式家具对"鼓腿彭牙"的称谓。

（3）回纹脚。回纹脚即足部以回纹饰之（图 3-59）。

（4）三弯腿。三弯腿是传统家具中的腿部造型之一（图 3-60）。

（5）八字虎爪腿。八字虎爪腿即"三弯腿"，是广式家具对"三弯腿"的叫法。

图 3-59 回纹脚图例

图 3-60 三弯腿图例

（6）内翻马蹄。内翻马蹄是家具足部的形式之一，因其形状似向内卷曲的马蹄而得名（图 3-61）。

图 3-61 内翻马蹄图例

（7）外翻马蹄。外翻马蹄是家具足部的形式之一，其形状犹如向外翻卷的马蹄（图 3-62）。

图 3-62 外翻马蹄图例

（8）浅马蹄。浅马蹄是指内翻弧度较小的马蹄足。

（9）蜻蜓腿。蜻蜓腿是指细而长的三弯腿足（图 3-63）。

图 3-63 蜻蜓腿图例

（10）香蕉腿。香蕉腿与"内翻马蹄"同义，由于其腿足的造型与香蕉的形式类似，故以此称之（图3-64）。

图3-64　香蕉腿图例

（11）老虎腿。老虎腿是三弯腿的一种。

（12）象鼻腿。象鼻腿是三弯腿的一种，由于其形犹如象鼻之状，故得此名（图3-65）。

图3-65　象鼻腿图例

（13）交叉脚。交叉脚即"X形脚"，是广式家具中的一种脚型，为清代中后期中西文化相结合的产物（图3-66）。

图3-66　交叉脚图例

（14）三弯车脚。三弯车脚被用来形容箱子底座的形状，饰有被镂镂成弯曲弧线的底座或台座。

（15）如意脚。如意脚是指足部之状呈如意形。

（16）卷珠脚。卷珠脚又称"象鼻脚"，是指脚部外翻卷珠。

（17）卷叶脚。卷叶脚是指足端的形状为涡卷式（图3-67）。

（18）踏珠脚。顾名思义，踏珠脚的足部位于圆珠或者圆珠的变体之上（图3-68）。

（19）关刀脚。关刀脚是内翻马蹄的形式之一，足端呈钩形（图3-69）。

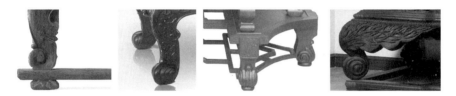

图 3-67 卷叶脚图例

图 3-68 踏珠脚图例

图 3-69 关刀脚图例

（20）兽爪脚。兽爪脚是指足端被雕成兽爪形（图 3-70）。

图 3-70 兽爪脚图例

（21）车脚。车脚的形制较为低矮，属于带底座之腿足的式样之一（图 3-71）。在明代之时，文人尤为喜爱诸如车脚这类的腿足，正如文震亨在《长物志》中所言的"小橱以有座者为雅，四足者差俗"，可见明人对包括车脚在内的带底座之形式的青睐。

图 3-71 车脚图例

（22）摩登脚。此类脚型是海派家具的一种，形似灯笼（图3-72）。海派家具是一种全新生活方式的代表，虽是中西合璧的产物，但其依然以中国传统家具为母体，以装饰艺术风格的元素为点缀，重新诠释了中国文化在与时俱进过程中的进步性，完成了古代艺术家具向近代艺术家具的过渡。

图3-72　摩登脚图例

（23）调羹脚。调羹脚是海派家具中类似调羹状的脚型（图3-73）。

图3-73　调羹脚图例

（24）羊蹄脚。羊蹄脚是广式家具中的一种脚型（图3-74）。

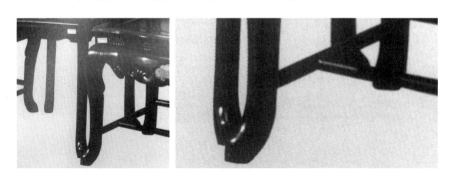

图3-74　羊蹄脚图例

（25）蟹钳脚。蟹钳脚是广式家具中的一种脚型（图3-75）。

图3-75　蟹钳脚图例

（26）剑腿。剑腿是由于腿足的形状似剑，故得此称号（图3-76）。

图3-76　剑腿图例

3.1.4　部件间的结合部件术语

（1）破头榫。破头榫是指榫头上加 V 形楔子的榫卯结构。

（2）榫卯。榫卯是榫头和卯眼的统称。

（3）榫舌。榫舌是长条形的榫子，与榫头同义，又称"边簧"（图3-77）。

图3-77　榫舌图例

（4）榫槽。榫槽是指容纳榫头的槽口（图3-78）。

图3-78　榫槽图例

（5）榫头。榫头即"榫子"，北方工匠称之为"榫子"，南方工匠称之为"榫头"。

（6）榫眼。榫眼与"榫槽"同义，是指容纳榫头的卯眼。

（7）透榫。透榫又称"过榫""明榫"等，是指榫头穿透卯眼，显露于构件之外的榫卯结构。如桌案类家具板面的四框、柜架类家具的门框处等，常用透榫连接（图3-79）。

图3-79　透榫图例

（8）半榫。半榫又称"暗榫"[1]，相对于透榫而言，其榫头不穿透卯眼（图3-80），故不显露于部件之外，其目的是保持木纹的完整性，但牢固程度不及透榫。

图 3-80　半榫图例

（9）闷榫。闷榫又称"暗榫"[3]，即隐藏不外露的榫卯（图 3-81）。闷榫的形式多种多样，有单双之分，即单闷榫与双闷榫。

a至d 单闷榫

e、f 双闷榫

图 3-81　闷榫图例

（10）燕尾榫。燕尾榫隶属闷榫（图 3-82）。

图 3-82　燕尾榫图例

（11）挖烟袋锅。挖烟袋锅是闷榫的一种形式，用于横竖材的角结合（图3-83）。横材的末端被做成下弯的转角状，并凿榫眼，竖材出榫，因其形状酷似烟袋锅，故此榫得名"挖烟袋锅"，如座椅搭脑与后腿的连接。

图 3-83　挖烟袋锅图例

（12）格肩榫。格肩榫由格肩和长方形的阳榫两个部分组成（图3-84）。格肩榫有大格肩榫和小格肩榫之分，它们的区别在于有无格肩的尖端。有尖端的被称为"大格肩榫"，反之则为"小格肩榫"。大格肩榫又有实肩和虚肩之分，格肩与长方形的阳榫紧贴在一起的形式被称为"实肩"，反之则为"虚肩"。另外，矮老的下端与枨子的连接，矮老与枨子、牙条的连接（有束腰），均用格肩榫。

a至d 小格肩

e至h 大格肩

i、j 实肩　　　　　　k、l 虚肩

图3-84　格肩榫图例

（13）蛤蟆肩。由于结合部位造型的差异，为了达到视觉上的协调，故圆材之间的结合、圆材与方材之间的结合，榫卯之形状也有所差别。圆材之间结合时，多将格肩的尖端圆角化，该形式被称为"飘肩"的格肩榫相连接，由于飘肩形似青蛙（蛤蟆）之口，故又有"蛤蟆肩"之称（图3-85）。

图3-85　蛤蟆肩图例

（14）长短榫。该类型榫将榫头造成长短不一之形状，故得名"长短榫"（图3-86）。

图3-86　长短榫图例

（15）平肩双榫。平肩双榫意指双榫的榫头部分呈平齐状（图 3-87）。

图 3-87　平肩双榫图例

（16）单尖双榫。单尖双榫意为双榫中的一个榫头成尖状（图 3-88）。

图 3-88　单尖双榫图例

（17）栽榫。栽榫又名"桩头"，构件本身并不出榫，需另取木块栽入做榫，一般较短且不外露。由于木纹有纵横之分，受木材性能的限制[4]，榫只能开在木纹纵直的一端，横纹一端则不宜开榫。当遇到两个构件需连接，而又无法在其上造榫的情况时，只能另取木料造榫。如角牙、挂牙、卡子花、翘头案的翘头与抹头、攒斗造法造成的图案（四簇云纹、十字套方等）等与构件的连接。

（18）穿销。穿销与栽榫不同，在形式上，栽榫短且不外露，而穿销长且外露，用于家具表面会影响其美观与整洁性，故多用于构件的里皮处。

（19）走马销。走马一词源于古代建筑中的走马板，走马销属栽榫的一种，又有"扎榫""仙人脱靴"等称谓。与栽榫相比，走马销的变化在于，一半是栽榫，一半是燕尾状的"银锭"，"下大上小"的榫销与"一边大一边小"的榫眼足以将部件紧密相连。走马销常位于部件的夹缝处，在明处不得见，如罗汉床的围子与围子之间（图 3-89）。

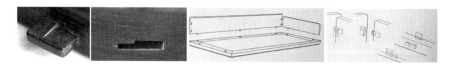

图 3-89　走马销图例

（20）齐头碰。齐头碰又名"齐肩膀"，两根材料呈丁字形结合时，其中一根只造出直榫，与另外一根形成此形状。

（21）银锭榫。该类型榫在形式上与银锭相似，故得名"银锭榫"，有单银锭榫和双银锭榫之分（图3-90）。

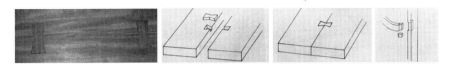

图3-90　银锭榫图例

（22）龙凤榫。从侧面看，龙凤榫犹如银锭榫卯（图3-91）。

图3-91　龙凤榫图例

（23）挂销。挂销是银锭榫的一种形式，作穿挂之用，如在腿足与牙子、面板的连接中，在其腿足上部造出银锭榫卯，以穿挂牙条里皮的槽口。

（24）揣揣榫。揣揣榫有以下几种形式：一为两面格肩；二为正面格肩，背面不格肩（图3-92）；三为嵌夹式，即只有一边出榫，另一边开槽，为纳榫之用。其造法较为容易，但由于只设有单榫，且榫舌不长，故坚实性略差。以上造法主要针对方材、圆材以及板条等的角结合。

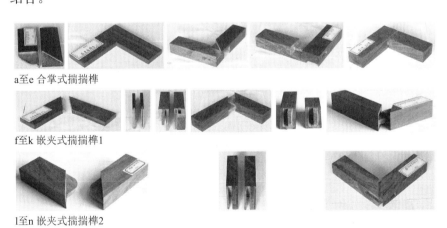

a至e 合掌式揣揣榫

f至k 嵌夹式揣揣榫1

l至n 嵌夹式揣揣榫2

图3-92　揣揣榫图例

（25）楔钉榫。楔钉榫一般用于弧形弯材的接合，如香几的几面、圈椅的弧形靠背、圆坐墩座面之边框、圆机凳座面之边框以及圆形托泥等。楔钉榫的基本形式包括两片榫头、榫舌、榫槽及楔钉等（图3-93）。

弯材对接时会出现上下或左右移动的现象,为了防止在上下方向上的移动,需在对接的弯材上各开一榫,并在两片榫头尽端各设一小舌,小舌入槽后,弯材便能紧贴在一起。为了防止两片榫头在左右方向上移动,楔钉是极为关键的部件。楔钉的断面形状为头粗末端细,将其插入弯材搭口中部凿好的方口中,最终使两片榫头在左右方向上也难以拉开。有些楔钉榫的榫舌外露于侧面,有些则不外露,这取决于榫舌尽端是否与其所在截面之弯材的边缘留有余地,如榫舌尽端贯穿所在弯材之截面,榫舌则外露,如不贯穿,留有余地,则不外露。

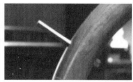

图 3-93　楔钉榫图例

(26)格角榫。该榫种类不一,有的用于带有软屉(藤编、绳编、皮条编制等)之家具的攒边做法中,有的用于硬屉(大理石板、瓷板与木板等)的攒边结构中,还有的用以厚板与抹头的连接(图 3-94)。

a、b 格角榫为透榫　　　　　　　　c、d 格角榫为闷榫

图 3-94　格角榫图例

(27)抱肩榫。抱肩榫多出现于带束腰的家具中,用以连接腿足与束腰及牙板的榫卯,有"千年不倒"之美誉(图 3-95)。

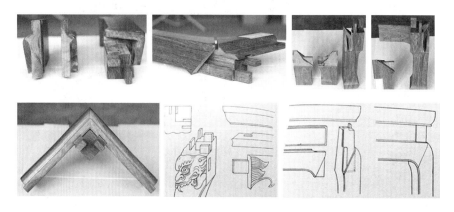

图 3-95　抱肩榫图例

（28）夹头榫。夹头榫的造法源于中国建筑的大木梁结构，目的是加强桌案类家具的稳定性。夹头榫的基本形式为腿足上端开口并出榫（图3-96），嵌夹牙条、牙头，其出榫与案面底部的榫眼接合。在夹头榫嵌夹牙条、牙头的过程中会出现两种情况：一种为既嵌夹牙条也嵌夹牙头；另一种则为只嵌夹牙条，而牙头是通过打槽的方式与腿足连接。另外，夹头榫还有其变体的存在，即在腿足上端以打槽的方式代替开口，因此牙条、牙头都是分段与其连接的，故只有夹头榫之形，而坚实程度则大为降低。

图3-96　夹头榫图例

（29）卡头榫。晋作工匠称夹头榫为"卡头榫"。

（30）插肩榫。插肩榫主要运用于案形结构的家具中，其外形不同于夹头榫，但是腿足与牙条、牙头、面板的连接方式与夹头榫无异。插肩榫的基本结构为腿足上端出榫，以便与面板连接，但是与夹头榫不同之处在于腿足的出榫部位以下需削出斜肩，其目的是保持腿足与牙条、牙头的齐平。在嵌夹牙条、牙头的过程中，同样会出现牙条和牙头分造之情况。另外，插肩榫也存在变体，即腿足上部分的斜肩演变为挂销，以便连接开有槽口的牙条及牙头（图3-97）。

图3-97　插肩榫图例

（31）粽角榫。此榫用于连接三根方材于一角，由于其造型与"粽子"相似，故得名"粽角榫"（图3-98）。整齐美观无疑是此榫的特点，但是有一点需注意，即由于榫卯过度集中，如果用料过小则会影响连接

图3-98　粽角榫图例

处的坚实度。另外，用于桌子上的棕角榫与用于柜子、书架等高于视平线的家具的棕角榫不同。由于桌面光洁才不会影响其美观，故腿足上的长榫不宜用透榫穿过大边；而书架等则不同，由于其顶面已经超过人们的视平线，故用透榫也无妨。

（32）钩挂垫楔。钩挂垫楔是指用于连接霸王枨与腿足的榫卯结构，此榫卯结构可追溯至战国时期。首先将霸王枨下端造成向上弯曲的榫头，并形成"半个银锭形"，然后将腿足处的榫眼造成"上大下小"之形状，将霸王枨上的榫头纳入腿足下部尺寸较大的榫眼中，再将其向上推，故枨子与腿足的连接完毕。

（33）楔。楔虽微小，但其与榫卯一样，蕴含着深厚的文化底蕴。楔有挤楔、破头楔与大进小出楔之分（图 3-99）。挤楔既有加固榫卯之功能（由于榫的尺寸略小于卯眼，故产生缝隙在所难免，而挤楔可挤入缝隙中，使之严丝合缝），又有调整部件位置之作用（不平变平、不正调正、不严挤严）。破头楔，又称"挓（zhā）头楔"，在透榫端部楔入，使榫头张开，体积增大，常用于攒边的桌面、椅面、床面等四角的透榫处。大进小出楔又有"假大进小出楔"之称，其外观与大进小出榫类似，常与半榫配合使用，用较为结实且整齐的木楔穿透家具表层，其目的是将半榫备牢。

a至c 挤楔　　　　　　　　　　　　　　　　　　d 破头楔

图 3-99　楔图例

（34）钉。艺术家具中的钉，是竹钉或木钉，而非铁钉或铜钉等金属类钉子。竹钉不会因天长日久而生锈，更不会破损家具表面的美观，既可与家具同寿，还可保护工具（使用金属钉常伤工具之刀口），故中国家具常用竹钉而非金属钉。为了保证木纹的完整性，故家具部件常以半榫、闷榫、抄手榫等暗藏式榫卯连接，由于半榫日久会松动脱落，故须用竹钉加固。

（35）销钉。销钉是指固定构件的木钉或竹钉。

（36）关门钉。关门钉是销钉的一种，在榫卯拍合后，用钻打眼，植入一枚木钉或者竹钉，其目的在于使榫卯更为牢固。

（37）俊角榫。俊角榫有两面与三面之分，是晋作工匠对攒边做法和棕角榫的统称（图 3-100）。

（38）出梢。出梢指的是木板背面带口或穿带的梯形长榫，此种长

图 3-100　俊角榫图例

榫均呈一段稍窄、一段稍宽之形状，匠师将这种形制的榫卯称为"出梢"。

（39）飘肩。将尖端圆角化的格肩榫被称为"飘肩"，由于此类榫卯形似张口的蛤蟆（青蛙），故又有"蛤蟆肩"之称。

（40）双斜肩榫。双斜肩榫是指榫肩均呈倾斜状的榫卯（图 3-101）。

图 3-101　双斜肩榫图例

（41）卡子榫。将四根面框料的刃头都锯成 45°，不留榫，不打榫眼，紧紧结合，然后在每只角的当头板锯出同宽同深的槽，再取一块与槽同宽的直角木板，将其锯成直角三角形插入两角相接的槽中，使直角吻合。

3.2　装饰称谓术语

3.2.1　线脚

线脚是"线"与"面"的总称。提及线脚，很多人会想起明式家具的干练与简约，其实，在宋代早期便已有线脚出现，如河北巨鹿县出土的北宋木桌之边抹和角牙上的凹线，不仅如此，宋之线脚已有多变形式的显露，如剑脊棱（宁波南宋石椅）、冰盘沿（拜寺口双塔西夏木桌）以及三棱线（金汤寨北宋墓之石桌）等。历经了宋代的探索，至明代时线脚的发展已接近成熟，无论是干净、饱满、清晰的线，还是多变、灵动的面，恰似流动的乐章，均赋予主观群体以自然舒畅之感。

线脚看似简单，无非是阴线与阳线的交错使用，平面、凸面（又称"盖面"与"混面"）与凹面（又称"洼面"）的轮番上阵，但是在这看似简单的变化中，却包含着无比的复杂性，简单在于其最终的形式，而复杂在于其实现的过程。线脚的营造离不开工具的配合，不同的线脚需要不同的工具，如盖面刨、洼面刨、阳线刨、勒子等。

不仅如此，线脚与书法还有异曲同工之妙，书法讲究"线与线之间"的流动性，线脚也不例外。无论是变化多端的"冰盘沿"，还是形式不一的阳线（如交圈中的线脚，其衔接处贯通自如，所呈现出的完整、统一之视觉效果便与书法有着无法割舍之联系），均是线与线之间配合使用的结果，正如中国古建筑一般，无论是木柱、梁枋、楣檩桁椽，还是变化多端的屋顶（硬山式、悬山式、歇山式、卷棚式、卷棚歇山式、攒尖式、庑殿式、九脊式、十字脊式等），均是中国人善于处理"线条"之间形式或结构的例证之一。

线脚作为中国家具"装饰性之线与面"的集合（与装饰性线和面相对应的是"结构性的线与面"，诸如搭脑、联帮棍、鹅脖、框架式的腿足、帐子、矮老等，均属"结构性的线"，而桌面、案面、几面、屏心、榻面、座面与柜面等，则属"结构性的面"之范畴），不仅在古代艺术家具中占有重要之地位，在当代艺术家具中亦属不可缺席之成员。

1）线脚之"线"

以线为主的线脚有阴线与阳线之别。圆而饱满之线脚被称为"阳线"，与之相反的则被命名为"阴线"（图 3-102）。阴线的造型呈凹槽状，由于凹槽之形状有所不同，故又可分为"圆槽"与"尖槽"。阳线与以面为主的线脚不同，其出现的部位较广，不仅包括家具之水平结构，而且包括竖直之结构，如帐子、牙板、靠背、矮老、床围子、柜门、架格之栏杆等。

图 3-102　以线为主的线脚图例

阳线的种类较多，如鲫鱼背线、双鲫鱼背线、芝麻梗、灯草线（圆而饱满之线脚）、皮条线（在宽度上较灯草线宽，且呈扁平之造型）、荞麦棱（带有锐棱的阳线）、剑脊线（又名"剑脊棱"，此造型由两个部分组成，一是中间凸起的棱线，二是呈坡面的两侧）、瓜棱线（此线脚由多条阳线组成）、一炷香阳线（该线脚类似香之造型，常位于腿足处）、两炷香阳线（与一炷香阳线类似，只是在数量上较之多）、玉香线（广式家具对呈"平行之凸线"的称谓）、弦线（其状较细）。综上可知，阳线在粗、细、长、短、曲、直等方面稍做变化，其称谓便会出现变动。

另外，阳线不仅可以产生变化，即增加整体的灵动感，而且可以实现统一，即加强零散部件的整体感。"交圈"是中国艺术家具中较为讲究的造法，即将不同构件之间的线脚和平面浑然相接，进而取得完整、统一之视觉效果，如以插肩榫结构的酒桌为例，其牙条上所起之阳线与腿足所刻之阳线巧妙相接，使之浑然一气，赋予整体以统一和谐之感（打洼也可达到交圈做法之功效）。

以线为主的线脚作为中国当代艺术家具装饰的一部分，是增强精致感与细腻感的外在因素之一，亦是中国文化的一部分，无论是新古典与新海派，还是新中式与新东方，均可对其进行不同程度的继承与创新。

2）线脚之"面"

面之形式在宏观上可划分为三种，即平面、盖面（又称"混面"或者"凸面"）与洼面（又称"凹面"），但是在微观上，却远不止这三种。由于线脚之造型千差万别，故其又可细分为竹线（半圆形的线脚，又称"素凸面"）、碗底线（由于其在地面上投影之形状与碗底类似，故得此名）、凹面梅花瓣线、平面双皮条线、半混面单边线、双混面单边线、双层混面等等。面的呈现离不开线的衬托，如腿足之上的线脚（图3-103）均是通过阳线与阴线的刻画才会出现种类繁多的面。以圆足之上的瓜棱线为例，其上可以开宽窄相等的瓜棱线，也可设宽窄不等（有规律的相间）之瓜棱线，还可刻画洼面之瓜棱线并在其间加起脊线等，上述三种形式虽然应用了同样的阳线，但所得之面却是截然不同的。

图 3-103　线脚（腿足）图例

在古代艺术家具中，以面为主的线脚常出现于腿足（由于腿足有圆足、方足、扁圆足与扁方足等之别，故线脚在水平面上的投影也有圆形、扁圆形、扁方形与方形之分。上述是线脚的基本形式，根据匠师的设计需求，还可在其内增加细节变化，如将不同形式的两种线脚加以嫁接或对自身进行变形）、边抹（各种形式的冰盘沿的出现）、束腰（既可造成平面，也可造成洼面，还可造成凸面）、牙板（如将腿足与牙板的线脚加以连接，形成"交圈"之形式）等部位（图3-104至图3-106），但随着时间的推移与外来文化的融合，线脚中的"面"出现了较前人更为丰富的形式。无论是近代的海派家具，还是其后的当代艺术家具，均是线脚演变的当事者。

图 3-104　线脚（边抹）图例

图 3-105　线脚（束腰）图例

图 3-106　线脚（牙板）图例

中国当代艺术家具有新古典、新海派、新中式与新东方之别，故线脚在不同风格中会有不同形式之呈现。新古典专注于古代艺术家具的复兴，故古代艺术家具之线脚（上下对称型、上下不对称型以及不同足形之上的线脚）常出现在此风格中。中国当代艺术家具与书画一样，厌恶呆板的"无生命之线条"，故线脚成为调节呆板、注入活力的关键因素之一，如在面板的转折处勾勒出形式不一的面子（平面、凹面或者洼面），之后再加刻阳线以增强其律动感。总之，对于新古典风格而言，线脚的处理与应用尤为重要。

新海派作为海派的继承与延续，是中西文化碰撞的杰作，故将西式之元素融入中式之设计中乃是正常之事。新海派中既可能会出现西式之新古典元素，也可能会出现新艺术之元素，还可能会出现装饰艺术与现代主义之元素，更可能会有西方之抽象艺术形式的身影。这些元素的介入均会使线脚出现不同程度的变化，但此变化并非两种元素的简单融合，而是需要经历由西（西方）向东（中国）的蜕变，方可成为中国当代艺术家具之成员。对于异国元素的应用，先人也时常有之，如乾隆年间之"痕都斯坦"风，其并未将西域之"痕都工"直接并入清代之玉器设计中，而是对其进行改造，以适合当时之工艺形式。新海派家具作为中国家具的一分子，也应有如此之作为。以脚型为例，西方家具的脚型与中国的一样，式样均较为丰富，如 Block Feet（圆髻形脚柱）、Bun Feet（块状脚）、Bracket Feet（托架脚）、Scroll Feet（涡卷形脚）、Claw-and-Ball Feet（爪球式脚）、Spanish Feet（西班牙式脚）、Slipper Feet（拖鞋式脚）、Spade Feet（铲脚）等等，由于西方并无"线脚"之概念，故新海派要想借鉴这些形式必须对其进行改造。

新中式作为中国现代家具设计的先锋之一，与新古典形式略有不同，其未必按照古制进行设计，所以线脚会有少许的变动。由于造型的简化或改动，也许在新中式家具中以面为主的线脚形式会出现简化或变形。

新东方风格既崇尚"简"与"少"，又青睐"素"与"空"，无论是禅·悟，还是融·简，均是上述之思想的缩影，故对于线脚的设计尤为重要。以禅·悟观下的新东方为例，其强调的是一种本质的美，正如老子之"见素抱朴"的思想，要想到达"朴素而天下莫能与之争美"的境地，则需利用自身之变化，而非借助他物的附着，正如水墨画一般，利用墨与水的变换方可达到五色之分（墨分五色），即发挥自身之性质，以达到"简寂空灵""玄妙精深"之境界。对于新东方风格而言，线脚属于使自身产生变化的一部分，故对其的设计显得尤为重要。也许复杂的线脚并不适合新东方，而简洁、干净、轮廓清晰之线脚才是它的最佳选择。

总之，对于不同风格，线脚也会有所不同。线脚属于细节之类，如果设计得当，会为家具添姿加色，如处理不当，则会出现累赘之感，故线脚也是中国当代艺术家具需要重点研究的分子之一。

（1）平面。平面是指边抹和大边的交界处未被倒角，而是呈直角状（图 3-107）。

图 3-107　平面图例

（2）混面。大边与抹头格角相交处呈圆角状被称为"混面"（图 3-108），又称"盖面"或"凸面"。混面有单层混面、双层混面以及多层混面之分，两层以上的混面即为劈料的做法。另外，混面还有一个俗称——泥鳅背。

图 3-108　混面图例

（3）盖面。盖面即"混面"或"凸面"。

（4）凸面。凸面是线脚的一种，为"盖面"或"混面"的别称。

（5）双层混面。双层混面类似于劈料的做法。

（6）洼面。洼面是"凹面"的别称。

（7）洼儿。洼儿的造型呈凹陷状，又称"凹面""洼面"（图3-109）。

图 3-109　洼儿图例

（8）子母屉。子母屉是指屉制形状似分层而做，呈上层薄而下层厚之状（图3-110）。

图 3-110　子母屉图例

3）阳线

阳线的造型呈凸起状，根据形状的异同，有灯草线、荞麦棱、皮条线、拦水线等之分。

（1）竹线。竹线又称"混面"和"素凸面"，即半圆形的线脚（图3-111）。

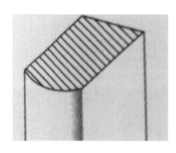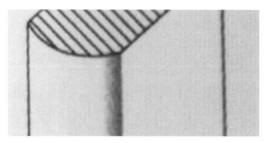

图 3-111　竹线图例

（2）碗底线。由于形状似碗的正视图，故得名"碗底线"（图 3-112）。

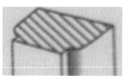

图 3-112　碗底线图例

（3）棋盘线。棋盘线似委脚线。

（4）灯草线。灯草线呈圆而饱满状（图 3-113）。

图 3-113　灯草线图例

（5）皮条线。皮条线是指在宽度上较灯草线宽，且呈扁平之造型的阳线（图 3-114）。

图 3-114　皮条线图例

（6）荞麦棱。荞麦棱是指带有锐棱的阳线，在视觉上比灯草线更为立体（图 3-115）。

图 3-115　荞麦棱图例

（7）拦水线。由于设置拦水线的目的是防止水、汤等液体溢出，所以拦水线常被用于桌、案、台、几等类型的面板设计中，但是在当代艺术家具的设计中，椅类、床类、坐墩类等也设有拦水线，其形式有长方形、正方形、圆形、椭圆形等之别，与器物面板之形状一致（图 3-116）。

图 3-116　拦水线图例

（8）剑脊线。剑脊线又名"剑脊棱"，此造型由两个部分组成：一是中间凸起的棱线；二是呈坡面的两侧（图 3-117）。

图 3-117　剑脊线图例

（9）瓜棱线。瓜棱线常见于家具的腿足设计上（图 3-118），在视觉上给人以腿足分瓣感，采用此种阳线作为装饰的腿足被称为"瓜棱式腿"。此种纹饰虽简洁，但视觉效果在一凸一凹中颇显其韵律感。该纹饰的历史也较为悠久，在新石器时代之良渚文化中就有此种"凸棱纹"出现在玉器之中，而后在瓷器中亦有模仿此种纹饰的器物形式，如宋之瓜棱形瓷器。

图 3-118　瓜棱线图例

（10）一炷香线。一炷香线是位于腿足正面处（图 3-119）。在传统家具中，此阳线多见于案形结体家具的腿足设计中。

（11）两炷香线。两炷香线即腿足正面起两道阳线（图 3-120）。

（12）玉香线。玉香线是广式家具对"平行的凸线"的叫法（图 3-121）。

（13）弦纹。弦纹属细阳线一类。

图 3-119　一炷香线图例

图 3-120　两炷香线图例

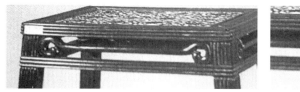

图 3-121　玉香线图例

4）阴线

阴线的造型呈凹槽状（图 3-122），由于凹槽的形状不同，故有"圆槽"与"尖槽"之分。

图 3-122　阴线图例

5）边线

传统匠师把沿构件边缘所起的阳线或阴线称为"边线"。

6）胡椒眼

在藤编过程中，藤与藤之间会有空隙产生，北京匠师将八角形的空隙称为"胡椒眼"，如胡椒眼软屉。

7）光素

光素是指器物上无镶嵌、雕刻、漆饰等附加装饰，只用简单的线脚来体现器物的简洁与素雅之美（图 3-123）。

图 3-123　光素图例

3.2.2　部件造型

（1）绦环板。绦环板即狭长的装饰板，其位于家具的不同部位，如束腰、抽屉面板、架子床上端及面板式门扇中（图 3-124）。板中可做雕刻、开光等装饰。

图 3-124　绦环板图例

（2）壶门式轮廓。壶门式轮廓是家具中的一种装饰形式，如壶门式牙条、壶门式券口牙子等（图 3-125）。

（3）灶火门。灶火门是"壶门式轮廓"的别称，由于北方民间的灶门多为壶门式，故在传统家具设计中，匠师也称壶门式轮廓为"灶火门"。

图 3-125　壶门式轮廓图例

（4）小鲫鱼吊肚。小鲫鱼吊肚是弧度较小之壶门的别称（图 3-126）。

图 3-126　小鲫鱼吊肚图例

（5）大鲫鱼肚。大鲫鱼肚即垂度极大的壶门造型（图 3-127）。

图 3-127　大鲫鱼肚图例

（6）泥鳅背。泥鳅背被用于形容器物之边缘形似泥鳅之背，呈凸圆形。

（7）壶门尖。壶门尖亦称出尖，是指在牙板或者牙头上锼挖向外的尖角（图 3-128），反向观之即为委角。

 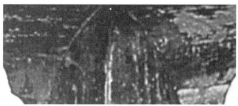

图 3-128　壶门尖图例

（8）四面平式。四面平式是家具的造型之一，不论是正面框架，还是侧面框架，抑或是顶面的边框，均呈平且直状（图 3-129）。

（9）洼堂肚。洼堂肚是中国传统家具结构部件的造型之一，一般用于牙条之上。此造型中部下垂，且呈弧线形（图 3-130）。下垂的部分有的被施以雕刻，有的则无任何装饰。

图 3-129　四面平式图例

图 3-130　洼堂肚图例

（10）马肚式。马肚式即洼堂肚之造型。

（11）螳螂肚。螳螂肚是大弧度的壶门牙子之造型的比喻（图 3-131）。

图 3-131　螳螂肚图例

（12）蟹壳。在广式家具中，将前牙较为突出的形式称之为"蟹壳"（图 3-132）。

图 3-132　蟹壳图例

（13）鲤鱼肚。鲤鱼肚是广式家具对弧形的叫法（图 3-133），形似西方洛可可中的"Serpentine Outline"（蛇形轮廓）。

（14）撇腿。撇腿又称"香炉腿"，腿足下端向外微翘。

（15）褡裢式。此式样是针对抽屉而定的，在传统家具中，很多部件造型的称谓均来源于现实生活中与其形状相似的物体，"褡裢式"也不例外。由于抽屉在形式上高低不等，形成略似褡裢布袋之形状，故得名"褡裢式"。

（16）开光。在家具上挖洞，使其空透，可被称为"开光"；在家具

图 3-133　鲤鱼肚图例

中凿出所需形状，然后在其内施以雕刻或镶石、木等材料，也可被称为"开光"（图 3-134）。由于匠师的喜好不同，故开光的形式也有所不同，有海棠式、如意式、半月形、笔杆式、炮仗筒式、圆形、长方形等等。①开孔。开孔为开光的一种形式（图 3-135），是在家具上挖洞的做法。在造型上，开孔可以平衡家具的比例；在视觉上，可以分散家具的重量感。器物的造型不同，开孔的形状也有所不同，鱼门洞便是其中一例。②剑环式。剑环式在家具中又有"鱼门洞"之称（图 3-136），在明代的《园冶》中有对此称谓及形状的提及。③鱼门洞。鱼门洞是开孔（透孔）的一种形式（图 3-137），分为两种：一种为有壶门尖的；一种为无壶门尖的。无壶门尖的形式又可分为海棠式鱼门洞、笔管式鱼门洞、炮仗筒式鱼门洞以及如意式鱼门洞等。④海棠式鱼门洞。该类型鱼门洞的造型源于海棠花之形状（图 3-138），故被称为"海棠式"。由于该开光处的委角部分是可变的，故其形式产生了微小的区别。⑤笔管式鱼门洞。该类型鱼门洞为长而窄的开孔，其形状如同横放的笔管（图3-139），与炮仗筒式鱼门洞的形状相似，只是开孔较炮仗筒式鱼门洞窄，又有"笔杆式"之称。⑥炮仗筒式鱼门洞。该类型鱼门洞的形状与

图 3-134　开光图例

笔管式鱼门洞相似，但其开孔较笔管式鱼门洞宽（图3-140），犹如加肥版的笔管式鱼门洞。⑦如意式鱼门洞。该类型鱼门洞的开光呈如意形（图3-141），又称"鸡心式"。⑧菱形式。菱形式呈菱形的开光形式（图3-142）。⑨笔管式棂格。笔管式棂格是指用横竖材料攒接而成的"品"字纹饰。⑩曲尺式。曲尺式即形状犹如曲尺之状（图3-143）。

图 3-135　开孔图例

a《园冶》中的剑环

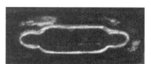
b 家具上之剑环式开光

图 3-136　剑环式开光图例

a 有壶门尖

b 无壶门尖

图 3-137　鱼门洞图例

图 3-138　海棠式鱼门洞图例

图 3-139　笔管式鱼门洞图例

图 3-140 炮仗筒式鱼门洞图例

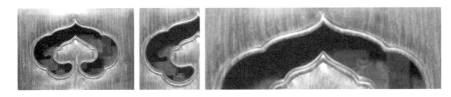

图 3-141 如意式鱼门洞图例

图 3-142 菱形式开光图例

图 3-143 曲尺式开光图例

（17）海石榴头。海石榴头即望柱之尽端的装饰（图 3-144）。

图 3-144 海石榴头图例

（18）斗（dòu）钩。斗钩即"拐子纹"，是广式家具对拐子纹的叫法。

（19）扁斗钩。扁斗钩是斗钩的一种。

（20）尖斗钩。尖斗钩也称"鸭尾式"，是斗钩的一种（图 3-145）。

（21）鸭尾式。鸭尾式即"尖斗钩"，是清代后期广东家具的常见形

图 3-145　鸭尾式图例

式，此纹饰是拐子纹的变形，与扁斗钩的区别在于纹饰的结束处以圆角替代方角，将卷角改为圆尖，形似鸭尾，故得此名。

（22）天圆地方。天圆地方是阴阳学说的一种表现形式，这种哲学思想后来被引入传统家具设计领域。在传统家具中，天圆地方有以下两种形式：一种形式为圆材与方材的对比，如扶手椅，椅盘以上为圆材，椅盘以下为方材，故又被称为"天圆地方"（图 3-146）；另一种形式则体现在器物的造型上。

图 3-146　天圆地方图例

（23）独板。独板即"厚板"（图 3-147），是指家具的面板不用攒边的方法而用厚板制成。

图 3-147　独板图例

（24）一块玉。该词是用以形容案面所用之独板，如在美国丹佛艺术博物馆中陈列的"天下第一案"之面板，便是"一块玉"之案例。

（25）酒坛式。"酒坛式"是形容坐墩的形状，由于此坐具形制似酒坛，故晋作匠师称其为"酒坛式"。

（26）双笔管。两根平行的竖材及其"品字纹"均属双笔管式（图 3-148）。

（27）半花芽子。半花芽子即半个回纹与卷草纹饰的组合（图 3-149）。

（28）覆盆式。此样式是建筑中柱础的形式之一，后被引入家具领域，如明中期的朱漆云龙御用官皮箱之盖即为覆盆式，由于其形恰似倒

图 3-148　双笔管图例

图 3-149　半花芽子图例

置之盆（图 3-150），故得此名。

图 3-150　覆盆式图例

（29）连三。连三即带有三个抽屉的案形柜类（图 3-151）。

图 3-151　连三图例

（30）连二。连二即带有两个抽屉的案形柜类（图 3-152）。

图 3-152　连二图例

（31）大小头。该叫法是南方人对圆角柜的称呼。

（32）蒸饼式。蒸饼式是用来形容状如蒸饼之状的器物（图 3-153），如元代之"东篱采菊剔红盒"便是"蒸饼式"的案例之一。

图 3-153　蒸饼式图例

（33）中山式。中山式即孙中山式样的家具形式。

（34）铺首。提及"铺首"，人们常会想到建筑之大门，据汉代的砖雕和当时的文学作品可知（如司马相如在其《长门赋·并序》中写到的"挤玉户以撼金铺兮，声嘈呹而似钟音"，其中的"铺兮"即"铺首"），汉代的建筑之上已出现了"兽口衔环"之形式。但在汉代之前，"铺首"这一形式即已出现，如西周与春秋战国的"青铜器"以及春秋战国的"彩陶"之上均有铺首的存在。"兽面"及"所衔之环"是铺首的标志，兽面的特征是怒目圆睁、牙齿暴露，将其置放于大门之上有坚固与安全之意，将其融入器物之上可增强震慑之感。铺首除了存在于上述所提之领域，在家具领域亦有之，但其常以"改良"之面貌存在于"铜件"之中（图 3-154）。

图 3-154　铺首图例

（35）合页。合页是家具中铜件的一种，即"铰链"（图 3-155），又名"合扇"（此称谓是清代之叫法），其形状可谓是多种多样，如方形、委角形、葵花形、莲瓣形、云头形、寿字形等。

图 3-155　合页图例

（36）面页。面页也是铜件之一（图3-156），即钉在箱、柜正面或抽屉前脸上的铜什件，其形式与合页一样，呈多样化之势。

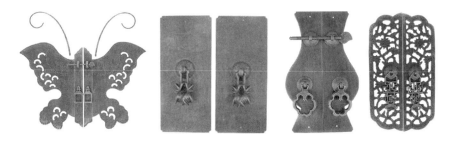

图3-156　面页图例

（37）吊牌。吊牌即吊挂在金属饰件上用以充当"拉手"的牌子，其常出现于柜门与抽屉之上（图3-157）。由于吊牌除了使用功能外，它还具装饰作用，故其形式也较为多样，如椭圆形、长方形、古瓶形、铃铎形、双鱼形、套环形、橄榄形与吉祥文字形等，均可成为吊牌的装饰形式。

图3-157　吊牌图例

（38）钮头。钮头位于诸如皮具类的箱、柜等金属的饰件之上，其呈现高起之状，并带有空洞（图3-158）。钮头作为铜件之一，既可"光素"，又可施"錾刻"之法，以增强其丰富之感。

图3-158　钮头图例

（39）包角。包角即镶钉在家具转角处的金属饰件（图3-159）。

图3-159　包角图例

（40）拍子。拍子即铜件的一部分，因其形似"拍子"而得名（图 3-160）。

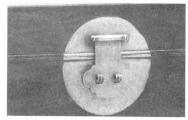

图 3-160　拍子图例

3.2.3　其他

（1）北官帽椅。北官帽椅即"南官帽椅"，由于北方在明清时期生产此种坐具较南方多，故得名。

（2）踏床。踏床与"脚踏"同义（图 3-161），属于家具的一部分，如交椅下部的脚踏。

图 3-161　踏床图例

（3）山西柜。山西柜是指漆作中带檐的柜子，尤其是平面带檐的。

（4）面条柜。面条柜即"圆角柜"，其设计特点有二：一是在视觉效果上，由于其呈"上窄下宽"之势，故给人以"稳定"之感；二是其柜门的设计采用了"重心偏移"之原理（即重心外移），故该柜门在没有任何动力的情况下也可缓慢地自动关上。有优点就有缺陷，由于圆角柜呈梯形，故在摆放之时应坚守"舒朗"之原则（即保持一定距离地摆放），否则会产生"倒三角"的错觉。在任何时候，家具与建筑的关系均息息相关，圆角柜隶属其中自然不会例外。由于清代的居室较明代紧凑，故圆角柜在清代的数量已明显减少。据统计，到乾隆年间为止，清代的人口较明代多，那么在此时若要摆放成对的圆角柜，彼此之间则无法保持舒朗之原则，故上述之"错觉"必定无法避免，这便是圆角柜数量减少的根本原因之一。

（5）四件柜。四件柜是成对之顶箱柜的称谓，即两只两件柜的组合。四件柜在清代较多，与人口、建筑以及居住空间有关，其上下同宽的尺寸适合并肩而置，既节省了室内之空间，又可在其内收纳、储藏物件。更重要的是，四件柜不像圆角柜需要保持一定距离才能达到美观之感（既可并肩摆放，也可保持一定距离，无论是前者之形式，还是后者之格局，均不会影响室内美观之效果）。

（6）气死猫。 "气死猫"是北方人对"带窗棂之橱"的叫法（图3-162）。

图3-162　气死猫图例

（7）鸡笼橱。"鸡笼橱"是南方人对"带窗棂之橱"的称谓，与"气死猫"同属一物。

（8）午凳。午凳即"机凳"。

（9）匮。该字最早的意思是"柜"，正如《说文解字》中所言的"匮，匣也"。

（10）金匮。金匮即置放机要文件的箱子（图3-163），如在北京故宫博物院的皇史宬（皇史宬是皇家藏实录与圣训的重要地点，该建筑有别于其他传统建筑，墙全部采用砖石结构，目的是防火）中就有金匮的存在。

a至c 明代早期《洪武实录》金匮

图3-163　金匮图例

（11）交床。交床即"胡床"。在《演繁露》中，南宋程大昌为交床做出了定义，其言"交床以木交午为足……足交午外复为圆穿，贯之以铁，敛之可挟，放之可坐；以其足交，故曰交床"。另外，交床的由来与隋炀帝密不可分，据《贞观政要》中记载："隋炀帝性好猜防，专信邪道，大忌胡人，乃至谓胡床为交床，胡瓜为黄瓜，筑长城以避胡。"

（12）行椅。行椅即"交椅"，由于其可作随军之用，故得名"行椅"。

（13）猎椅。猎椅即"交椅"的又一名称，因其可作为打猎时携带的坐具，故得"猎椅"之名。

（14）皮具。皮具是指储物类的家具，包括柜、橱（南方人对柜的称谓）、箱、盒、匣等。

（15）拜匣。拜匣是指放置请柬的小匣。

（16）猪笼几。猪笼几即"花几"，是广式家具中对"花几"的叫法。由于此类型的花几之侧面布满斗钩纹饰（图3-164），形似猪笼，故得此名。

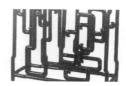

图3-164　猪笼几图例

（17）晬盘。据宋代谢维新在《古今合璧事类备要》中所言"周岁陈设曰晬盘"，可知晬盘是宫廷在王子周岁时所用之物（图3-165）。

图3-165　晬盘图例

（18）斜靠。斜靠即古时的躺椅（图3-166）。

a、b 刘松年《四季山水图·夏》

图3-166　斜靠图例

（19）马杌。在古时，马杌是供上层人物上下马之用的凳子，如南宋《春游晚归图》中仆人所扛之方凳即为马杌（图3-167）。

（20）缩手椅。缩手椅是广式家具对扶手较小之座椅的称谓（图3-168）。

a 南宋《春游晚归图》　　　b、c 马杌细节

图 3-167　马杌图例

图 3-168　缩手椅图例

（21）东坡椅。东坡椅是有靠背无扶手的交椅，正如明人沈德符在《万历野获编》中所言："胡床之有靠背者，名东坡椅。"

（22）帮桌。帮桌又称"壁桌"，即靠墙摆放的条桌。

（23）罗圈椅。罗圈椅是宋代对于圈椅的叫法。

（24）圆椅。圆椅即宋代之圈椅，"太师样"即为"圆椅"的一种。

（25）太师样。太师样即太师椅的前身，是宋人对于"圆椅式交椅"的称谓（图 3-169）。

图 3-169　太师样图例

（26）山字屏风。在《天水冰山录》中曾记载过严嵩被抄家时所持有床之数量，其中就包括 138 张"山字屏风式梳背小凉床"，此山字屏风式梳背小凉床就是"五屏式或七屏式罗汉床"。

（27）鬼子椅。鬼子椅是南方人对于"玫瑰椅"之称谓。

（28）照子。照子即有柄的铜镜，此种形式之铜镜出现在宋代，它将铜镜中的圆钮取消，以柄代之。

（29）青铜鉴。青铜鉴即"照容"之用的器具。由于生产力的限制，虽在齐家文化之时人们就有能力生产铜锥、刀、斧等工具，但仍无法造出诸如"铜鉴"之类的容器。铜鉴的出现要晚于铜镜，直到春秋中期才得以现世，其在春秋晚期和战国时期最为流行，以致到西汉时仍有铸造。

（30）漆鉴。漆鉴与青铜鉴一样，均是古人用以照影梳妆之物，漆历经干燥结膜后可呈晶莹之亮光，从漆工鉴别漆之优劣的谚语（好漆如镜面，照见美人头）可知，漆之光亮程度，古人以之为鉴容之用，实不足为奇。

（31）鼓座。鼓座即"鼓架"。

（32）手炉。手炉即置放于手中的取暖之物。

（33）复合镜。复合镜即采用先分铸再合铸之法的青铜镜，如楚地出土的透雕镜与藏于日本永青文库的"错金银狩猎纹铜镜"便为案例之一二，此种镜类有正反两面，其正面为含锡较高且较薄的白色青铜片，而反面（即背面）则是带有镂空或错金银之图案的青铜片，在成镜之前需以分铸之法分别铸造正反两个部分，而后再行"合铸"之法。

（34）带钩。带钩是古人扣接腰带或随身配挂小件物品的器具。在性质方面，带钩有微曲的长条形与琵琶形，但无论是何种形状，其首部均呈弯曲状且钩背设有圆钮；在尺寸方面，带钩有大小之别，较大者用以连接男子袍服的腰带，较小者则用于佩挂剑、镜囊、印章、玉石等饰物；在材料方面，带钩以青铜居多，但也有金、银以及玉石等的存在；在工艺方面，带钩涉及鎏金、镶嵌、碾琢、错金银以及综合之法等，可见技法之广，正如《淮南子·说林训》中所言："满堂之坐，视钩各异。"

（35）酒具盒。酒具盒是置放酒具与食器的器物，如壶、盘与耳杯等。酒具盒的使用既清洁卫生，又携行方便，如将领纪成1号墓（其中的酒具盒内置一壶、二盘与三耳杯）与荆门包山2号墓（其中的酒具盒内置二盘、二壶、八耳杯）中均有此类物件的出土。

（36）鬼工球。鬼工球即"象牙套球"，是明人对宋之"象牙套球"的叫法。在宋代，套球数量为三层，随着时代的发展，套球的层数也在增加，时至清代，其数量已达到14层至25层之多，然而，更有甚者是当代的象牙套球，层数有达50层之多者。

（37）象牙席。象牙席即以"牙丝编织"技法所成之席（牙丝编织早在汉代时就已存在，即将象牙劈丝后再编织成器，如席与扇等）。象牙席在康熙六年（1667年）之后数量极少，这是由于象牙席的制作太过费工废料故被禁造。

（38）山子。山子即山形的观赏石。

（39）龛殿。龛殿是佛龛中的一种，形似殿宇。

（40）宝橱。宝橱是多宝阁的一种。

（41）竖橱。竖橱又称"立柜"，因形制为竖式，故得此名。

（42）书阁。书阁即"书格"，是古代的书架子。

（43）宝椅。宝椅是形制较小的宝座。

（44）展腿桌。展腿桌是可折叠的桌类之一（图3-170），该种形制的桌类在明代极为流行。

图3-170　展腿桌图例

（45）牙纹。牙纹是牙皮与牙心上一种象牙所特有的花纹，其是鉴定象牙真假的重要参考因素，如以虬角、骨头、骨料为材的象牙仿制品，其中并无牙纹的显现。

（46）包浆。家具经过揩漆或揩漆与烫蜡工艺后，在其表面形成了一层保护膜，以防止外界环境对家具的污染。随着时间的流逝，这层保护膜在氧化、触摸、擦拭中形成了一层温润如玉的表面形态，即"包浆"。

（47）皮壳。皮壳即"包浆"，是南方人对"包浆"的称谓。

（48）宝浆。宝浆是民国时期人们对"包浆"的叫法。

（49）光身。既没有上漆，也没有打蜡的成品家具，被称为"光身"。

（50）十二章。十二章是服饰中的纹饰图案，包括日、月、星辰、山、龙、华虫、火、宗彝、藻、粉米、黼、黻十二纹样，其在服饰上或以"绘"存在，或以"绣"与"织"存在。在古时，十二章的使用并非人人皆可以，其需视等级而定，如宗亲显贵便不能如帝王一般绘、绣或织十二章之纹饰，他们只能根据自身级别使用与身份相对等的某些纹饰。

（51）开片。开片意指瓷釉的裂纹。开片源于胎与釉的收缩率有别，其形成于焙烧之后的冷却过程之中。

（52）戒。该词为建筑用语，是房门之上的穿锁饰件，后被引入家具中，以作为其上的配件。屈戒的式样有二，即双屈与单屈，在家具中对于前者的使用较后者多。

第3章参考文献

［1］王世襄. 明式家具研究［M］. 北京：生活·读书·新知三联书店，2008.

［2］杨耀. 明式家具研究［M］. 陈增弼，整理. 2 版. 北京：中国建筑工业出版社，2002.

［3］濮安国. 中国红木家具［M］. 杭州：浙江摄影出版社，1996.

［4］邱志涛. 明式家具的科学性与价值观研究［D］. 南京：南京林业大学，2006.

第3章图片来源

图 3-1 源自：笔者拍摄.

图 3-2 源自：蔡易安《清代广式家具》.

图 3-3 至图 3-7 源自：笔者拍摄.

图 3-8 源自：王世襄《明式家具研究》.

图 3-9 至图 3-16 源自：笔者拍摄.

图 3-17 源自："凿枘工巧"：中国古坐具艺术展图录扫描.

图 3-18 源自：笔者拍摄.

图 3-19 至图 3-21 源自："凿枘工巧"：中国古坐具艺术展图录扫描.

图 3-22、图 3-23 源自：东阳红木家具企业图录扫描.

图 3-24、图 3-25 源自：笔者拍摄.

图 3-26、图 3-27 源自："凿枘工巧"：中国古坐具艺术展图录扫描.

图 3-28 至图 3-32 源自：笔者拍摄.

图 3-33 源自：北京修复师甘勇提供.

图 3-34 至图 3-37 源自：笔者拍摄.

图 3-38 源自：笔者拍摄；新会红木家具企业资料扫描.

图 3-39、图 3-40 源自：中山红木家具企业提供；苏州红木家具企业提供.

图 3-41 源自：上海红木家具企业图录扫描.

图 3-42、图 3-43 源自：笔者拍摄.

图 3-44、图 3-45 源自：杨耀《明式家具研究》；笔者拍摄.

图 3-46 源自：笔者拍摄.

图 3-47 源自：蔡易安《清代广式家具》.

图 3-48 至图 3-50 源自：上海红木家具企业提供.

图 3-51 源自：上海红木家具企业提供；笔者拍摄.

图 3-52、图 3-53 源自：上海李平小叶紫檀提供.

图 3-54 源自：新会红木家具企业内部图录扫描.

图 3-55 源自：中山红木家具企业提供.

图 3-56 源自：王其钧《中国建筑图解词典》；邵晓峰《中国宋代家具：研究与图像集成》.

图 3-57 源自：笔者拍摄.

图 3-58 源自："凿枘工巧"：中国古坐具艺术展图录扫描；上海红木家具企业提供.

图 3-59 源自：仙游红木家具企业图录扫描.

图 3-60 源自："凿枘工巧"：中国古坐具艺术展图录扫描；上海红木家具企业提供.

图 3-61 源自："凿枘工巧"：中国古坐具艺术展图录扫描.

图 3-62 源自：笔者拍摄；"凿枘工巧"：中国古坐具艺术展图录扫描.

图 3-63 源自：笔者拍摄.

图 3-64 源自："凿枘工巧"：中国古坐具艺术展图录扫描.

图 3-65 源自：广西红木家具企业资料扫描.

图 3-66 源自：上海红木家具企业资料扫描.

图 3-67 至图 3-69 源自："凿枘工巧"：中国古坐具艺术展图录扫描.

图 3-70 源自：上海现代家具设计公司提供；笔者拍摄.

图 3-71 源自：天津红木家具企业资料扫描.

图 3-72、图 3-73 源自：上海现代家具设计公司提供；上海商慧文化传播有限公司资料扫描.

图 3-74、图 3-75 源自：蔡易安《清代广式家具》.

图 3-76 至图 3-82 源自：笔者拍摄；"凿枘工巧"：中国古坐具艺术展图录扫描.

图 3-83 源自：笔者拍摄；王世襄《明式家具研究》.

图 3-84 至图 3-88 源自：笔者拍摄.

图 3-89 源自：中山红木家具企业图录扫描；王世襄《明式家具研究》.

图 3-90、图 3-91 源自：笔者拍摄；王世襄《明式家具研究》.

图 3-92 至图 3-94 源自：笔者拍摄.

图 3-95 源自：笔者拍摄；王世襄《明式家具研究》.

图 3-96 至图 3-98 源自：笔者拍摄.

图 3-99 源自：笔者拍摄；王世襄《明式家具研究》.

图 3-100 源自：路玉章《晋作古典家具》.

图 3-101 源自：笔者拍摄.

图 3-102 源自：新会红木家具企业图录扫描；"凿枘工巧"：中国古坐具艺术展图录扫描.

图 3-103 源自：笔者拍摄；"凿枘工巧"：中国古坐具艺术展图录扫描.

图 3-104 源自：北京红木家具企业图录扫描；笔者拍摄；上海红木家具企业图录扫描.

图 3-105 源自：笔者拍摄；新会红木家具企业图录扫描.

图 3-106、图 3-107 源自：笔者拍摄.

图 3-108 源自：濮安国《明式家具》；东阳红木家具企业图录扫描.

图 3-109 源自：天津收藏家马可乐提供.

图 3-110 源自：仙游红木家具企业资料扫描.

图 3-111、图 3-112 源自：马可乐等《可乐居选藏山西传统家具》.

图 3-113 源自：笔者拍摄.

图 3-114 源自：百床馆提供.

图 3-115 源自：笔者拍摄.

图 3-116 源自：中国嘉德国际拍卖有限公司秋拍图录扫描；上海瓷器鉴定专家程庸提供.

图 3-117 源自：山西三多堂博物馆提供；马可乐等《可乐居选藏山西传统家具》.

图 3-118 源自：笔者拍摄；杭间《中国工艺美学思想史》.

图 3-119 源自：新会明清红木家具企业资料扫描.

图 3-120 源自：阮长江《中国历代家具图录大全》；北京红木家具企业资料扫描.

图 3-121 源自：广西红木家具企业资料扫描；中贸圣佳国际拍卖有限公司拍卖图录扫描.

图 3-122、图 3-123 源自：笔者拍摄.

图 3-124 至图 3-126 源自：笔者拍摄；"凿枘工巧"：中国古坐具艺术展图录扫描；深圳观澜红木家具企业资料扫描.

图 3-127 源自：新会红木家具企业图录扫描.

图 3-128 源自：张天星《中国当代艺术家具中的新东方》.

图 3-129 源自：张天星《"新古典"家具的设计原则》；笔者拍摄；上海红木家具企业提供.

图 3-130 源自：北京朱漆坊资料扫描.

图 3-131 源自：中国工艺美术学会工艺设计分会资料扫描.

图 3-132、图 3-133 源自：蔡易安《清代广式家具》.

图 3-134 源自：笔者拍摄.

图 3-135 源自：北京红木家具企业资料扫描.

图 3-136 源自：马可乐等《可乐居选藏山西传统家具》；北京红木家具企业资料扫描.

图 3-137 源自："凿枘工巧"：中国古坐具艺术展图录扫描.

图 3-138 源自：新会红木家具企业图录扫描；杭间《中国工艺美学思想史》.

图 3-139 源自：张天星《"新古典"家具的设计原则》.

图 3-140、图 3-141 源自：笔者拍摄；王世襄《髹饰录解说》.

图 3-142、图 3-143 源自：笔者拍摄.

图 3-144 源自："凿枘工巧"：中国古坐具艺术展图录扫描.

图 3-145 源自：蔡易安《清代广式家具》.

图 3-146、图 3-147 源自：上海现代家具设计公司提供；笔者拍摄.

图 3-148 源自：台山红木家具企业资料扫描.

图 3-149 源自：蔡易安《清代广式家具》.

图 3-150 源自：王其钧《中国建筑图解词典》；朱宝力《明清大漆髹饰家具鉴赏》.

图 3-151、图 3-152 源自：深圳观澜红木家具企业图录扫描.

图 3-153 源自：王其钧《中国建筑图解词典》；杭间《中国工艺美学思想史》；笔者拍摄.

图 3-154、图 3-155 源自：笔者拍摄；王其钧《中国建筑图解词典》.

图 3-156 至图 3-158 源自：王其钧《中国建筑图解词典》；上海商慧文化传播有限公司提供.

图 3-159 源自：杭间《中国工艺美学思想史》.

图 3-160 源自：上海现代家具设计公司提供.

图 3-161 源自：中国工艺美术学会工艺设计分会提供.

图 3-162 源自：北京红木家具企业资料扫描.

图 3-163 源自：王世襄《中国古代漆器》.

图 3-164 源自：蔡易安《清代广式家具》.

图 3-165、图 3-166 源自：邵晓峰《中国宋代家具：研究与图像集成》.

图 3-167 源自：邵晓峰《中国宋代家具：研究与图像集成》.

图 3-168 源自：蔡易安《清代广式家具》.

图 3-169 源自：上海商慧文化传播有限公司资料扫描.

图 3-170 源自：新会红木家具企业资料扫描.

4 制作技法术语

4.1 结构造法

4.1.1 形制结构造法

（1）攒边打槽装板造法。此法在家具中应用甚广，将板材装入边框中（图 4-1）均用此法，如椅凳面、桌案面、柜门、柜帮以及家具的不同部位所使用的绦环板等[1-2]。该做法大致分为三步：首先用格角榫攒边；其次在边框内侧打槽，以纳板心四周的榫舌之用；最后将板心装入木框之中。

图 4-1 攒边打槽装板造法图例

（2）裹腿做。裹腿做是效仿竹与竹间的一种做法，又称"圆包圆"与"包脚"。

（3）包脚。包脚是南方工匠的叫法，即"裹腿做"。

（4）圆包圆。圆包圆即"裹腿做"与"包脚"。

（5）攒边装板。此过程涉及大边与抹头的连接、板心与边框的连接（图 4-2）。将大边与抹头以格角连接，称为"攒边"，之后将带有榫舌的板心纳入边框的槽口内，这一过程被称为"装板"。

（6）攒框。攒框即用攒边的方法造成边框。

（7）逐段嵌夹。逐段嵌夹与攒框打槽装板类似，只是其间所用之榫卯彼此有别，逐段嵌夹是弧形弯材打槽装板中的必经过程，即将每一段弯材的一端开口，另一端出榫，而后逐一嵌夹，最终形成圆框，这逐一嵌夹的过程即所谓的"逐段嵌夹"[1-2]。

图 4-2　攒边装板图例

（8）锼镂。锼镂又称"锼挖"，有挖成、雕刻以及造型之意，以刀代笔，最终得到匠师所需的形状，如牙头被造为卷云状（图4-3）。

图 4-3　锼镂图例

（9）一木连做。一木连做即两个或者更多构件由一根木料制成，如用一根木料造成的束腰和牙子。

（10）交圈。交圈是中国传统家具美学中的一部分，其中包含统一、对称、均衡等审美法则。交圈可使各构件的线脚和平面在视觉上达到完整、统一的效果，故交圈有贯通、衔接之意。如图4-4中的高束腰方桌，其壸门状牙条之上的阳线一直延续到腿足处，给人一种浑然一体的感觉，证明中国传统家具的审美与书法有着不可割裂的联系。可通过四种方式达到交圈之目的：一是线脚的连贯性；二是不同的做法所产生的交圈之感，如"打洼""劈料"等；三是纹饰的连贯性；四是相同直径的圆材进行丁字接合，如腿足与横枨通过榫卯（蛤蟆肩）接合。

图 4-4　交圈图例

（11）不交圈。不交圈与"交圈"的意思相反。

（12）打槽。打槽是为了嵌装其他部件而设置的，如牙板、牙条、绦环板等部件。在传统家具中，需要嵌装的部件均需此过程。

（13）挖缺做。采用挖缺形式造法制作家具被称为"挖缺做"。

（14）扇活。扇活有成品之意，如将事先制作好的雕刻、纹饰等部件镶嵌至家具中，即属于"扇活"的一种。根据是否可拆卸，有"活扇活"与"固定扇活"之分。

（15）两上。两上是一种连接牙条和束腰的做法，在连接过程中，牙条和束腰采用"两木分作"的被称为"两上"或者"真两上"。

（16）假两上。假两上同"两上"一样，也是连接牙条和束腰的一种做法，但是同"两上"不同之处在于，牙条与束腰之连接采用的是"一木连做"之法，故称"假两上"，实为"一上"[1-2]。

（17）三上。如束腰之下还有一层托腮，那么束腰、托腮与牙板的连接方式可分为三木分做、两木分做和一木连做三种（牙条与托腮采用一木连做，束腰采用单独一木），三者的连接方式采用三木分做形式的被称为"真三上"。

（18）假三上。束腰、托腮、牙板三者采用两木分做或者一木连做形式的被称为"假三上"。

（19）五接。五接又称"五圈"，是圈椅椅圈的造法之一，即用五根弯材连接而成。

（20）三接。三接又称"三圈"，亦隶属圈椅椅圈的造法，即用三根弯材连接而成。"三接"与"五接"的区别在于是否能较少应用榫卯结构，前者可减少两处，但需要用较长的材料方可完成椅圈的制作过程。

（21）三拼。三拼即面板由三块板材拼接而成，如紫檀，由于其没有大料，故多以拼接之形式凑成面子。

（22）攒活儿。攒活儿即组装家具的过程，即用榫卯结构将雕刻好的部件组装成成品家具的过程。

（23）地平。地平特指拔步床前的空间。

（24）干插。干插即家具中的全部构件均用插接之法予以连接。

4.1.2　加固部件造法

（1）攒牙头。攒牙头即用攒接的方式形成牙头的做法。

（2）攒角牙。攒角牙即用攒接的方式形成角牙的做法（图4-5）。

（3）锼牙头。在做法上，锼牙头与"攒牙头"截然不同，它是用锼挖的方法为牙头造型。

（4）锼牙子。锼牙子与"锼牙头"同义，即用锼挖的方式为牙子造

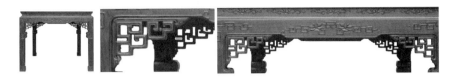

图 4-5 攒角牙图例

型的过程。

（5）齐牙条。齐牙条是有束腰家具的形式之一（图 4-6），其牙条不格肩，而是采用"齐头碰"的造法，致使牙条两端与腿足呈直线相交，此种形式的牙条被称为"齐牙条"。在传统家具中，有些家具的腿足肩部会雕有兽面或其他纹饰，为了避免格肩出斜尖的牙条会破坏图案的美观性，故将牙条造成齐头，如炕桌。

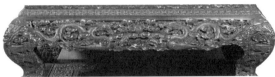

图 4-6 齐牙条图例

4.1.3 装饰部件造法

（1）攒接。用榫卯结构将短材（横、竖、斜）加以连接从而形成各种图案的做法（图 4-7）被称为"攒接"[1-2]。攒接体现了匠师"惜料如金"的品质，如攒接十字纹样、品字纹饰等。

图 4-7 攒接图例

（2）斗簇。用雕刻好的小块花片，以裁榫将其连接并构成图案的做法被称为"斗簇"。花片数目不等，有的是一片为一组花纹，有的是两片，还有的是多片。斗簇包含了美学中对称与重复的原则，加强了装饰部件在视觉上的韵律与节奏感（图 4-8）。

（3）攒斗。既包括攒接，也包括斗簇，斗簇之图案用短材加以连接的做法被称为"攒斗"。该法与建筑物中"门窗及其装饰"有异曲同工之妙（图 4-9）。

图 4-8　斗簇图例

图 4-9　攒斗图例

（4）攒结。攒结即"攒接"，是广式家具对"攒接"做法的别称。

（5）灯笼锦。用斗簇的方式形成圆形或方形的图案被称为"灯笼锦"，此称呼为北京匠师对通过"斗簇"或者"攒斗"的方式形成装饰构件这一做法的称谓。

（6）倒棱。将直角柔化被称为"倒棱"（图 4-10）。

图 4-10　倒棱图例

（7）指甲圆。指甲圆是形成混面的做法之一（图 4-11）。

图 4-11　指甲圆图例

（8）起边线。起边线是指沿构件边缘勾勒出的阳线[1-3]。

（9）压边线。压边线是指沿着构件边缘勾勒出的平线。

（10）劈料。劈料由两个或者更多的混面构成（图 4-12），视觉上给人一种厚重有力的感觉，又有"劈开芝麻秆"之称。该种造法之灵感来源于竹藤家具。在清代的家具之上常出现该种做法的身影，可见这种做法的盛世是清代。

图 4-12　劈料图例

（11）打洼。造成凹面的做法被称为"打洼"（图 4-13）。

图 4-13　打洼图例

（12）铲地。铲地即铲去不需要的地子。

（13）挖缺。顾名思义，挖缺即因挖切而出现缺口之意（图 4-14），即方材腿子朝内的一个直角被切去，断面呈曲尺状。

图 4-14　挖缺图例

（14）落膛。落膛即装板低于边框的做法（图 4-15）。

图 4-15　落膛图例

4.2　工艺步骤

4.2.1　髹漆

1）割漆、检验与制漆

（1）割漆。割漆是漆液获取的过程，即以专业之器将漆树（包括大木漆树与小木漆树）割出口子，直至流出漆液为止。割漆并非随意而为，其有时间要求，即对割漆开始的时间与割漆结束的时间均有限制。

对于割漆开始时间而言，其应在树叶长成后（约为夏至前十天，正如漆农谚语中的"叶子长成就挂篮，三伏时节割漆欢"）；而对于割漆结束时间而言，其应在漆树落叶前（一般为霜降前后，正如谚语中的"落叶收刀漆下山"）停止。

（2）放水。放水即采漆的前奏步骤，由于漆树在初割之时流出的液体不是乳白色的黏性物质，而是水，故需静待水流干净方能见到漆液，在此静待水流的过程即为放水。

（3）歇年。割漆后漆树的修养过程即为歇年。

（4）感官检视法。此法是鉴定生漆等级与品相的方法之一，在髹饰过程中对其进行了解与探究实属必要之举。顾名思义，感官检视法就是运用主观群体之眼、鼻与手等感觉器官，通过观察、闻与试等对原生漆的外观现象和特征进行观察。感官检视法包括如下几种：一为观察生漆表面的结皮，漆色黑亮坚实且花纹细而密者为品相好之漆或新漆，漆面硬挺、无光泽且色灰或黄者为品相差之漆或陈漆；二为观察生漆翻起的波环（用木棍伸入桶底然后倾斜45°）；三为摇动漆桶观察漆液的运动，若呈"虎皮"的斑纹即为好漆；四为观察被挑起的漆丝儿，若挑起后漆丝细长且回缩后弹性较好并呈钩状即为好漆；五为观察漆渣，若漆中存有人工渣，则漆之质量大受损害，若是原渣或自然渣，则无大碍；六为通过味道鉴别漆之好坏，如味道为浓厚的清香味与果酸味，则为好漆，若味道充满了腐烂的臭味，则此漆品相不佳。

（5）试样法。试样法也是检验生漆好与坏的评定方法，包括竹试法、水试法、纸试法与圈试法。

（6）竹试法。竹试法是将生漆薄涂在竹片上，将敷抹生漆的竹片放置在潮湿温暖的无风处令其自然干燥，而后通过观察漆膜的表象性质予以评价，若漆膜光滑发亮且褶皱处纹理细密光亮即为好漆。若隔夜之后漆依然不干，可在漆上加少许胚油，如干燥较快且漆色转为褐红色者即为品相较好之漆。

（7）水试法。水试法是将生漆滴入热水（90℃左右）之中观察生漆在水中的形状，若将生漆滴入后，漆液在水中呈现"不溶解"的"螺旋状"或"珠粒状"（在水中的状态为不浮于水面，也不沉于水底），即为此种观察法所认定的好漆；若生漆在水中溶解或浮于水面（在漆内掺入其他油类是浮起的原因之一），即为此法所认定的次漆或不纯之漆。

（8）纸试法。该法是主观群体将生漆滴在纸上，通过听觉或视觉来判定生漆的优与劣。一为，将生漆滴于毛边纸或吸水纸上，随后放置于火上加热，若在此期间无爆裂声传出，即为该法所认定的好漆；若在加热期间出现爆裂之声，则是生漆中掺水或其他杂质所致，故为次漆或劣质漆。二为，将生漆滴于毛边纸上，观察漆流动的形态，若在毛边纸上的生漆严重扩散（即"走边"之现象），便是掺入油类所致，故为次漆；若毛边纸上的生漆扩散（即工匠所言的"走边"）不严重且流淌的形状出现齿状，则此漆为品相较好之漆；另外，除了在漆中掺油或其他杂质，还有掺水者，若在漆中注水，滴于毛边纸上的漆液便会出现"渗透"之现象。三为，将生漆滴在牛皮纸上，而后放在火源上烘烤，若为上品之漆，"起泡"之现象会即刻出现；若为下品之漆，生漆不出现泡状或出现泡状之现象较为迟缓。

（9）圈试法。圈试法是通过观察漆膜的形状来判定漆之优劣。首先，需用竹篾制作一"圆圈状"（需附有手柄）的测试工具。其次，将此竹圈插入漆液之中（漆液需搅拌均匀），而后平缓地将其提出。最后，观察提出后漆膜的形状。若漆膜呈半透明的薄膜，即为此法所认定的优质漆；若无漆膜形成，或虽成漆膜但不能持久者，均为下品之漆。

（10）煎盘法。煎盘法是根据其内的漆酚含量而得出判定结果。煎盘法包括两个步骤，即取样与煎熬。对于前者而言，无论是"开桶取样"，还是"钻孔取样"，均需采取"无渣"之漆；对于后者而言，在煎熬生漆的过程中，需时刻观察生漆的状态，若在此期间出现"清油窝"，需使煎盘离开火苗（即匠师所言的"松盘"），直至烟熄泡灭为止，待进入称量之阶段时应离火称量。综上可知，比起感官检视法与试样法，煎盘法隶属较为科学的测量方法，但其中并未排除感性之方法（即感官检视法）的介入，如在煎熬生漆的过程中，生漆在煎盘中历经了"泡起烟灭"之过程，且在煎熬后盘中干净光亮，即为上品之漆。可见，煎盘法是一种集感性（诸如通过"视觉"来观察煎熬过程中漆的反应与煎后盘子的洁净程度、通过嗅觉来辨别漆的味道）与理性于一体的综合之法（"感性"在于"感官检视法"的融入，"理性"在于通过"本质"予以判断）。

（11）绞滤生漆。绞滤生漆将生漆进行过滤，其既可通过"布"实现，又可借助"绞漆架"完成[4-5]。前者是较为古老的做法，即将漆装入布袋内，而后悬挂任其自流以实现过滤之目的，除此之外，还可采用竹片"按压式"或手动"扭拧式"助益布袋中的漆液流出；后者虽为传统的滤漆之法，但较前者却有所进步，该种做法是借助绞漆架完成的，其可谓是将手工"扭拧式"中的"手工劳动"过程予以替代，实为进步之举。通过文献可知，古时之绞漆架不仅对材料有所要求，还有尺寸的明示，即"座板厚二寸，阔八寸，长一尺六寸。两头离二寸，各竖扁柱一，厚一寸余，阔六寸，高一尺。柱头离一寸，各开圆孔，径大五六分。另用好麻制绳二，各长一尺，粗如中指。绳头交并，圈转如环，扎紧不脱。将绳圈入柱孔内各半，外另以硬木棍，长一尺，粗如大指者一对，各入柱孔外之绳圈，柱孔内之绳圈，以夏布裹漆，其布头再复缠入绳圈内，即以木棍旋转，逐渐而紧绞之，其漆流出矣"。

（12）精滤。精滤即以过滤之方式去除生漆中杂质的工艺过程[4-6]。

（13）晒漆。晒漆是生漆脱水的传统之法，通过晾晒可使漆内之水分充分发挥。在晾晒过程中需注意以下几点：一为受热需均匀，要想实现均匀受热，需以漆刮或漆棒每隔 10 分钟搅动一次；二为避免表面结膜，其与受热均匀一样，要想不结膜，亦需定时翻动；三为切勿"过度"晾晒，倘若晾晒过度，也可有挽救之法，即再加入生漆，而后继续进行晾晒。

（14）煎漆。煎漆与晒漆有别，煎漆是以人工之法替代自然的脱水之法，其包括水浴加温法、电热法与温火加热法等。对于水浴加温法而言，其是将盛放生漆的容器（如瓷碗或铝锅之类）置放在盛水的锅中加热，以实现脱去生漆中水分的目的，使用此法时需注意温度的控制，即水浴的温度应为 35—40℃；对于电热法而言，其是采用电炉达到脱水的目的，其温度需控制在 35—40℃；对于温火加热法而言，其是采用火加热之法达到脱水的目的。

（15）熟化。熟化是漆液脱水之过程，它既可在太阳光下完成，亦可借助现代化工具来实现，诸如通过红外灯的加热。

（16）行龙。行龙是漆工的行话之一，生漆中加水的举动被称为"行龙"。生漆中可以加水，但量要有所控制（不宜超出 15％），如加水过量则会影响家具的质量和使用寿命。

（17）鳗水。鳗水即"打满"，其是南方之称呼。

（18）打满。打满即"鳗水"，其是北方之称呼。

（19）生燥。生燥即生漆的燥性（即干燥性）。

（20）熟燥。熟燥即生漆加入干性油后的燥性（即干燥性）。

（21）自然干燥。自然干燥是生漆髹涂的干燥方法之一，即将涂敷有生漆的器物放置在温湿度适当的环境（即荫室）中，令其逐渐干燥的过程，即为自然干燥。

（22）烘烤干燥。烘烤干燥与自然干燥一样，均是生漆髹涂的干燥法之一。烘烤干燥是用干燥设备烘烤替代自然干燥的过程。这样虽缩短了干燥时间，但也有局限之处：第一，在加热过程中切忌"过急"之现象，否则会引起漆膜的破裂；第二，并非所有的胎体均可采用烘烤干燥之法，该法只适用于一些耐热之胎，如陶瓷胎或金属胎等。

2）胎体成型工艺

（1）制胎。漆器制作胎骨的过程被称为"制胎"。

（2）旋木胎。旋木是漆器之胎形成的方式之一，而通过旋木之法得到的木胎即为旋木胎。在髹饰工艺中，制作旋木胎包括两大步骤：一为旋削出器之形；二为剜空内腔以实现胎体具体之形，如在古时，鼎、盒、盘等多用此法。湖南省博物馆所藏之西汉"彩绘云气纹漆鼎"（此鼎隶属西汉早期之物，高 28 cm，口径为 23 cm，出土于湖南长沙马王堆一号汉墓之中）即为旋木胎的案例之一，通过旋木之法而得的胎体通常较厚。

（3）斫木胎。斫木胎与旋木胎一样，通过斫木所产之胎体亦较厚，斫木即以刨、削、剜、凿等法实现器物之形，如耳杯、匜、案等均可采用斫木之法。斫木胎虽与旋木类似，但毕竟存有不同之处，比起旋木，斫木较适合体型较大且造型较为复杂的底胎。

（4）卷木胎。卷木之法可追溯至汉代，卷即《髹饰录》中所提之"屈木"，与旋木胎与斫木胎相比，卷木胎较为轻薄，其是以薄木片卷成器身，而后在接口以木钉连接或以胶漆黏合，待上述步骤完毕之后，再将器物之底与其相接，最后为了防止木胎的开裂变形，还要在其上裱糊麻布，而后再上灰髹漆，如长沙杨家岭楚墓（其中的漆奁盒即为薄木板卷成的圆筒漆器）、长沙颜家湾楚墓（其与杨家岭楚墓一样，其内的奁盒之胎体亦为薄木卷制而成）与湖北监利唐墓中（除了勺外，其余几件均为"卷木"所成之漆器）均存在以卷木成型的漆器。

（5）屈木。屈木即卷木之法。

（6）叠圈木胎。若从原理上讲，叠圈木胎与卷木胎之法无别，但对于一些造型超越上下均一的范畴，"叠圈木胎"便与"卷木胎"出现了不同之处。在使用叠圈之法成就木胎时，需要历经以下步骤：首先，需将大小不一的薄木弯曲成圈；其次，将上述步骤中所弯之圈烘干定型；最后，将圈逐一累叠，且在累叠的过程中配以胶粘成型。通过此种制胎方式所得之木胎被称为"叠圈木胎"。另外，要想将薄木弯曲成型，必须对其进行软化，通过记载可知，古时以温水浸泡之法实现软化（即将木片裁成条，利用水浴加温使其弯曲成圈，烘干定型后再一圈圈累叠，用胶粘成型，经打磨后再上灰髹漆），如常州宋墓出土的"漆碗"（即"叠圈木胎漆碗"）即为案例之一。通过上述之言可知，叠圈制胎之法蕴含着"曲木弯曲"之理。

（7）卷。卷是漆器的制胎方法之一，即以薄木片卷成器身的方法，如在湖北监利唐墓中出土的漆器中，除勺之外，其余的几种均是"卷"制而成的。

（8）斫。斫是漆器的制胎方法之一，即以刨、削、凿与剜等法制成器形。

（9）旋。旋是漆器的制胎方式之一，即将木胎旋削出器形，而后再将其内剜空即可。

（10）麻布胎。该法为漆器中的一种造法，出现于战国中期。无论是木胎还是铜胎均较为笨重，故古人以麻布胎代之[4-6]，即首先以木或泥为模，在其上涂以灰泥，而后裱糊麻布，按此做法裱糊若干层，待完全干燥后除去木模或泥模，完成上述工序之后，即可在麻布壳上进行髹漆。该工艺与青铜、陶瓷之翻模有些许类似之处。该法被后世频繁应用（如魏晋以来，人们常以此法制作"行佛"，其优势是质轻，搬抬较为方便），不仅如此，还出现了不同之称谓，如汉代称之为"纻器"，唐宋称之为"夹纻"，元代称之为"脱活"，明代称之为"重布胎"，清代称之为"脱活"（福州的脱胎漆器较为著名，在清代时便有一些巨匠出现，如福州的沈绍安，他所出之脱胎漆器形体轻巧且漆色精光，其上还常饰有精美的彩绘）。

（11）合缝。合缝是制作漆器的第二道工序，即将胎子的木板黏合起来。在黏合的过程中涉及以下几点：首先将法漆抹在木板接口处进行拼合成型，而后用绦子扎勒紧实；其次再以一头薄、一头厚的木楔子楔紧；最后待漆干燥后除去绦子，即可步入下一工序。

（12）抄底油。抄底油隶属"广漆涂饰"工艺中"抄油复漆"的步骤之一，是对木质基层做封闭处理的方法。底油的可用之物不一，如熟桐油、松香水与可溶性的染料等均可成为参与配制之物。

（13）捎当。捎当在漆器的制作中被读为"扫荡"，其是制作漆器的第三道工序。"捎当"一词在《辍耕录》中早有提及，即"髹工买来，刀刳胶缝，干净平正，夏月无胶泛之患，却炀牛皮胶和生漆，微嵌缝中，名曰'梢（捎）当'"。通过文献的记载可见，"捎当"是将器物的接口、裂缝等处剔开（即撕缝）后以法漆填之的过程。但在行填漆之过程中需注意裂缝与节眼的"大小"与"深浅"，倘若裂缝太大或节眼太深，还需在漆中加入外物，如适量的木屑、丝、棉或纤维等物（在漆中加丝绵者为"法絮漆"），以防出现凹陷之过。

（14）撕缝钻生。撕缝钻生是捎当程序中的一部分，即用剔刀将木胎接口处的裂缝剔开，以使法漆渗入缝内将胎体填充结实、平整；当以法漆填缝过后，还需通体以漆髹之，此过程为"钻生"（即"钻生漆"）。综上可见，撕缝钻生是剔缝、填法漆与髹涂生漆的过程之和。

（15）钻生漆。钻生漆即"钻生"。

（16）钻生桐油。钻生桐油即"钻油"。

（17）下竹钉。下竹钉亦是捎当之程序的一部分，即在撕缝钻生后将竹片与漆灰塞入缝中，以保证裂缝处与其他表面保持齐平（避免出现凹陷之状况）。

（18）见缝提麻。见缝提麻与下竹钉之意相同，只是在裂缝中所填之物不同，该法是将斫斩的麻絮填入胎骨之缝隙处[4-6]。

（19）捉缝。局部以腻子嵌补空洞与裂缝等缺陷的方法被称为"捉缝"。在捉缝的过程中应注意以下几点：一为嵌填"捉缝灰"之操作方法，"横推竖划"式即为关键之点；二为避免出现"缝内空"与"缝口蒙"之现象（此现象的俗名为"蒙头灰"），"法漆"或"法絮漆"便是减少此现象出现的良策；三为勿犯"干缩脱落"之病，对于较大的裂缝与空洞，需将底部先以木条或木板封闭顶实，而后再行"捉缝"之步骤，否则会造成"干缩脱落"之过。

3）裱糊工艺

（1）裹衣。裹衣是在器物的胎骨之上糊裹皮、纸、罗等物的过程，该过程既不包括以麻布糊之，亦不涉及"法灰"之过程。

（2）皮衣。皮衣即在胎骨上糊裹皮革，而后在其上髹涂糙漆与魏漆。

（3）罗衣。罗衣是指用罗（一种丝织物）来糊裹器物之胎骨，而后在上面直接上漆。

（4）纸衣。纸衣即将纸糊裹在器物的胎骨之上，而后再以漆敷之，在此过程中，纸需要多裱糊几层，以免显露胎体之纹理，如糊裹的纸张厚度不够，那么所涂之漆便会渗漏，即所谓的"漆漏燥"现象。

（5）披麻。披麻是在胎体上糊裹麻布的做法，但在披麻的过程中需留意以下几点：第一，在披麻之前应做好基层的处理，如成胎、撕缝、下竹钉与汁浆等；第二，所裱糊之麻布需厚度一致；第三，避免"窝浆"的出现。

（6）褙布。褙布即敷贴夏布（即麻布）的过程。

4）批刮

（1）灰地。所涂覆的灰层被称为"灰地"。

（2）刮灰。在胎骨上髹刷漆灰的过程被称为"刮灰"。

（3）批灰。批灰又名"批刮腻子"与"垸漆"，垸漆是底漆之后、糙漆之前的一道重要工序，其需以粗、中、细三种不同规格的腻子批刮多道。在批刮的过程中需注意以下几个方面：一是需注意批刮之手段，即传统漆工所言之"一摊""二横""三收"；二是每刮一道均历经"干"与"磨"之过程。

（4）一摊。一摊即用批刮工具将腻子覆盖在所要批灰的表面之上。

（5）二横。二横是批灰方法的步骤之二，即将覆盖在表面的灰刮平。

（6）三收。三收是批灰方法的步骤之三，在此过程之中，刮板需沿木纹方向（即顺纹）进行刮平与收直。

（7）补灰。补灰是刮灰后的修补过程，在刮灰的过程中，如有"不平"或"纰漏"等过失，需在相应的位置再行刮灰之过程以达到平整无瑕之目的，该过程即为"补灰"。

（8）淋灰。该法如同取得泥金之过程，只是较之简单而已，首先细灰用清水打分，而后再把上层的浆水倒入盆中，待其中的灰沉淀后滤去水分（这滤去的过程被称为"淋"），经晒干后再以细灰筛子筛一次即可。

（9）满刮。满刮是以较稀的腻子将坯面"全部"刮涂的做法，其目的是嵌平木胎骨表面的木纹与缝隙，以防漆液渗入木纹与缝隙之中，造成对漆膜平整度与光泽的影响。满刮作为一道基础工序，其存在于不同的步骤之中，如"扫荡"与"压麻"。在扫荡之中，满刮腻子被称为"扫荡腻子"，其是"披麻"或"褙麻"的基础工序，而在压麻过程中，满刮腻子则被称为"压麻灰"，其在"披麻"或"褙麻"后，将漆灰髤涂在糊裹的麻布之上，此做法不仅可使麻筋不外露，而且能避免漆膜因木胎的涨缩而出现开裂之现象。在满刮腻子的过程中有不同的刮法，即往返刮涂法与一边倒刮涂法。往返刮涂法是常见之法，在此种批刮中需注意刮的"方式"、刮刀与板面的"角度"以及嵌批时腻子的用量。对于"方式"而言，应采用批直线与顺木纹之法，而非以"圆弧状"满刮；对于"角度"而言，刮刀与板面的夹角应在45°与60°之间，不建议小于45°，亦不倡导大于60°；对于"用量"而言，在满刮之前需用腻子嵌填空洞与缝隙之缺陷，以避免干后收缩而出现的物面不平之现象，此时所填之腻子需略高于物面。

（10）刮压布灰。刮压布灰即垸漆中的第一个步骤。

（11）上中灰。上中灰即垸漆中的第二个步骤。

（12）细灰。细灰即垸漆中的第三个步骤。

（13）灰糙。灰糙又称"刮浆灰"，即在家具上薄刮浆灰的过程，该浆灰是用酌量加入生石膏的干浆灰入生漆后再搅拌均匀而得的产物。

（14）捉灰。捉灰即用腻子填平有瑕疵的部位。

5）布漆与髤漆

（1）髤漆。髤漆是中国较为主要的髤饰工艺之一，其历史较硬木家具悠久，远在七千年前的河姆渡时期就有朱漆器皿的存在（朱漆碗和朱漆筒形器），到了商代，髤饰工艺得到更进一步的发展，彩绘雕花、镶嵌绿松石与贴金银箔等参与髹饰过程。任何事物的发展均需历经萌芽、发展与成熟之过程，漆器亦不例外，如果说河姆渡时期是漆器的萌芽期，那么经过夏商周的锤炼（发展时期），漆器的发展已然进入了成熟期，即秦汉时期（两汉之漆器可谓是巅峰时期），据《盐铁论·散不足第二十九》（一杯棬用百人之力，一屏风就万人之功）[7]可知当时漆器的考究程度；到了魏晋南北朝，漆器虽比不上两汉之时发达，但也出现了创新之作，如戗金与犀皮的问世；进入唐代，儒、释、道三者合一，漆器作为承载思想的载体之一，既有继承的痕迹，也有创新的亮点，如金银平脱漆器、夹纻、嵌螺钿等；历经唐代的雍容与华丽，迎来了宋代的严谨与空灵，漆器作为抒发情感的寄托，充满了"理学"的气息（理学是儒、道、禅相结合的产物）。无论是雕漆（剔红、剔黑、剔黄、剔犀与剔彩等）与戗金，还是堆漆与螺钿等，均是时代进步的标志；元代之统治者虽为异族，但礼仪制度仍秉承汉制，故其漆器之上的髹饰工艺也深受宋之影响，如雕漆、螺钿与戗金银，因此也涌现出了不少的髹饰巨匠，如张成（元代晚期雕漆制作的代表人物）、杨茂（元代晚期雕漆制作的代表人物）、黄生（元中期著名的螺钿匠人）与彭晋宝（元初之戗金名匠）；到了明代，漆器发展又出现了新的高潮，不仅品类大增，正可谓"千文万华，纷然不可胜识"，而且髹漆技术也添新类，如罩漆、描金、填漆、雕填、百宝嵌等；清代作为中国古代的尾声，文化与艺术均出现了"错彩镂金"之势，漆器作为其载体之一自然深受其影响，除了宫廷漆器之外，民间之漆器也异常兴盛，如北京的雕漆、金漆镶嵌，苏州的雕漆、退光，扬州的雕漆、螺钿、百宝嵌与彩绘，福州的脱胎，广州的金漆与宁波的描金等。中国之髹漆技术不仅为国人所青睐（图4-16），而且对于外国人也颇具吸引力，如日本之漆器、西方之"布尔工艺"与"马丁髹"等，均难以脱离中国之器漆的影响。髹漆技术所成之效果有二，即平面效果与立体效果。彩绘隶属前者之范畴，而雕漆（剔红）、堆漆、刻灰、剔锡、剔黑、裂纹等均是后者所包含之内容。由于后者之工艺较为复杂，故日本选择了借鉴前者，这就是为什么我们在日本漆工艺中难见雕漆等工艺的原因之一。而西方则视中国之漆器为奢侈之品，无论是皇帝，还是贵族，抑或是作家与画家等艺术家，

图4-16 髹漆图例

均对其喜爱有加，如奥地利女王特蕾莎之漆器厅、英国女王伊丽莎白一世之"蓝丝绸卧房"中的漆器桌子、荷兰之海牙宫殿内的"漆器宫"与法国雨果室内之"漆器壁龛"等，均是"中国风"刮过的见证。

（2）抄油复漆。抄油复漆又名"油色底"与"广漆面"，其中工序包括底层处理、抄底油、嵌批腻子与打磨、上豆腐色、施涂广漆与入荫干燥之步骤。

（3）上豆腐色。上豆腐色与抄底油一样，均是广漆涂饰工艺的工序之一，是将生猪血、豆腐与染料调成色浆，而后再以长毛鬃刷刷涂。在上豆腐色的过程中不仅要保持色调一致，而且在打磨时需避免用力过大[4,6]。

（4）抄漆复漆。抄漆复漆又名"豆腐底色"与"二度广面漆"，其工序包括底层处理、嵌批腻子、复批腻子、打磨、上色浆、抄广漆、干燥、复广漆与入荫干燥等步骤。

（5）开油。开油是刷涂油性漆的方式之一，即顺木纹方向刷涂油漆。在开油过程中需注意以下几点：一是速度要快；二是刷纹需直；三是刷涂力度要均匀；四是注意漆间距离，应保持在 5 cm 左右。

（6）横油。横油即将开油后的漆液进行横向涂覆，以使其充分摊开且均匀地附着在饰面之上。

（7）斜油。斜油是"开油"与"横油"之后的补充步骤，若历经开油与横油之后，所涂之漆液依然未全面摊开或欠缺均匀，需再行"斜油"之过程。斜油即顺着与木材纹理呈 45°角的方向再次刷涂，以避免出现"露底"（此种现象可能源于三种原因：一是所涂之漆量不够；二是未全部摊开；三是刷涂不均匀）、"刷痕"（其是刷涂不均、用力不匀所致）与"流挂"（即边缘之漆液"未摊平"与"未刷匀"之过）之现象。

（8）理油。理油即顺木纹方向理顺，但在此操作过程中应注意方法的运用，即需从一侧从左向右一刷到底，而后再从终点处平行地刷回。

（9）底漆。底漆即鬃涂于器物之上的基础漆层（即最底层之漆料）。

（10）漆胚。漆胚又称"漆坯"与"漆地"。

（11）漆膜。漆膜是将漆料鬃涂于器表，干燥后所形成的皮膜。

（12）布漆。布漆是漆器制造的第四道工序，即用法漆将麻布糊裹到胎体之上，该法可阻止胎体的开裂。在此过程中需注意的是，用以糊裹的布务必浸透生漆，并用压子将其压实，以保证胎体与麻布贴合紧实，以免其中留有气泡而造成"窝浆"之过失。

（13）垸漆。垸漆是制造漆器的第五道工序，即在布漆之后的器物上敷抹灰漆（灰漆是将角、骨、砖与瓷等物碾成粉末，而后加入生漆调和而成），正如《说文解字》中所言："垸，以漆和灰而髹也。"除了用灰漆（即漆灰底），还可用灰油、面糊或砖灰与血料所成之糊糊（即料灰底），无论是以何种料为底，其均离不开三个部分的完成，即刮压布灰、上中灰与上细灰。

（14）丸漆。因《集韵》中有记载"垸，或通作丸"，故垸漆又称"丸漆"。

（15）糙漆。糙漆包括灰糙、生漆糙与煎糙等过程。灰糙即在料灰底或漆灰底上薄刮浆灰的过程（该过程俗称"刮浆灰"），该过程与垸漆一样，既可刮"漆浆灰"（干浆灰＋生石膏粉＋生漆），又可用"料浆灰"（血料＋干浆灰）。生漆糙即将稀释后的生漆髹涂于"料浆灰"或"漆浆灰"之上的过程。煎糙是用熟漆髹涂于干后的生漆之上（此道漆又被称为"垫光漆"）。对于糙漆，早在元代的《辍耕录》中就有记载，其原文言："然后胶漆布之，方加麄（同'粗'）灰。灰乃砖瓦捣屑筛过，分麄、中、细是也。胶漆调和，令稀稠得所。如髹工自家造卖低歹之物，不用胶漆，止用猪血厚糊之类，而以麻筋代布，所以易坏也。麄灰过停，令日久坚实，砂皮擦磨，却加中灰，再加细灰，并如前，又停日久，砖石车磨，去灰浆，洁净一二日，候干燥，方漆之，谓之糙漆。"从文献的叙述中可知，元代之"糙漆"与当下无太大区别，只是步骤更为细化。

（16）生漆糙。生漆糙与灰糙一样，均为糙漆中的一个程序。生漆糙需在灰糙完成后进行，其是在漆灰底或料灰底上髹涂生漆的过程。

（17）煎糙。煎糙是糙漆中的第三个步骤，即在生漆糙后在器物上髹刷熟漆的过程，此道漆饰又被称为"垫光漆"。在此操作中需注意的是，在涂抹前需以细砂布略磨家具并用湿布拭净。

（18）开刀。开刀即在煎糙过程中的刷涂方式。若在刷涂中所髹之器的面积较大，则需先以"刮漆刀"将漆摊开，而后再用"髹刷"进行理漆，此过程被称为"开刀"。

（19）下涂漆。下涂漆是日本糙漆中"生漆糙"之过程的称谓。

（20）中涂漆。中涂漆是日本对糙漆中"煎糙"（即"垫光漆"）的称谓。

（21）上涂漆。上涂漆是日本对面漆的称谓。

（22）开漆。开漆是用各敲将稠厚之漆摊开且分布均匀之过程。

（23）漆际。对于漆际的理解，因人而异。王世襄先生在《髹饰录解说》中认为，漆际即只漆棱角及边际，而非全身上漆，而朱宝力先生在《明清大漆髹饰家具鉴赏》中则认为，漆际为髹饰过程中所饰之范围，该范围既包括表面，又不排除边际，但不包括器物的反面与内里面。

（24）黁漆。黁漆又称"面漆"或"成活漆"，即用精制的熟漆来覆盖器物表面的过程。根据表面所需效果的不同，黁漆又有"退光漆"与"推光漆"之别，前者是表面进行退光处理所成之效果的漆饰，而后者则是表面进行推光处理所成之效果的漆饰。

（25）面漆。面漆即"黁漆"与"成活漆"。

（26）成活漆。成活漆即"黁漆"与"面漆"。

6）打磨与抛光

（1）钻油。钻油是垸漆过程中的步骤之一，垸漆包括压布灰、中灰、细灰、打磨定型等过程，钻油便是打磨定型中的步骤之一。无论是压布灰，还是中灰，抑或是细灰，均有"漆灰底"与"料灰底"之别，而钻油就是"料灰底细灰"在打磨定型过程中的必要步骤。在打磨定型后，还需用桐油再揩磨（夏季可用生桐油，其他季节则需用熟桐油），用桐油揩磨的过程被称为"钻油"。经历钻油的料灰底不仅具有一定的柔韧性，而且不易随木性的缩胀而崩脱。在钻油过程中需要注意两点：一是要钻透，以免料灰底细灰随着木材的胀缩而崩脱；二是钻油后的器物需置放于阴凉、通风处，使其自然干燥，切勿将其暴晒及淋雨。另外，钻油除了参与垸漆之过程，在"捎当"中亦有之。在"撕缝钻生"中可知，"钻生"是将生漆通体髹涂于法漆后的胎体之上，而"钻油"也是一样，其与"钻生"（即"钻生漆"）的区别在于一个是通体髹漆，一个是全面涂油。

（2）揩磨。揩磨包括揩光（又称"推光"）和退光（又称"磨光"或"磨退"）。

（3）磨退。磨退即"退光"。

（4）干磨。干磨即直接对器物进行打磨的工艺。

（5）湿磨。与干磨不同，湿磨需先以水将器表润湿，而后再行打磨之工艺。

（6）退光。退光即在面漆（黁漆）干后以细浆石蘸水，将其上的疙瘩与刷痕磨去，而后再用湿的一头蘸干灰浆，以达除去光亮之目的。

（7）光漆。光漆有两种解释，即名词与动词之别。对于名词而言，光漆是南方人口中之"退光漆"；对于动词而言，光漆意为涂漆与刷漆之过程。

（8）揩光。揩光又称"出亮"与"推光"（图4-17），其做法有二：一是在退光的漆面上滴以香油，再洒上干浆灰，而后以丝绵、柔皮与软布等物揩擦，最后再用手掌搓至发热，直至蕴光出现为止；二是《髹饰录》中所言的"泽法"，该法与第一种略有差别，其是将提庄漆（即半熟净漆，是将精滤之生漆搅拌 8—10 h 所得之产物）滴于退光后的漆面上，再进行"揩清"（即用丝棉将生漆揩至极薄的一层）之过程，而后送入漆窨，待干后方可进行推光，根据所需之效果，可将上述之过程（即揩生漆—擦推—再揩—擦推）重复施行，在反复的"揩"与"推"的过程中，我们已感受到了杨明所言之"数泽而成者"的独特魅力，但在此过程中需注意避免"不明"（即揩漆与推光的次数不足，以致出现了缺失光明润滑之效果）之过失的产生。

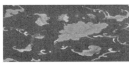

图 4-17　推光图例

（9）揩光黑漆。该工艺属黑髹之范畴，其色如黑玉，较为光亮。

（10）退光黑漆。由于该工艺需上推光漆后再搓磨，故光亮程度不及揩光黑漆，其内敛的光泽如乌木。

（11）擦涂。擦涂即"揩涂"，其是一种较为古老的手工推光与退光之法。在古时，擦涂常用细棉布（或绸布）包裹棉花、旧绒线与尼龙线等，以此种形式之物作为揩磨之工具进行推光或退光的过程被称为"擦涂"。在擦涂的过程中，所擦之物多种多样，如大漆、桐油、填料、颜料与硝基漆等。

（12）擦生漆。擦生漆又称"擦漆"与"揩漆"，即以擦涂之工具擦涂生漆。

（13）擦桐油。擦桐油即以擦涂之工具擦涂桐油。

（14）擦蜡克。擦蜡克即以擦涂之工具擦涂硝基漆。在擦蜡克的过程中，也需"直涂""圈涂""横涂""斜涂"之方式的配合。

（15）擦泡立水。擦泡立水即以擦涂之工具擦涂虫胶漆。

（16）擦色。擦色即以擦涂之工具擦涂颜料。

（17）擦老粉。擦老粉即以擦涂之工具擦涂填料。

（18）横揩。在垂直纹理的方向上擦磨之过程即为"横揩"。

（19）斜揩。以一定角度（水平面与纹理方向的夹角）擦磨的过程即为"斜揩"。

（20）直揩。沿着或顺着纹理之方向擦磨的过程即为"直揩"。

（21）圈揩。以打圈的方式进行擦磨的过程即为"圈揩"。在圈揩时应注意以下两点：一为"圈揩"要有"顺序性"，切勿无章法地乱做圈揩；二为"圈揩"切勿固定于某处，需采用"移动式"来回圈揩的方法。

（22）擦配漆。在擦涂的最后一道面漆中，即在生态漆中加入适量的白坯油，以此种配料进行揩磨的过程被称为"擦配漆"，如在花梨木的擦漆中便需此种工序的参与。

7）物象与纹饰

（1）打点。打点即在干固漆坯上以针勾勒样稿的操作过程。

（2）拉弓。拉弓是利用手弓锯切钿片的过程。

（3）锯纹。锯纹是以手弓将钿片锯出所想之纹饰物象的过程。

（4）开纹。开纹是在钿片上刻画纹样的操作过程。

（5）撞缝。将锯切的钿片组合成图案的过程即为"撞缝"。

（6）擦色。擦色是在干设色中擦敷色粉的过程，如在填漆与描漆中均有"擦色"之法的存在。

（7）扫青。扫青是干设色的产物之一，是匾额中的常见之法。扫青需要在地子上先以油打之，然后再将颜色干扫上去。从叙述中可知，"扫青"与"擦色"类似。

（8）扫绿。扫绿与扫青类似，只是所扫之色有所不同，扫绿所扫的是绿色。

（9）干着色。干着色是指将颜料"擦抹"（对于描漆而言）或"填粘"（对于填漆中的"镂嵌"而言）至"所描"或"所镂刻"的花纹中。

（10）干设色。干设色即"干着色"之意。

（11）色粉擦抹。色粉擦抹隶属"干设色""干着色"或"擦色"，即将颜料黏着在未干之花纹上的做法。

（12）湿设色。湿设色是将颜料与色漆混合，而后再用其描绘或填嵌花纹的过程。

（13）合漆写起。合漆写起隶属"湿设色"之列，即将颜料混入漆中之做法，如填漆与描漆中的"湿色"之法即为案例之一。

（14）干傅。干傅即"干设色"，是漆画中的一种，除此之外，还有"湿设色"的存在。

（15）粉固。粉固是撒粉研绘中的步骤之一，粉固是否得当，直接影响着后续步骤的质量与品相。在此过程中，为了将所撒之粉进行固定，需在其上擦一道漆，而后入荫干燥以实现固粉之目的。

（16）回头。回头是贴金过程中的技法术语，意为金胶漆（或金脚漆）的干燥程度。金脚漆的"回头"是粘贴金箔之漆的一种状态，即由液态转向半固态之时，若以手触碰，漆面仍旧有黏手之感，但不会有漆液留存手上。

（17）野金。野金是以裹布之木板将平面上的金揩去，此种做法的目的是显出戗金之纹路。

（18）标隐。标隐即掌握剔刻深度的标识线。以剔红为例，在髹涂朱漆时，常在其中加髹一两道黑漆，该加髹之黑漆即为剔红中的"标隐"。

8）返

返即在漆器干燥过程中的操作步骤。在漆器入荫室干燥的过程中，需时常将其置放方向以正反替换，以防"冰解"之过，其中之"正反交替"的置放操作即为"返"（从《实用漆工术》中可知，漆器在温湿的空气中，大约需三到四个小时方可以固定，在其固定期间，"返"之间隔大约每五分钟一次，"返"之过程根据季节的不同，有一小时与三小时之别，如在冬天，"返"需持续三小时之久。），其与《髹饰录》中所言之"仰俯"同义。

9）堆梗

用漆冻堆出的花木枝梗被称为"堆梗"，如百宝嵌的花木枝梗，若不用椰壳与硬木，则可以"漆冻"为之。

10）藤编

用藤编制作床、榻、椅等的软屉始于宋代以前，藤编的软屉具有透气、平滑、舒适等特性，是床、榻、椅的最佳选择。藤编作为中国的特色工艺一直沿用至今。藤编作为中国的传统工艺之一，诉说着逝去的辉煌。将藤编与艺术家具的设计结合时需注意以下两点：第一，选择藤条时需选用厚薄均匀、宽窄一致、无瑕疵、无色差的藤条；第二，要想保证成品的牢固度，每根藤条都需拉直、拉紧。

11）碾琢

碾琢是制玉的技法。

4.2.2 非髹漆类技法步骤

1）揩漆

揩漆又有"揩光"与"罩漆"之称。采用揩漆之工艺（图4-18）可使得家具表面达到"莹洁"之效果。据明代《髹饰录》中记载："漆之为用也，始于书竹简，而舜作食器，黑漆之，禹作祭器，黑漆其外，朱画其内。"[4]从上可见揩漆是我国的传统工艺之一。揩漆隶属涂饰工艺，常以生漆为主要原料。揩漆必先懂漆，因生漆并非配比好的，而是必须通过试小样挑选，合理配比，精细加工过滤后，再经晒、露、烘、焙等过程，才能成为髹饰的合格漆。

揩漆有纯生漆与混合漆之别。由于生漆的产量极低，故在现代的涂饰工艺中常以混合漆代替纯生漆。揩漆的优与劣直接影响艺术家具的后期效果，从打坯→擦漆（1遍）→批灰（3遍）→打磨（5遍）→上色

图 4-18 揩漆图例

（3 遍）→揩漆（8 遍），再加上阴干（11 遍），多达 30 多道工序，甚是繁复。打坯有古今之分，在过去没有砂纸的情况下，工匠们常用面砖进行水磨，而今则利用砂纸将组装好的家具进行内外打磨，直至平整光滑。但应特别注意的是，如果所制家具的材料为花梨木时要注意以下几点：

（1）应对其进行"烧毛"处理。

（2）擦漆。在家具的主要部位上擦一层较薄的生漆或混合漆。

（3）打磨。在艺术家具的髹饰工艺中，打磨的时间应占整个流程的 50% 以上，故传统红木家具的油漆工又称"磨漆工"。

从上述的揩漆过程可知，家具须经历五次打磨过程：

① 批灰前的打磨需把涂于产品上的漆彻底磨光。

② 批灰后的打磨应用耙刷、裹有砂纸的剃棒顺着纹理打磨。

③ 第三道揩漆后的打磨极其重要，需将产品上批的灰和揩的漆用很细的砂纸均匀地磨"透"、磨"熟"，但又不能将上的色磨穿。

④ 第五道揩漆后的打磨类似于"抛光"，故所用砂纸应更"软"。尤其要注意家具的雕饰部位，在不损伤图案的前提下，将底板打磨平整且光滑。打磨至关重要，其难度也逐级升高，直接影响着产品的最后效果。

（4）批灰。在髹饰工艺中，批灰的细节不容小觑，占整个流程的 30%。很多人认为，批腻子就是简单地填堵木材表面的棕眼，实则不然。常规批灰（特殊要求的除外）需按头道灰、二道灰、三道灰的顺序依次进行，每一道批灰所用的腻子、生漆、石膏粉、水的比例都至关重要，生漆的比例应大些，特别是头道灰和最后一道灰（常称批"老灰"），这样可使产品的棕眼日后不易发"白"。批灰处理得好，不但可以堵补"毛孔"，而且能起到"保色"与"起光"（提亮）的作用。因家具各部件的木色常不能完全一致，所以需要用着色的方法进行加工处理。

另外，由于消费者的审美取向各异，为了使家具呈现出不同的色泽效果，可以在明度上或者色相上稍加变化。在揩漆工序中，不仅要将生漆均匀地涂抹于家具表面，而且要将其清理干净，最终只有一层"极薄的漆"留在家具表面。在清理过程中，需用旧棉衣等质地柔软物顺着家具的木纹把浮漆清理干净。连续揩漆三次被称为"上光"，上光后的家具明莹光亮，滋润平滑，质感耐人寻味，手感舒适柔顺。在前述工艺中，阴干的次数多达 11 次，可见此步骤重要至极，尤其是在揩漆过程中，家具需多次送入阴房，只有在一定的湿度和温度下，漆膜才能干透，家具才能具有良好的光泽度。

家具被送入阴房"阴干"时，切记"实干"，否则会影响之后的工艺步骤。由于南北方气候的差异，北方天寒干燥，不易做揩漆。由于漆膜阴干固化的时间较长，至少需要一个月才能完成整个工艺过程，故上述繁复的工艺过程并不是针对艺术家具的所有部位，对于里挡、门板内衬、抽屉内衬等的揩漆之工序可适当简化。

2）烫蜡

烫蜡既可作为家具表面之装饰，也是木材的保护膜，可以有效地防止外界环境对木材的腐蚀，从而延长家具的使用寿命。烫蜡涉及调蜡（或熔蜡）、布蜡、挡蜡、起蜡、擦蜡等工艺步骤（图 4-19），在此过程中，烫蜡之方法不一，故其又有湿上蜡、干烤蜡与热浸蜡之别，但无论采用何种烫蜡方式，均需做好白坯打磨、上色与上漆之基础。

a至c 原料

d至h 工具

i至k 工艺步骤

图 4-19　烫蜡图例

（1）调蜡

调蜡是湿上蜡法烫蜡的步骤之始，其不仅需要蜡，而且需要松节油或松香水的加入，即先用水浴法将所选之蜡加热熔化，而后再加入松节油或松香水不断搅拌，直至混合液变得稠度均匀为止。在调蜡的过程中，需做到比例合理，配比有度（如蜂蜡、虫白蜡或矿蜡3分，松节油或松香水2分）。另外，调蜡还有季节之别，由于冬夏的温度有差异，故在配比时还应做适当的调整。

（2）熔蜡

熔蜡即将所需之蜡熔化的过程，以备烫蜡之用。无论是湿上蜡，还是干烤蜡，抑或是热浸蜡，均离不开熔蜡之过程。在湿上蜡法中，在加入松节油或松香水之前，需将所需之蜡进行熔化，而后再行混合搅拌之步骤；对于干烤蜡而言，其需将所得之"蜡薄片"或"蜡沫"用电吹风等工具进行熔化，此过程即为干烤蜡中的"熔蜡"过程。

（3）布蜡

布蜡是将熔化后的蜡涂刷在物面之上的过程。

（4）起蜡

起蜡即除去"浮蜡"的过程。由于在布蜡过程中无法准确估量可渗入木材中的具体用蜡量，故用工具将浮蜡铲去，以备进行擦蜡之过程。在起蜡的过程中需掌握时间的尺度，时间不宜过长或者过短，木材表面的温度随着时间的延长而降低，如果起蜡时间过长，会导致木材表层的混合蜡过度硬化，从而不易清理，对于带有雕刻的家具构件更是难于处理。

另外，残留过多的浮蜡，不仅会影响家具表面的光泽度，而且会为抛光处理带来极大的障碍。如果起蜡时间过短，由于木材表面的温度还处于相对较高的状态，家具表层和木材管孔内部的混合蜡尚未完全硬化，故在起蜡过程中，被烫入管孔中的蜡会被刮刀带出，致使家具表面的烫蜡量过少，从而影响后期的保养与维护。不仅如此，起蜡过程中留下的刀痕也会影响家具表面的装饰效果。

（5）擦蜡

擦蜡之目的有二：一是再次清理起蜡后留下的"浮蜡"或"余蜡"；二是打磨抛光。在此过程中，需注意磨之工具的选择，需选用质地较为柔软的棉布，否则会留有擦痕。

（6）湿上蜡

湿上蜡是以"调配"好的液体为原料进行烫蜡的方法，在此过程中需注意以下几点：

① 所涂之蜡液的"状态"。在布蜡之前，蜡液应为冷却且尚未结硬（凝结成硬块）之状态。

② 需保证蜡液充分渗入木纹之中。

③ 需注意擦蜡工具的选取。若高度不等，可用粗且短的硬毛刷顺着木纹擦刷；若各处安好，在起蜡后，需用干燥的粗布或粗呢行擦抹之过程。

（7）干烤蜡

干烤蜡是用电吹风或火烤方式将蜡片或蜡沫熔化的烫蜡方法之一，在此过程中依然存有注意事项，具体如下：

① 需注意蜡在熔化前的形态。在熔化前，蜡需被造成"蜡片"（用诸如木工刨子之类的工具将蜡刨成 0.5 mm 厚的薄片）或"蜡沫"状。

② 在"烤"的过程中，需注意烘烤之工具（诸如"电吹风"或"火焰"等）的温度以及其与物面的距离。要根据火焰的温度调整家具表面与其的距离，不宜太近，也不能太远，此步骤不仅是干烤蜡之工艺的关键点，而且是难点所在。

③ 保证蜡液充分渗入木质中。

（8）热浸蜡

热浸蜡与湿上蜡与干烤蜡一样均是烫蜡的工艺之一，其是将石蜡在容器中加温熔化，而后将所需烫蜡之物放入容器进行蜡煮。采用此法所行的布蜡、起蜡与擦抹之法被称为"热浸蜡"。

4.3 技法门类

4.3.1 镶嵌类（非髹漆类）

镶嵌包括两层含义——"镶"与"嵌"，"镶"指的是包镶[7-9]，"嵌"为填嵌。包镶是将小片木材或其他物料拼接成设计者所需之图案，作为家具的贴面，如清中期的紫檀包镶条桌。填嵌与包镶大为不同，它是根据纹饰的形状，在家具表面挖槽剔沟，使其与预先设计好的图案相符，然后把需要填充的物料纳入其内。由于填嵌的材料有所不同，故有嵌木、嵌瓷、嵌玉、嵌骨、嵌石、嵌百宝、嵌八宝、嵌软式、嵌金银丝等之别。为了突出不同的艺术效果，镶嵌有高嵌、平嵌与高平混合嵌之分：高嵌犹如雕刻中的高浮雕，其立体效果较强；平嵌以及高平混合嵌则与浅浮雕形式有异曲同工之妙。

（1）嵌木。嵌木是家具设计装饰的途径之一（图 4-20）。家具通体为同一颜色不免有些单调与乏味，故匠师为了增强视觉上的跳跃感，用与家具主体颜色反差较大的木材与之配合使用，在视觉上给人一种对比的效果。如紫檀、酸枝、乌木等木材的色泽较为深沉，故匠师会用浅色木材与之搭配使用，如黄杨木、黄花梨、楠木等。

图 4-20　嵌木图例

（2）嵌瓷。与嵌木的做法一致，只是所嵌入的材料有所不同。中国的陶瓷文化源远流长，不仅辉煌着本土，而且影响着西方。曾几何时，无论是西方之皇帝，还是贵族，抑或是作家，均以拥有中国瓷器而自豪，如伊丽莎白一世（1533—1603）之"蓝丝绸卧房"，便是以青花瓷为灵感来源，将其上的白与青转嫁于墙壁之上。唐之南青北白、宋之五大名窑、唐三彩、青花、粉彩（软彩）、五彩（硬彩）、斗彩等，均是中国璀璨文化的见证。而后，将瓷与家具结缘（图4-21）既有创新之成分，又有继承之影子。嵌瓷常出现在屏风的屏心、椅子的靠背处、座面、桌面等部位，除此之外，在当代艺术家具设计中还有镶嵌瓷片之做法。

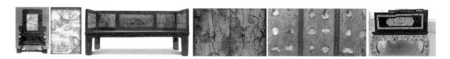

图 4-21　嵌瓷图例

（3）嵌玉。在中国的古代，玉石具有极为重要的地位，人们认为玉石具有高尚、坚贞的品质，故常以之比拟君子之德，如在《说文解字》中记载："玉，石之美者，有五德。润泽以温，仁之方也；勰理自外，可以知中，义之方也；其声舒扬，专以远闻，智之方也；不挠而折，勇之方也；锐廉而不忮，洁之方也。"在如《礼记》中提及："君子无故，玉不去身。君子于玉比德焉。"可见，匠师与文人将玉作为家具上的镶嵌之物绝非偶然，如将玉镶嵌在座椅靠背的扶手与腿足的牙板上、桌案几类的束腰上、大型柜箱及衣架类家具的柜门或枨子上、匣类等小型家具的盖板或里面上等（图4-22）。

图 4-22　嵌玉图例

（4）嵌骨。嵌骨即将骨制成各种形状，而后予以镶嵌的做法。魏晋南北朝之冯素弗（卒于415年）墓中用"菱形骨片"嵌成几何纹的"黑漆长方盒"以及清初的"黑漆嵌骨人物长方盒"等，均为嵌骨之案例的见证。对于骨之应用，人们并不陌生，远在新石器时期，古人就已对"骨"加以利用，如以"骨"为饰与用"骨"成器等。随着时间的推移，造物之"技"与成物之"材"有所拓展与进步，人们才开始探索骨之新用途，将之与其他材料相结合，以"骨"成"纹"嵌于器物之上便是实践之一。

（5）嵌石。无论是古人还是今人，均对石有着特殊的情感和寄托。早在新石器时期，人们就懂得用石中之美者（如绿松石）作为坠饰，以装点自己。石作为自然之物，深得文人的喜爱，如有"石痴"之称的米芾，喜欢供养"怪石"的苏轼，均是宋代"赏石文化"之见证。另外，到了明代，文人们将"石""木"均冠以"文"字，称之为"文木""文石"。将木、石等材料嵌到家具之上，用作点缀，既将木材的质朴加以展现，又有种返璞归真的自然气息。如所嵌之石属于名贵、稀有的品类，那么此种镶嵌当属"嵌百宝"的一种（图4-23）。

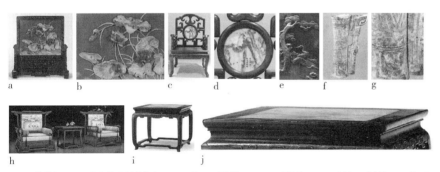

a、b清代祁阳石浮雕荷花纹插屏；c、d大理石镶嵌1；e玉石镶嵌；f、g绿松石镶嵌；h大理石镶嵌2；i、j嵌云石

图4-23 嵌石图例

（6）嵌百宝。嵌百宝即在漆地上镶嵌百宝的做法（图4-24）。该法为周翥所创，故嵌百宝又称"周制"。正如《履园丛话》中所言："周制之法，惟扬州有之。明末有周姓者始创此法，故名周制。其法以金、银、宝石、真（珍）珠、珊瑚、碧玉、翡翠、水晶、玛瑙、玳瑁、砗磲、青金、绿松、螺钿、象牙、蜜蜡、沉香为之，雕成山水、人物、树木、楼台、花卉、翎毛，嵌于檀梨漆器之上。"[7,9-12]在周翥之后，亦有嵌百宝名匠涌现，如清代卢葵生（清代扬州著名的漆工）便是其中一例，其在前人的基础上又为嵌百宝增添了许多新鲜元素，如鸡血、黄田、湘妃竹、黄杨木、紫檀与银丝等（图4-25）。

a、b明代嵌百宝花卉纹黑漆笔筒；c、d明代嵌百宝鸟纹黑漆圆角柜；e、f嵌百宝挂屏

图 4-24 嵌百宝图例 1

图 4-25 嵌百宝图例 2

（7）周嵌。周嵌即"百宝嵌"，因为漆器中之嵌百宝常被认为始于周翥，故得此名，如在《履园丛话》（如前所述）、《金玉琐碎》（"周翥以漆制屏、柜、几、案，纯用八宝镶嵌，人物花鸟、亦颇精致。愚贾利其珊瑚宝石，亦皆挖真补假，遂成弃物，与雕漆同声一叹。余儿时犹及见其全美者。曰周制者，因制物之人姓名而呼其物"）与《尖阳丛笔》〔"明世宗时，有周柱（翥）善镶嵌奁匣之类，精妙绝伦，时称周嵌"〕中均对此有所记载。

（8）嵌八宝。佛教纹饰，包括轮、螺、伞、盖、花、罐、鱼、肠（图 4-26）。

图 4-26 嵌八宝图例

（9）嵌软式。嵌软式即在木框内嵌入软式（图 4-27），如苏绣、软包、皮革等。嵌软式是当代艺术家具中较为常用的一种装饰手法。

图 4-27 嵌软式图例

（10）嵌金银丝。金银丝镶嵌是硬木上的一种装饰技法，其虽诞生于明代，但历史可谓悠久至极。从青铜器之上的"金银错"到汉代的"金银薄贴花"（又名"金薄"），再到唐代的"金银平脱漆器"，均是促进金银丝镶嵌技术得以成熟的关键。由于金银丝镶嵌的依附性较强（其必须以成型的工艺品为母体），故在明清之时，其常被施以小件工艺品之上以为装饰。随着时间的推移，金银丝镶嵌逐渐突破了原有的局限性，被匠师融入大件的家具设计之中（图4-28）。不仅如此，金银丝镶嵌在技法方面亦有所创新，即在传统"实嵌法"的基础上又衍生出"点嵌法""虚嵌法""密嵌法""珠嵌法"等。

图4-28 嵌金银丝图例

（11）银寸。银寸是唐代牙雕的装饰技法之一，即每隔一寸以"嵌"或"包"的方式附银箔一寸。

（12）木画。木画即以木为底，在其上以"杂嵌"（如在其上嵌以象牙、鹿角与黄杨木等）形成图案装饰（图4-29），如唐代的木画紫檀棋局便是案例之一。

图4-29 木画图例

（13）金背。金背是铜镜中常见的装饰技法之一，即将整块金片嵌于镜背。除此之外，为了衬托主题纹饰，金片上还需施以錾刻等技法予以辅助。

（14）银背。银背亦是铜镜中常见的装饰技法之一，其与"金背"一样，需将整块银箔嵌于镜背之上（图4-30），为了突出主题纹饰的醒目与耀眼，亦需在其上錾刻纤细的线条来显出图案的丰富性与层次感。

a、b 唐代银背鸾鸟瑞兽纹菱花镜（陕西历史博物馆）

图4-30 银背珐琅图例

（15）嵌宝钿。该法是唐代漆器的装饰方法之一，只不过该种漆器的胎体为青铜。宝钿是螺钿与百宝（如琥珀与玛瑙等）的混合，那么嵌宝钿便是将上述的混合材质嵌于铜镜之上以组成具有装饰性的图案纹饰。

4.3.2 雕刻（非髹饰类）

雕刻在中国传统家具装饰工艺中占据首要地位[8]，家具上的绝大多数纹样均来源于雕刻（图4-31），只是形式有所不同。雕刻作为装饰部件，不仅可以单独存在，而且可以与其他技法混合使用，如攒斗、镶嵌、漆艺等。

图4-31　雕刻图例

1）落罩式雕刻

落罩式雕刻属建筑用语。在家具设计中，落罩式常与浮雕、镂雕等形式结合使用，常出现于牙子结构中（图4-32）。

图4-32　落罩式雕刻图例

2）刀切

刀切属典型的山西雕刻工艺。

3）阴刻

阴刻又名"线刻"或"素平"（图4-33），与浮雕正好相反，如以面板本身作为参照物，浮雕的纹饰高于面板之表面，而阴刻的图案纹饰则低于面板之表面。阴刻的历史也较为久远，早在青铜器之上便有对其的实践，如失蜡法的问世，即蜡模浇铸法。除此之外，阴刻还被应用于陶瓷之上，以作装饰之用，如划花、刻花等工艺均需阴刻的参与。

家具与青铜器、陶瓷等一样，均是中国文化的诉说者，故阴刻作为

图 4-33　阴刻图例

雕刻中的一种形式，在中国当代艺术家具中也常而有之。阴刻常与浮雕同时使用，以丝翎檀雕为例，植物叶子之筋的刻画便是阴线参与的例证。

　　4）浮雕

　　浮雕又称"平面雕刻"（图 4-34），是一种在平面上表现层次感的雕刻形式浮雕。浮雕在家具设计中可谓是应用最为广泛的装饰形式之一，根据纹饰的突出程度，有浅浮雕、中浮雕和高浮雕（深浮雕）之分。不同的浮雕形式又有露地浮雕、稍露地浮雕与不露地浮雕之分，也有光地浮雕与锦地浮雕之别。

a至c 高浮雕

d 中浮雕　　　　　　　　　　　　　e 浅浮雕

图 4-34　浮雕图例

　　（1）浅浮雕。浅浮雕的平面感较强，其利用透视、错觉等绘画的处理方式来营造较为抽象的压缩空间，赋予画面以清淡、静雅之艺术效果。

　　（2）高浮雕。高浮雕即"深浮雕"，由于其空间立体感较浅浮雕强，故视觉效果极具冲击力。

　　（3）中浮雕。中浮雕介于浅浮雕与高浮雕之间，其刀口位置自然也介于两者之间，不高不低的纹饰图案给人以平和之感。中浮雕与浅浮雕、深浮雕一样，有露地、不露地、稍露地、光地与锦地等之别。

　　（4）锦地浮雕。浮雕范围之内的底板不再光素，而是被施以纹饰，在视觉上给人以层次分明之感，使浮雕的立体效果更为明显（图 4-35），此种浮雕形式被称为"锦地浮雕"（即深浅浮雕的并用）。

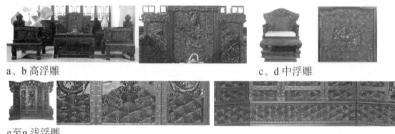

a、b 高浮雕　　　　　　　　　　　　　　　　　c、d 中浮雕

e至g 浅浮雕

图 4-35　锦地浮雕图例

（5）露地浮雕。不论是浅浮雕还是高浮雕，浮雕均由两个部分组成，即所雕刻之纹饰和承载纹饰的底板。在传统家具中，承载浮雕的底板被称为"地"，根据花纹的疏密程度，有露地、稍露地与不露地之分。由于所雕刻之纹饰较为稀少，所以承载浮雕纹饰的底板清晰可见，此底板被称为"露地"，此种浮雕形式即为"露地浮雕"（图 4-36）。由于在进行雕刻时，需经过雕刻工具的铲剔过程，故露地又被称为"铲地"。如纹饰与底板所占的面积均等，则以"半槽地"或"半踩地"称之。

a至d 浅浮雕

e、f 高浮雕

g至i 中浮雕

图 4-36　露地浮雕图例

（6）稍露地浮雕。由于纹饰的面积多于浮雕所在范围的底板，所以可见底板的面积较少，其中小面积的底板被称为"稍露地"，这种浮雕形式即"稍露地浮雕"（图 4-37）。

a至c 浅浮雕

d至f 高浮雕

g至k 中浮雕

图 4-37　稍露地浮雕图例

（7）不露地浮雕。纹饰布满浮雕所在范围的底板，不见底板只见纹饰的这种浮雕形式被称为"不露地浮雕"（图 4-38）。

a至d 浅浮雕

e至g 中浮雕

h至j 高浮雕

图 4-38　不露地浮雕图例

（8）光地浮雕。光地浮雕属于"露地浮雕"的范畴，即浮雕以外的底板不做任何雕饰，也有"平地浮雕"或"素地浮雕"之称（图4-39）。

a至d 高浮雕

e、f 中浮雕

g、h 浅浮雕

图 4-39　光地浮雕图例

5）朱金木雕

朱金木雕即在木雕上贴朱金（图4-40），此种雕刻形式是漆器技艺与木雕的结合体，以浙江省的宁波市为中心，蔓延至慈溪、余姚、奉化、象山、宁海、镇海等地。朱金木雕可追溯至汉代，其与汉代的雕花髹漆和金箔贴花同源。建筑的革新带动了家具的演变，时至唐代，木建筑得到进一步的发展，出现了彩漆与贴金并用的装饰性木雕，如阿育王寺建筑装饰上的朱金木雕。经过宋代与元代的发展，朱金木雕在明清时期已被广泛应用于日常生活之中，如婚娶喜事中的床、轿等之装饰。设计具有地域性，工艺也不例外。在长期的实践中，工匠们将朱金木雕之

图 4-40　朱金木雕图例

工艺特色总结为"三分雕刻七分漆",即突出漆的重要性。朱金木雕既需掌握漆器之工艺,又需熟练木雕之技巧,故其工艺极为繁复,达 18 道之多,其中的修磨、刮填、上彩、贴金、描花等工序均十分讲究,如在贴金过程中,有"五先五后,四准四快"之说法。时间在推移,技术在进步,文化在延续,朱金木雕作为中国的传统工艺之一,并未与时俱进,也许是因为人们过于迷恋价值不菲的硬木家具,也许是因为实物不多,阻碍了研究的步伐,总之,朱金木雕失去了往日之光辉。

6)丝翎檀雕

丝翎檀雕这种雕刻形式的灵感起源于中国工笔画,其以刀代笔,将中国经典的艺术形式展现在不同于绢纸、宣纸等载体的木材(以紫檀、黄花梨等硬木为主)之上,突破了工笔画二维空间展现的局限性(图 4-41)。丝翎檀雕不仅继承了工笔画表现技法之精髓,以阴刻的形式将动物羽毛和人物发丝的灵动、飘逸与精细展现得淋漓尽致,而且具有颇多的创新成分在其内,如艺术表现手法、创作技法以及工具等方面。丝翎檀雕以其独特的表现形式,已成为继东阳木雕、黄杨木雕、潮州金漆木雕、福建龙眼木雕之后的第五大木雕形式。

图 4-41 丝翎檀雕图例

7)光影雕

光影雕是以中国传统木雕为根基,糅合西方绘画理论及牙雕、玉雕等工艺特点在其内的一种崭新的雕刻技法(图 4-42)。光影雕以中西结合的手法,将其与传统木雕形式区分开来。众所周知,传统的木雕形式大多以中国画为题材,而光影雕则一反常理,主要以西方油画及现代摄影作品为题材,为家具设计增添了一丝新颖之感。

图 4-42 光影雕图例

8）透雕

透雕又称"镂空雕""通花雕""漏雕"，其采用浮雕与圆雕相结合的技法将浮雕纹饰以外的底板凿空，凸显轮廓，使之产生虚实相间的感觉，这样在装饰效果上更能衬托出主题纹饰。无论在建筑中还是在家具中，透雕均是常见的雕刻技法。在建筑中，透雕常出现于门、窗与隔扇等部位（以窗为例，其中的步步锦窗棂格、灯笼锦窗棂格、龟背锦窗棂格、盘长纹窗棂格、冰裂纹窗棂格等均属透雕之范畴），而在家具中，透雕出现的位置不定。在家具中，根据所雕之花纹是否需要外露，透雕又可分为"一面做透雕""两面做透雕""整挖透雕"。

（1）一面做透雕。只在器物的正面施以雕花的形式被称为"一面做透雕"（图4-43）。有些家具之装饰板的背面是不需要外露的，故可采取此种雕刻形式。

图4-43　一面做透雕图例

（2）两面做透雕。家具的正反面均雕花的形式为"两面做透雕"（图4-44）。

a、b 正面　　　　　　　　　　　c、d 反面

图4-44　两面做透雕图例

（3）整挖透雕。整挖透雕属于两面做透雕的一种，但是需要在厚板上进行（图4-45）。

9）圆雕

圆雕属于立体雕刻的一种（图4-46），在宋代被称为"混作"，是建筑中颇为常用的装饰手法之一，如口含脊梁的鸱吻（位于官式建筑的脊梁之上）、鳌鱼（位于民居脊梁之上）与蹲坐于殿堂屋脊之上的神兽（仙人、龙、凤、狮子、天马、海马、狻猊、押鱼、獬豸、斗牛与行什）等，均有圆雕的影子。家具是建筑的缩影，故出现于建筑之上的雕刻纹

图 4-45　整挖透雕图例

样在家具上也常有见到，如宝座、衣架、高面盆架搭脑两端的龙头或凤头，家具足部的兽爪以及各式的卡子花等。

图 4-46　圆雕图例

10）综合雕

采用两种或者两种以上不同形式的雕刻被称为综合雕，如透雕与浮雕的结合（图 4-47），圆雕与透雕以及圆雕、透雕、浮雕的结合等。综合雕包括两种形式：一种是在家具的同一部件上施以综合雕；另一种则是家具不同构件之雕刻形式的集合，此种综合雕是以家具整体为对象的。

11）骨雕

骨雕即以兽骨为载体，将花纹图案呈现其上（图 4-48）。骨雕的历史可追溯至新石器时代，当时骨雕已较为精美，除了应用雕刻工艺外，还兼施彩绘与镶嵌等工艺。

12）象牙雕

象牙雕属于牙雕之列，其历史较为久远，在新石器时代的河姆渡文

图 4-47　综合雕图例

a

b

a 大汶口文化之弦纹骨雕筒（山东省博物馆）；
b 大汶口之嵌绿松石骨雕筒（山东省博物馆）

图 4-48　骨雕图例

化、大汶口文化中就存在精美、细致的象牙雕。至唐代之时，象牙雕达到兴盛期，以唐之牙尺为例，在《唐六典·少府监》中记载：每逢二月初二，均需进贡大量的镂牙尺（一部分供宫廷所用，一部分用以赏赐大臣，以勉励其明察精鉴，行合规矩等）。牙尺之上采用的工艺不止一种，镂（即雕刻，象牙质地细腻，不易脆裂，故较适合雕刻，尤其是镂雕）、金镂（在阴线内嵌金）与银寸（每隔一寸嵌或包银箔）等均有，唐代是个喜好"颜色"之朝代，无论是瓷器（花釉、三彩）与银器（金花银器），还是铜镜（嵌螺钿、金银平脱）与玉器（以金镶之），均呈绚丽多彩之势，象牙雕隶属工艺美术之范畴（图 4-49）自然不能例外，其也常做染色处理，如日本正仓院藏之拨镂牙尺即染色象牙制品。在之后的时间里，无论是朝代更替，还是文化相融，对于象牙的青睐依然未有减退。

a、b 圆雕与镂空雕的结合

c 高浮雕与浅雕的结合

图 4-49　象牙雕图例

13）犀角雕

以犀角作为雕刻对象的历史可追溯至汉代，历经时间的洗礼，到明清之时，犀角雕之技法更盛前朝（图4-50），出现了不少的名家，如明代苏州的鲍天成、金陵的濮澄（字仲谦）以及清代无锡的尤通等。

图 4-50　犀角雕图例

14）虬角雕

虬角是古董铺对海象牙齿的称谓，该材料由西伯利亚进口，由于虬角的质地与象牙极为相似，故常以之混入牙雕之列。虽然虬角与象牙类似，但并非一物，若经剖析，视者可见两者之不同：象牙的表面光滑，平剖有直线条纹，断面有交叉线纹，表面可以清晰地看到纵横交错的人字形纹且粗细不等，而虬角则不如象牙光洁细腻，其外虽有一层象牙似的质地，但中心却呈脑髓状。虬角雕多为小件雕品，如板搁、火镰套等。此外，虬角雕还常配以"染色"处理。

15）竹雕

竹雕的历史可追溯至唐宋时期，至明代以后，该工艺达到兴盛之状态。自此之后，许多竹雕名家屡屡涌现，如"嘉定三朱"、张宗略与濮澄等人。上述之人虽都为竹雕名家，但所成之作品的风格却是各有所异。号称"嘉定三朱"的朱鹤、朱缨（朱鹤的儿子）与朱稚征（朱鹤的孙子）之作品，均以高浮雕与镂雕为主。由于他们自身精通诗歌与绘画，故所成之作品不仅较为注重神韵的传达，而且书卷气息颇为浓郁。而后，由于此种形式之竹雕的层出不穷，故"嘉定派"（该派别的得名源于"三朱"的祖籍，由于朱鹤等为嘉定之人，故将与其风格一致的作品称为"嘉定派"）的诞生亦成自然之事。张宗略是明末的竹雕名家，其以"留青之刻法"而名扬四方，该种刻法需要保留"竹肌"，根据设计需求，可多留，也可少留，还可全留。此种刻法与"嘉定三朱"的风格截然不同，其在立体感方面虽不如"三朱"强烈，但在画面的细腻程度上却有所突破，颇具中国的"工笔"之风。濮澄是金陵派竹雕的创始人，该派的竹雕注重保留材料的形态，而后稍加雕琢即可。据说濮澄的作品极为精巧且价值连城，正如其友人张岱所言："南京濮仲谦……其技艺之巧，夺天工焉。其竹器，一帚、一刷，竹寸耳，勾勒数刀，价以两计。然其所以自喜者，又必用竹之盘根错节，以不事刀斧为奇，则是经其手略刮磨之，而遂得重价。"

4.3.3 素漆、单素类

1）素漆

素漆即家具髹漆后不施加纹饰之意。

2）单素

单素是漆工艺中较为简单的一种做法，一般漆器均需经过"捎当""贴布""垸漆""糙漆"与"麴漆"之过程[4]，而单素则与之不同，其在捎当之后，便不再历经贴布、垸漆、糙漆与麴漆等过程，单油、单漆（如黄明单漆、罩朱单漆等）均属此类。

3）单油

单油与单漆的实施过程完全相同，只是该法以"油"代漆。但单油的做法更为简单，上漆之物需入"荫室"干燥，而敷油之物无需置放于"荫室"中。

4）单漆

单漆即在漆地做完之后，直接将色漆涂于其上，即略去了"垸漆""糙漆""麴漆"之过程，直接进入上漆之阶段，其可谓是漆工中一种极简的做法。单漆之法常出现在房屋的大木梁之上。

（1）黄明单漆。黄明单漆即在器物上打黄色地子，而后在其上施以罩漆。为了增加器物的装饰效果，还可在地子上施加其他的髹饰工艺，如描金或描漆等。若施加的花纹为"金色"，即为《髹饰录》中所言的"黄明描金单漆"；若施加的纹饰为"描漆"，那么此时的黄明单漆可衍生为黄明描朱单漆、黄明描黑单漆、黄明描彩单漆等。

（2）黄明描金单漆。黄明描金单漆即在器物之上打黄色的地子，而后在地子上施以描金花纹，最后在上面罩漆。

（3）黄明描朱单漆。黄明描朱单漆即在器物的胎体之上打黄色的地子，而后在地子上施以红色的花纹，最后再以漆罩之。

（4）黄明描黑单漆。黄明描黑单漆即在器物的胎体之上打黄色的地子，而后在地子上施以黑色的花纹，最后再以漆罩之。

（5）黄明描彩单漆。黄明描彩单漆即在器物的胎体之上打黄色的地子，而后在地子上施以彩色的物象纹饰，最后再以漆罩之。

（6）罩朱单漆。罩朱单漆与黄明单漆的做法一样，只是地子的颜色不同而已，该法的地子为红色，为了增加其装饰性，亦可在地子上施加其他工艺。

（7）罩朱描银单漆。罩朱描银单漆即在红色的地子上描绘银色花纹，而后在其上以漆罩之。由于罩漆之后，银色花纹一改原貌——呈现金色，故该法与描金罩漆极为类似。

4.3.4　贴、洒、上、泥金银类

（1）贴银。贴银即以"银"代金贴饰于器物之上的做法。虽然银的成本较低，但历经时间的锤炼，其视觉效果不尽如人意。由于氧化的作用，银色会发黑，给人以"发霉"之感。

（2）金髹。金髹又名"贴金漆"与"浑金漆"，此处之"浑"作"浑然一体"之讲，即在器物周身贴饰金箔的做法，北京太庙与故宫博物院的奉先殿（明清两代皇室祭奉祖先之地）的梁柱，均是通身上金（即"浑金"）的案例。金髹的形式有三，即贴金、上金与泥金，三者的根本区别在于用金量的不同，从贴金到上金再到泥金，其用金量呈逐级递增之势。

（3）浑金漆。浑金漆是金髹的一种。据《髹饰录》中记载，将在器物周身帖金箔的做法称为"浑金漆"。

（4）金髹。金髹即"明金"，又名"浑金漆"，即以金箔或金银粉为原料装饰漆器的方式，其既可通过"贴金""上金"与"泥金"之法得之，亦可采取"撒金"与"假贴金"之手段成之。该做法与"罩金髹"有所不同，金髹后的器物之上无需再施以罩漆，而"罩金髹"则需要施加。

（5）撒金。撒金又名"砂金漆"，亦是金髹的做法之一，即在漆地上撒金屑或金粉的工艺过程。

（6）洒金。洒金亦属罩明一类，其又名"金漆"，但洒金与罩金髹不同，罩金髹是通身贴饰金箔或上金粉，而洒金是将金片或金点洒于漆地之上，而后以罩漆笼罩之。在洒金的过程中，由于金点或金片的分布不同，故又有云气、漂霞、远山与连线等形式之别。从所成之形来看，洒金之效果与水墨之画有异曲同工之妙，均意境感十足。除此之外，洒金对于地子也有要求——黑色地子最佳。对于应用而言，洒金常作为辅助工艺参与设计，即以之为地子，而后再于其上施以其他工艺做纹饰，如复饰门中的"洒金地诸饰"便是例证之一。另外，除了罩漆之外，洒金还有明金洒金的存在。

（7）明金洒金。明金洒金与洒金的区别在于是否施以罩漆，前者无需施以罩漆，而后者则需施加罩漆。

（8）末金镂。末金镂是唐代的一种装饰工艺，即在漆面上以"金屑"实现物象花纹的做法，如日本正仓院所藏之"金银钿装庄唐大刀"，其鞘身之上的纹样即"末金镂"之技法。

（9）假贴金。假贴金是贴金工艺的替代做法之一，它是用"电化铝薄膜"或"银箔"等材料替代金箔，而后以同样的手段实现贴金箔之效果的做法。对于电化铝薄膜而言，由于其自身的颜色与金箔接近，故无需在其上罩金黄色的透明之漆，但对于银箔而言，情况则略有不同，由于银箔之色呈白色，为了达到贴金箔之视觉效果，需在其上罩一层金黄色的透明漆。

（10）选金箔。选金箔即以熏成金色的银箔贴饰器物的做法，又有"假金箔"之称。

（11）晕金。晕金即以不同色泽之金做出深浅相宜、浓淡有变的物色。晕金之法与建筑彩画密不可分，从《营造法式·彩画作制度·五彩遍装》（"叠晕之法：凡斗拱昂及梁额之类，应外棱缘道并令深色在外。其华内剔地色，并浅色在外，与外棱对晕，令浅色相对。其华叶等晕，并浅色在外，以深色压心"）中可知，晕金之法既可采用从"浅"至"深"之式完成纹饰，又可以从"深"到"浅"之法实现物象。

（12）搜金。搜金是北京匠师对"晕金"之法的称呼，该法与"浑金漆中之晕金"有所区别，其地并非金地，而是漆地，如黑漆地等，但无论是以金漆作地，还是以黑漆为底，晕之方式实无大别，均是遵守"浓—淡—浓—淡……"或"淡—浓—淡—浓……"之序，以达阴阳分明之效果。对于纯金漆而言，需注意的是花纹的最外层之金色要与金漆有所区别，而对于黑漆等地来说，需处理好花纹轮廓与轮廓之间的衔接处，以免出现两色相混的情况（为了避免轮廓处之金色相混，需以"纸"隔之，此纸之作用与建筑"拉晕金"中的"拉大粉"与"行粉"类似，均起"过渡"与"边缘混淆"之作用），如乾隆时的"凤纹朱漆描金碗"便有"搜金"之法融入，如凤背的鱼鳞式羽毛与翅翎的花叶均是搜金之法的案例。

（13）扫金。扫金即"上金"，如在《工部则例》的漆作与泥金作中[10-12]便有对"扫金"的提及。

（14）画金。画金是以"金粉漆"描画纹饰物象的做法，其隶属描金之范畴。除了画金，描金之法还可通过"贴金""上金""泥金""晕金"成之。虽同为描金，但还尚存差别在其内，画金之原料是液体，而贴金、上金、泥金与晕金则与之不同，它们是以"金箔"与"金粉"来实现纹饰物象。

（15）贴金。贴金即在器物之上贴饰金箔的过程。在贴饰金箔前，需要在漆地上涂抹金胶，待其出荫后，方可在金胶上贴饰金箔。但是在贴饰的过程中，需用竹夹子夹着金箔和所衬隔金箔的纸片，为了保证金箔粘贴结实，可用手指按拂隔着金箔的纸片，但力度不宜过大，待金箔粘贴紧实后再将纸片撤去。另外，贴金有两种形式：一为"部分"贴金；二为"全部"贴金。对于后者而言，它是"金髹"的做法之一，又名"浑金漆"。

（16）上金。将金粉从金筒中倾出，而后用丝绵（茧球）蘸裹金粉，再施于打好金胶的器物表面，该过程被称为"上金"。在上金的过程中需注意的是丝绵所蘸之金粉必须充足饱满，否则会出现"粘不上"之过失。

（17）帚金。器物贴金之后，用丝棉（即茧球）拂扫之过程被称为"帚金"。实施帚金之目的是将金箔完全按贴牢固，以防脱滑。

（18）泥金。泥金是将研磨得极细之金粉涂于器物之上，由于所需的金粉要细，故其在金箔的用量方面要多于贴金与上金。从《工部则例》的记载中即可知"用金量"之不同[9-10]。在贴金方面，《工部则例》中言："凡平面使漆贴金，内务府、都水司俱无定例。今拟每折见方一尺，用漆朱二钱，罩漆三钱，红金一贴二张五分。"在上金方面，《工部则例》中记载："内务府每折见方一尺用漆五钱，漆朱五钱，红金三贴。都水司每折见方一尺，用漆三钱，漆朱三钱，红金三帖。今拟每折见方一尺，用笼罩漆三钱，漆朱二钱，红金三贴。"在泥金方面，《工部则例》中言："内务府每折见方一尺用金三百二十张，制造库无定例。今拟每折见方一尺用广熟漆一钱，金三十二贴，水胶一钱九分二厘。"由此可见，泥金的金箔用量最大，上金次之，而贴金最少。若要得到极细之金粉，需按此法研磨三次，即将若干张金箔放在瓷釉碟中，将之与胶水调和，然后用手指研磨，直到胶水干凝为止，最后以开水浇入干凝的胶水中，待胶水化开，金粉沉底，将水与胶水一并倒出，只剩金粉于碟中，但在最后一次操作时需注意，所得之金粉需用细箩筛之，才能得到极细之金粉。

（19）一贴。器物之上所贴之金箔为一张完整的金箔，且该金箔的面积与所贴之处相等。该术语意在形容"贴金"之过程，此过程所贴之金为"金片"。

（20）三上。三上即在"上金"过程中需要用三张金箔之意，由此可知，"上金"所需的金箔量较"贴金"大。三上与一贴不同，其所上之物为"金粉"。

（21）九泥。九泥是指泥金所需金箔的数量，即需用九张金箔才能将器物所需之部位贴饰完毕。

（22）一贴三上九泥金。该句既包含了明金髹的三种形式，即贴金、上金与泥金，又体现了三者之用金量的不同，从贴金到上金再到泥金，所用金箔之量呈逐级递增之势。除此之外，三者所用之金还有性质之别，即金片、金粉与精致金粉的不同。

（23）泥银。泥银与泥金的制作过程相同，只是将"金箔"以"银箔"代之。

（24）洋金。洋金即日本的"莳绘"，该工艺就是所谓的"泥金画漆"（平莳绘）。日本的描金工艺在发展之初曾以中国的描金为借鉴对象，而后走出了自己的特色之路，即莳绘的诞生。

（25）金银薄贴花。金银薄贴花是青铜之"错金银"在髹漆领域中的递承与变种，即将刻镂完毕的金银薄片粘贴于所需部位，然后髹几道与底色相同的大漆，以使贴花与漆面齐平，待其干燥后，将金银薄片之上的漆层打磨掉即可。此项工艺在秦汉均有存在，如湖北省云梦县睡虎地秦墓出土的"漆卮"（河北博物院）、江苏省扬州市邗江区文物管理委员会所藏之汉银扣贴金薄云虡纹漆奁、安徽博物院所藏的汉代彩绘银平脱奁与双层彩绘金银平脱奁（其中的平脱即"金银薄贴花"），即为现存案例[13]。

（26）金薄。金薄即"金银薄贴花"的简称[13]。

（27）金银平脱漆器。该工艺是唐代极为繁盛的漆器工艺之一。在《资治通鉴》《酉阳杂俎》《安禄山事迹》《杨太真外传》中均讲到平脱器物，如平脱屏风帐、平脱函、平脱盘、平脱叠子（即碟子）、平脱盏与平脱胡平床等，足以证明当时金银平脱漆器的盛行。除了文献的记载，还有部分实物的存在，如日本正仓院所藏的"唐金银平脱漆器葵花镜"与"金银平脱琴"，上海博物馆所藏的"唐羽人飞凤花鸟金银平脱镜"等，均为金银平脱的佳例。通过观察实例上的图案纹饰可知，其虽与错金银、金银薄贴花有着递承关系，但平脱中的纹饰更为精致，如"羽人飞凤花鸟金银平脱镜"中的花鸟、飞碟、羽人、飞鸟等，其上之纹理均以加工精细见长，这便是唐之金银平脱的独特之处，即漆工与金工的互融。金银平脱漆器的制作大致分为三个步骤：第一，将加工好的金银片或丝依照预先设计的纹饰与图案贴覆于漆地之上。第二，加涂漆层以使花纹图案与漆地保持齐平，除此之外，加涂漆层还有固定所嵌之金与银的功效。第三，干燥后打磨，在磨显花纹的过程中需注意磨之"度"，否则会出现"抓痕""脱落"等过失。综上可见，金银平脱漆器的制作与错金银和金银薄贴花极为类似。

（28）库路真。库路真是襄州一种著名的漆器形式，该形式与为"天下取法"的"襄样"不同，其制作繁复，华丽无比。通过皮日休的《诮虚器》（《全唐诗》卷六百零八）中的分析可知，库路真是外族之人对唐之"金银平脱漆器"的叫法。

（29）台花。台花是将金属薄片用胶粘于干固的漆坯之上，而后用刀在其上刻画阴纹以填色漆，最后再行髹漆、打磨与推光等步骤即可。台花可被视为与金银薄贴花、金银平脱漆器与嵌金银等类似之工艺。在福州，匠人将以"锡"代"银"的镶嵌法冠以"台花"之名。

（30）台银。台银是模仿"银平脱"的做法之一。台银是指将锡片附着在中涂漆层，于其上雕刻物象纹饰，待完毕后将多余之锡片除去，在其上髹涂漆数层，待干燥后行磨显之工，直至与银面齐平。通过上述之言可知，台银与银平脱之区别在于，台银不仅以锡代银，而且其雕刻是在漆面上进行的。

（31）台白花。台白花即"台银"。

（32）台彩。台彩与台银类似，只是所填之物是彩漆。

（33）台银骨填彩。台银骨填彩即"台彩"。

4.3.5　描金彩绘类

1）彩绘类

（1）黑漆描红。黑漆描红即以黑漆为底色，用红漆在其上绘制纹饰之过程（图4-51）。

图 4-51　黑漆描红图例

（2）红漆描黑。红漆描黑即以红漆为底色，用黑漆在其上绘制图案的过程（图4-52）。

图 4-52　红漆描黑图例

（3）黑漆描彩。黑漆描彩即以黑漆为底色，用不同颜色的漆料在其上绘制纹饰之过程（图4-53）。

（4）红漆描彩。红漆描彩即以红漆为底色，用不同颜色的漆料在其上绘制纹饰之过程（图4-54）。

2）漆绘

用生漆制成半透明的漆液，再加上各种颜料绘制于已经涂漆的器物

a　b

e　f

a、b战国时期彩绘出行图漆奁；c战国时期彩绘描漆小座屏奁；d秦代描漆双耳长盖；e、f清乾隆年间宝座

图 4-53　黑漆描彩图例

a、b红漆描彩漆盒　　　　　c至e皮胎朱红漆彩绘桃形盒

图 4-54　红漆描彩图例

之上，即漆绘。在形式上，漆绘有两种：一是针刻之法，此法是我国最早出现的戗金漆器，即用针尖在已经涂漆的器物上刺刻图案纹饰，而后将金彩填入刺刻后的线条内；二是贴饰法，即用金银箔等材料制成各色图案与纹饰，再将其贴在器物的漆面上，此法与"金银平脱漆器"（即镶嵌金银丝）有异曲同工之妙。

　　3）描金漆

　　在光素的漆地上用不同颜色的色漆与金银粉为颜料（即金泥）进行描画图案与纹饰的过程，被称为描金漆。在战国时，描金漆工艺就已达到了较高的水平，如 1957 年在咸阳出土的战国楚墓之描金彩绘小瑟，其丰富的用色、流畅而爽利的运笔，可谓经典之作。描金漆的种类较多，有朱漆描金、黑漆描金、黑红漆描金等（漆地有红、黑之别，故描金亦有红漆、黑漆、黑红漆描金等之分）。另外，漆上之描金材料既可是一种金箔，也可是不同颜色之多种金箔（描彩），后者之装饰效果较前者丰富多变。杨埙（明代之人，字景和）作为描金名家不可不提，该人之作品虽有日本之"泥金画漆"之风，但并未拘泥于成法，而是自有新意，在泥金的基础上兼施五彩。

　　（1）朱漆描金。朱漆描金即以朱红漆为地，在其上进行描金工艺的做法（图 4-55）。

　　（2）黑漆描金。黑漆描金即以黑漆为地，在其上进行描金工艺的做法（图 4-56）。

图 4-55 朱漆描金图例

图 4-56 黑漆描金图例

（3）黑红漆描金。黑红漆描金即以黑红漆为地，在其上进行描金工艺的做法。

（4）泥金画漆。泥金画漆是描金的一种，是用研磨得极细之金粉描绘图案的过程，类似于沈福文先生《漆器工艺技术资料简要》中所提的"描金银装饰法"。

（5）黑漆理描金。黑漆理描金即描金图案中以黑漆勾描纹理的做法[4-6]。

（6）彩金象描金。彩金象描金即以不同颜色之金箔或金粉（如库金、大赤金与田赤金等）完成物象与纹饰的过程。对于金箔而言，其是采用"贴"之法来实现图案的；对于金粉而言，其是以"上"之手段来形成物象的。除了金之形态的不同外，彩金象描金还有纯金地与非金地之别。对于纯金地而言，其是在金漆地上"贴"或"上"金箔或金粉来完成物象的。由于地子均为金色所成，故需时时注意金之色泽的安排。清乾隆的三凤纹朱漆描金碗与清云龙纹识文描金长方盒，均是此种描金的案例。前者凤头的金色呈深黄色，而凤头后飘起的羽毛与凤身则呈浅黄色，这一深一浅便形成了彩金象描金；后者所用之金色与前者亦有区别，匠师以赤色金描绘云纹的轮廓，而后再用正黄色金涂填空白之处，这一赤一黄的金色同样是彩金象描金的案例。

（7）三金。三金即"彩金象"，其是山西平遥对彩金象的称谓。此种描金是以顶红（即偏红之金）、赤金（即偏黄之金）与银为描绘物料的一种做法。

（8）浑金描金。浑金描金即在纯金漆的器物之上再加描花纹的做法。浑金描金的做法有二：一是以"填金"之法成之，即在金漆地子上勾出花纹轮廓，再用有别于地子颜色之金予以填之；二是以"晕金"之法成之（"晕"是古建筑彩画中的术语，后被漆器领域借鉴），即用不同颜色的金箔从内到外地晕出花纹，所成之花纹深浅有别，层次感较强。利用晕金之法，可遵循"深—浅—深—浅……"之顺序（花纹的中心颜色最深），正如《营造法式·彩画作制度·五彩遍装》中所言的"叠晕之法，自浅色起，先以青华，次以三青，次以二青，次以大青，大青之内，用深墨压心"，亦可按照"从浅开始，逐级变深，而后再浅，最后再深"的顺序。无论是何种顺序，均需注意保持每层的轮廓清晰，即所用之色需与地子有所区别。

4）描漆

（1）黑理钩描漆。黑理钩描漆指的是用黑漆勾描花纹之上纹理的做法。

（2）划理描漆。划理描漆即花纹之上的纹理是以戗刻之法形成的。划理描漆与黑理钩描漆的不同之处在于纹饰中纹理的形式：划理描漆的纹理属"阴"（即纹理低于花纹），而黑理钩描漆中的纹理属"阳"（即纹理高于花纹）。

（3）丹质描漆。"丹"指红色，丹质描漆意指在红色漆地上以不同颜色之漆描绘花纹的过程，红漆描黑、红漆描彩等均属此列。

（4）隐起描漆。隐起描漆与隐起描金相同，只是在花纹之上以色漆代替"撒金屑"或"上金粉"。描漆的做法有"干设色"（类似于识文描漆中的"色料擦抹"）与"湿设色"（类似于识文描漆中的"合漆写起"）之分，隐起描漆亦不例外，也有干设色、湿设色之别。除了描绘花纹的做法不同之外，对于花纹之上纹理的处理方式亦有分别，包括金理、黑理与划理三种。故根据以上所述，可将隐起描漆细分为干设色金理隐起描漆、干设色黑理隐起描漆、干设色划理隐起描漆、湿设色金理隐起描漆、湿设色黑理隐起描漆、湿设色划理隐起描漆。

（5）干设色金理隐起描漆。干设色指的是在堆起纹饰图案的过程中并未将色料融入堆起物中，而是在完成堆起之后再将色料擦抹在所堆的纹饰之上，即"色料擦抹"。金理意指用金勾勒图案纹饰之纹理的做法，故干设色金理隐起描漆即将色粉擦抹于纹饰图案上，而后再以"金理"之法成就纹饰之纹理的做法。

（6）干设色黑理隐起描漆。干设色黑理隐起描漆与干设色金理隐起描漆相同，只是纹饰上纹理的处理方式略有差异，它是以"黑理"（即用黑漆勾勒纹理）之法处理纹饰之纹理。

（7）干设色划理隐起描漆。干设色划理隐起描漆与干设色金理隐起描漆和干设色黑理隐起描漆亦相同，只是纹饰上纹理的处理方式略有差异，它是以"划理"（即用刀刻之方式）之法赋予画面以丰富之感。

（8）湿设色金理隐起描漆。湿设色金理隐起描漆与干设色金理隐起描漆类似，只是在堆起物象的过程中，不是将色粉擦抹在所堆起的纹饰之上，而是将其与"堆起料"混合后再行堆起纹饰，可见，其与"合漆写起"颇为接近。

（9）湿设色黑理隐起描漆。湿设色黑理隐起描漆即用色粉与堆起料的混合物堆起花纹，而后在花纹纹理上用黑漆加以勾描的过程。

（10）湿设色划理隐起描漆。湿设色划理隐起描漆与湿设色黑理隐起描漆的形成过程相同，只是物象上之纹理以"划理"之法成之。

5）漆画

漆画与描漆等同，即在漆面上作画之意，其中的"画"即"纹饰"或"图案"。画有色彩多少、形式繁简之分，为了与黑理钩描漆、金理钩描漆与划理描漆等色多且复杂的描漆有所区别，黄成、杨明与王世襄等人在《髹饰录》与《髹饰录解说》中借"漆画"以示差异。故漆画指的是色彩较单纯之做法的描漆，根据所画之形式的不同，又可将漆画分为纯色、没骨、朱质朱纹与黑质黑纹等。

（1）纯色。纯色是指用一种色漆在漆地上描绘花纹且花纹之上不加任何处理方式（图4-57），诸如黑理钩、金理钩与划理等。

a 东周漆画残片（山东省博物馆）；b 西汉漆画龟盾（湖北省博物馆）；c 明代双凤缠枝花纹漆画长方盒（北京故宫博物院）

图 4-57　漆画图例

（2）没骨。没骨作为中国画的技法之一，指的是直接以各种彩色绘制物象且不加墨线勾勒的一种绘画形式。中国艺术本就无界限之别，匠师以"漆地"代替绢与纸，将"没骨"之法引入"描画"之领域，故"漆画"中的"没骨"应运而生，即以各种色漆直接绘制纹饰且不以黑漆勾勒轮廓之做法，可见，"漆画"之"没骨"与"绘画"之"没骨"关系甚大。

（3）朱质朱纹。朱质即红色的地子，朱纹即红色的纹饰，朱质朱纹作为漆画中的一种，是以红漆在红色的地子上描绘花纹的做法。

（4）黑质黑纹。黑质即黑色的地子，黑纹即黑色的纹饰，黑质黑纹意指以黑漆在黑色的地子上描成漆画的做法。该种形式的漆画虽纹地同色，远不及黑理钩描漆、金理钩描漆、刮理描漆、红漆描黑、红漆描彩、黑漆描红、黑漆描彩等花色分明，但有古朴、素雅之境。

（5）抄山。抄山是福州漆画的一种，是以排笔擦染成纹以模仿青绿山水，为了呈现远近明暗之效果，还需以薄料晕染。

（6）枊花。枊花又名"镂染"，亦是漆面成纹的一种做法。枊花是福州地区对描漆之做法的拓展，以镂空且带有纹饰物象的板为工具，将其置放于漆面上，以手蘸薄料拍染成纹。

（7）镂染。镂染即"枊花"。

6）描油

描油即在漆器上以油代漆描画各种彩色花纹的做法。由于彩色无法用漆调出，故以"油"代之，如荏油、胡桃油、麻油与桐油等。除此之外，在描油中还有加入"密陀僧"的实物与记录。密陀僧即氧化铅，将其入油既可调色，又可起到干燥之作用。根据《髹饰录解说》可知，北魏司马金龙墓中的屏风极有可能是一件"密陀绘"之作（是将氧化铅与油调和后绘制图案，还是彩绘图案后再在其上涂覆密陀油，还有待考证）。除了实例，还有文献记录的存在，如沈周的《石田杂记·笼罩漆方》（其记载了明代调油用密陀僧）与清代《圆明园内工汇成油作则例》（其言："煎光油，每百斤用：山西绢一尺，黄丹八斤，土子八斤，白丝二两四钱，陀僧五斤，木柴五十五斤。"）等，均为密陀僧入油的见证，可见，油中入密陀僧的历史之久远。描油与描漆一样，均有黑理钩描油、金理钩描油与划理描油之别。

（1）金理钩描油。金理钩描油即以油代漆，在胎体上描绘花纹，而后再以金色勾描花纹之上的纹理。它与金理钩描漆相似，只是描花纹的用材不同。北京故宫博物院所藏之清代"蝶纹金理钩描油圆盒"即此种工艺的案例（黑漆地上之双蝶以白、蓝、紫、红、褐等彩油描绘，蝶衣施金，绚丽夺目，发挥了金理钩的效果）。

（2）黑理钩描油。黑理钩描油是以油代漆在胎体上描绘花纹，而后再以黑色勾描花纹之上的纹理。

（3）划理描油。划理描油是以油代漆在胎体上描绘花纹，而后再以刀代笔对物象花纹的纹理进行加工。

7）洋漆

洋漆泛指异国的描漆技法，如日本的"色粉莳绘"（即描漆中的干设色之法）与欧洲的"西洋画法"等均属洋漆之列。

8）金箔罩漆开朱

金箔罩漆开朱即"描金罩漆"中的一种，是以金箔贴饰器物之上的花纹，而后再用朱色勾描花纹之上的纹理，最后施以罩漆的做法。

9）平金开墨罩漆

平金开墨罩漆即金箔罩漆开墨，是以黑色勾描纹饰之纹理，而后再用漆罩于其上的做法（图4-58）。

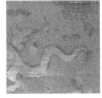

图 4-58　平金开墨罩漆图例

10）金箔罩漆开墨

该法与"金箔罩漆开朱"类似，只是对花纹之上纹理的处理方式不同。金箔罩漆开墨是以黑色（墨）勾描花纹之上的纹理，此法即杨明所言之"黑理钩描金罩漆"。图 4-59 中的纹饰之花纹便是"金箔罩漆开墨"之案例，即在花纹上打金胶，而后再贴金，待上述步骤完成后，再以黑漆勾描花纹之纹理，最后再通体罩漆即可。由于该过程是在朱漆地上进行，故在《髹饰录》中，也将之称为"赤糙描金罩漆"。

a至c 清代龙纹赤糙描金罩漆箱

图 4-59　金箔罩漆开墨图例

11）银箔罩漆开朱

该法与金箔罩漆开朱类似，只是器物上的物象与花纹以"银箔"代之，而后再用朱色勾描花纹之上的纹理，最后施以罩漆的做法。中国音乐研究所所藏之"近代制仿古篌箜"，便有"银箔罩漆开朱"之技法的参与。

12）银箔罩漆开墨

银箔罩漆开墨是描银罩漆中的一种，它与银箔罩漆开朱一样，只是其物象之上的纹理以黑色（墨）勾描而成，而后再行罩漆。

13）清勾

用类似于中国的"白描"之法在漆地上勾描纹饰轮廓及其上纹理的做法，即为清勾。

4.3.6　填嵌类

填嵌是在漆地上刻画花纹，而后将金、银、漆、蛋壳与螺钿等物嵌入其中的做法。填嵌中的"填"主要指"填漆"，而其中之"嵌"则包罗较广，诸如嵌螺钿、嵌象牙、嵌骨等均属嵌之范畴。

1）嵌螺钿

嵌螺钿又称"螺钿镶嵌"，即"贝壳镶嵌"（表4-1），常见的贝类材料有夜光贝、海贝、砗磲等。在进行镶嵌之前，首先需将贝壳加以煅烧，剥离出色彩鲜艳、光泽度佳的内层，经过切割、打磨处理后再拼贴成各种图案纹饰，如卷草、花鸟、动物、人物、文字、风景等纹饰。另外，螺钿镶嵌有厚、薄之分。薄螺钿不仅纹饰精细，而且可呈现出绚丽之色，故有"七彩螺钿"之称。提及薄螺钿，明末巨匠江千里不可不提，其螺钿镶嵌"工精如发"，可谓纤细惊人。

表4-1 不同年代的嵌螺钿描述或图例示意

商代	花土中散落的蚌壳与小蚌泡即商代嵌螺钿的见证（花土即墓中之物在印泥土上的痕迹，虽然原物已不复存在，但花土的现世可令人感知曾经的痕迹）
西周时期	嵌蚌壳豆（据《浚县辛村古残墓之清理》中记载："其他几何形纹饰有方形、长方形、矩形、三角形、圆锥形、剑形等多种，皆涂朱。有数枚镶一圆盒边缘上，盒痕犹存。由弧形、矩形组成之螺钿，墓中残一段。傍若鼎彝之省纹。惜两端皆为盗者截断，不能见其全形。然得此小段，则数百散乱之几何形蚌饰，皆知为螺钿，弥复可珍。"）
魏晋南北朝时期	虽无实物存世，但依然可通过文献记载感知嵌螺钿的存在，如在陆翙的《邺中记》（"石季龙，作金钿屈膝屏风"）中有所体现
唐代	
五代	
元代	

明代	
清代	
当代	

（1）厚螺钿。厚螺钿又有"硬螺钿"之称，在历朝历代均有其身影的出现，如殷墟中出土的嵌蚌鱼漆木案、唐代人物花鸟纹嵌螺钿镜、明代缠枝莲纹嵌螺钿黑漆长方盒以及卷草纹嵌螺钿黑漆奁等，均为厚螺钿之案例。随着时间的推移，厚螺钿并非一成不变，在跨界的基础上，其又出创新之举，如"镌甸"以及由"镌甸"衍生出的"雕漆错镌甸"等，均为例证之一二。

（2）螺填。螺填是嵌厚螺钿中的做法之一。螺填与镌甸相反：前者所成之物象纹饰与漆面呈平齐之态；而后者则与之有别，其以镌甸之法所成之图案高于漆面。

（3）镌甸。镌甸即嵌厚螺钿中的一种，只是在形式上略有不同：在非镌甸的嵌螺钿中，其所成之花纹与漆面齐平，即使其上附有画刻的纹理，也是嵌入后经磨显再画刻上去的；而镌甸则与之有别，其上之花纹图案是依照物象的高度而定，即所嵌之螺钿无须与漆面保持齐平，颇有浮雕之势，正如《髹饰录》中所言之"有隐现者为佳"。艺术本无绝对的界限，故相互借鉴实为常事，镌甸作为艺术之一亦不例外。镌甸受"嵌百宝"之启示，其形式被引入嵌螺钿中，不仅没有模仿之痕，反而增添了新意之势，如清代卢葵生的"梅花纹镌甸沙砚"即为佳例之一。

（4）雕漆错镌甸。此工艺隶属髹饰中的"综合门"，是镌甸与雕漆的结合之法。雕漆的种类丰富，如剔红、剔黑、剔绿、剔彩与剔犀，主观群体可根据实际情况将镌甸予以融入，清乾隆款云龙海水纹剔红错镌钿大瓶即为案例之一。

（5）浮嵌。浮嵌即嵌螺钿中的锓钿。

（6）薄螺钿。薄螺钿又称"软螺钿"，其色不一，有青色闪绿光者，有淡色闪红光者，有深青闪蓝光者，将之嵌于漆面之上，可营造出"光华可赏"之效。在起源方面，薄螺钿的实物可追溯至元代（即 1970 年北京后英房元大都遗址中的"广寒宫图嵌螺钿黑漆盘残片"）。但任何事物的发展均不会全无继承，也许宋代之描述贾似道"十件盛事"的"桌屏"便是最好的例证之一。南宋末年，王橚为了讨好贾似道，曾为之献上十副"桌屏"。桌屏上以嵌螺钿之法描述了贾似道的"十件盛事"，不但场景繁复而且人物众多（周密记："王橚字茂悦，号会溪。初知郴州，就除福建市舶，其归也，为螺钿桌面屏风十副，图贾相盛事十项，各系之以赞，以献……以上十事，制作极精。"）。能在尺寸有限的"桌屏"之上表达如此丰富的内容，非厚螺钿能为之，可见，也许在宋代就已有薄螺钿之技法的存在了。在种类上，薄螺钿也不止一种，如分截壳色、衬色钿嵌与衬金钿嵌，均为薄螺钿的衍生品类。提及嵌薄螺钿，不可不知江千里，其嵌薄螺钿以"工精如发"著称，由于此种形式备受当时人们的追捧，故引得无数人效仿，因此有"杯盘处处江千里"之说，如江千里式螺钿云龙纹黑漆盒与南京博物院所藏之嵌螺钿盘均为见证。

（7）分截壳色。分截壳色是嵌螺钿花纹中"设色"所采用的方法，即将不同色泽的薄螺钿嵌入花纹的不同部位，以达到近似设计之效果，如元代"广寒宫图嵌螺钿黑漆盘残片"与清代茧图嵌螺钿黑漆墨盒即为此案例。

（8）衬色甸嵌。衬色甸嵌即在透明的甸片下施以不同的色彩。由于下衬之色漆可灵活控制，故其所成之色彩较"分截壳色"丰富（分截壳色是借螺钿的天然之色"随行而施"）。

（9）衬金甸嵌。衬金甸嵌与"衬色甸嵌"同属一类，只是将下衬之物更换为"金""银"或"金与银"。由于甸片透明，故所成效果与"嵌金""嵌银"或"嵌金银"有异曲同工之妙。

（10）平磨螺钿。平磨螺钿即漆面齐平的厚螺钿镶嵌（除锓甸之外），其是扬州对嵌厚螺钿的叫法。

（11）点螺。点螺即嵌软螺钿的做法，其是扬州漆器所特有的嵌螺钿的方式与手段。因螺钿细且小，故在制作时需以点之方式完成镶嵌之过程。

2）嵌象牙

嵌象牙即将象牙切削、打磨、雕刻成所需的形状，然后嵌入木材之中（图 4-60）。嵌象牙有非染色和染色之分：前者洁白光亮，与木材形成鲜明的对比；后者色彩绚丽，华丽之色脱颖而出。

a 清代红木金漆嵌象牙屏风；b 清中期插屏屏心之局部；c 清代紫檀染牙插屏式座屏

图 4-60　嵌象牙图例

3）骨木镶嵌

骨木镶嵌是宁式家具中典型的装饰技法，又称"嵌骨"，即采用象牙、牛骨、木片等原料（图 4-61），以高嵌、平嵌以及高平混合嵌的技法将上述材料加工成预先设计好的纹饰嵌入家具中。

图 4-61　骨木镶嵌图例

4）金属镶嵌

金属镶嵌的主要材料以金、银、铜为主，根据镶嵌的不同要求，将所用之金属加工成丝、片等不同形状再进行镶嵌，如金银丝镶嵌。

5）错金银

错金银是青铜器的装饰之法。该法源于春秋战国时期，其之出现与"模印制范"一样，均是"生活化"需求的体现。错金银是以尖锐的铁器在器表刻画纹样图案，而后再以金片、银片嵌之。为了使得所嵌之物与器表齐平，通常还需以"错石"之类打磨，此步骤的目的除了确保齐平之外，还有使所嵌之物光滑、不易脱落与提高亮度之意图。错金银虽始于青铜之上，但对后世的影响颇大，如汉代的"金薄"（又名"金银薄贴花"）、唐代的"金银平脱漆器"与明清的"嵌金银丝"等，均可被视为错金银在其他胎体之上的衍生。

6）嵌红铜

此工艺始于春秋中期，流行于战国时期。嵌红铜与错金银的工艺极为相似，即先用尖锐的铁工具在器物表面刻画图案纹饰，再将红铜嵌入其中，最后用错石之类的磨具进行打磨，使之不易脱落且光亮美观（图 4-62）。

图 4-62　嵌红铜图例

7）嵌珐琅

嵌珐琅包括嵌掐丝珐琅、錾刻珐琅与画珐琅。

8）蛋壳镶嵌

蛋壳镶嵌是以各种蛋壳，诸如鸡蛋壳、鸭蛋壳、鸽蛋壳与鹌鹑蛋壳等为原料，而后将其按照所需镶嵌成物象纹饰的装饰方式（图 4-63）。

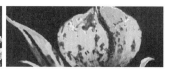

图 4-63　蛋壳镶嵌图例

9）嵌竹

嵌竹即在木材上镶嵌竹材的形式（图 4-64）。竹与玉一样，内含太多的礼法与道德，故深受文人雅士的钟爱。

a　　　　　　　　　　　b　　　　　　　　c

a 清乾隆年间紫檀嵌竹冰梅纹花式凳；b 梅花纹黑漆镌甸册页盒；c 清代贴黄仿攒竹笔筒

图 4-64　嵌竹图例

10）金漆镶嵌

金漆镶嵌即描金与骨石镶嵌的结合工艺，可视为《髹饰录》中所言之"斒斓"系列。金漆镶嵌是北京一带对骨石镶嵌的别称。

11）黑漆镶嵌

黑漆镶嵌即以黑漆为底，在其上进行镶嵌，如螺钿、玉石、百宝、木等。

12）沙嵌

沙嵌又称"屑嵌"，即将金或银制成屑（即锉粉或丸粉），而后将之嵌入漆地的过程。沙嵌既可单独作为装饰，亦可与金片混合使用。

13）丝嵌

丝嵌即将金银制成"丝状"，而后按照设计之形将其贴覆在漆面上。丝嵌与沙嵌一样，既可单独为饰，亦可与沙嵌、金银片混合使用。

14）片嵌

片嵌即用金片或银片制作图案，如金银薄贴花、金银平脱漆器等均可视为"片嵌"之例。

15）填漆、金类

填漆即在漆面上"刻出"纹饰轮廓或"堆出"纹饰轮廓，而后将色漆填入其中，待干燥后磨平即可。填漆可通过两种方式与手段完成：一为"磨显"；二为"镂嵌"。前者是以堆稠之法为基础，用稠漆堆出所需的花纹轮廓（即阳纹轮廓），而后在其内填入色漆，如明代梵文缠枝莲纹填漆盒与清乾隆款云龙纹碗等均属"磨显"之案例。后者与前者不同，镂嵌是直接在漆地上镂刻出低陷的花纹，然后在其内填入色漆，如清乾隆凤纹戗金细钩填漆莲瓣式捧盒即为此种填漆之例。由此可见，填漆之法不止一种，主要包括以下类型：

（1）雕花填彩。雕花填彩即"填漆"。

（2）雕填影彩。雕填影彩即"填漆"。

（3）磨显。磨显为填漆的做法之一，其与"镂嵌"有所不同，从一些古文献的记载中可知两者差异之所在，如《遵生八笺》中的"宣德有雕填器皿，以五彩稠漆堆成花色，磨平如画，似更难制，至败如新"与《帝京景物略》中的"填漆刻成花鸟，彩填稠漆，磨平如画，久愈新也"等，均表露了磨显的独特之处。要想了解"磨显"与"镂嵌"的本质区别，就需对其工艺过程进行探究，其工艺过程可归纳为三步：第一，于稠漆地上堆出纹饰轮廓，在此过程中需注意漆的稠稀度，否则无法完成堆起之过程。第二，在花纹的轮廓内外均以漆填之，此步骤是"磨显"与"镂嵌"最大的区别之处，为了保证漆面的平齐，花纹的轮廓内外均需以漆填之，故在之后的"磨工"中，"磨显"要较"镂嵌"复杂。第三，干燥后磨显花纹，此过程较为关键，若在操作中出现"不当"或"失度"之举，均会对花纹有所损益，如磨具或漆面中带有杂质，在磨显的过程中便会出现"搓迹"与"抓痕"之失，除此之外，若是主观群体磨得"太过"或"不及"，亦会出现"渐灭"与"蔽隐"之过。除了填漆，"磨显"还存在于嵌螺钿、嵌金银与犀皮等工艺中。

（4）戗金细钩填漆。此法可认为是一种综合的髹饰工艺，即戗金与填漆的结合，无论是以戗金为主，在其内辅以填漆，还是以填漆为主，在其中稍饰戗金，均有突出主题、互为衬托与锦上添花之意。如清乾隆戗金细钩填漆莲瓣式捧盒即为案例之一。

（5）存星。存星是日本对"戗金细钩填漆"的叫法。

（6）绮纹填漆。绮纹是"纹刷"中的一种，其花纹是人为所成之"刷迹"（而非"刷痕"）。由于绮纹刷丝的纹饰无规律、富于变化，故将之与填漆结合，势必会为填漆增添几分异样之感。绮纹填漆大概分三步完成：一为在漆地上制作"刷迹"，在此过程中，主观群体需保持刷具的清洁与掌握"运刷"之"度"，否则会引起"刷痕""节缩"与"模糊"之过失。二为在"刷迹"中填漆，即在刷迹表面涂覆颜色与其有别的色漆之过程，如刷迹为黑漆所成，那么所填之漆则可为黑色以外的任何颜色，如朱漆、黄漆、绿漆、紫漆等，故此种情况下的绮纹填漆即为黑漆纹填朱漆、黑漆纹填黄漆、黑漆纹填绿漆与黑漆纹填紫漆等。另外，地子之色除了黑色之外，还可为其他颜色，但无论如何变动，均符合"A纹填B"的形式（A代表地子刷纹之色漆，B代表刷纹上所填之色漆）。三为磨显其纹，在此过程中依然需要注意磨之度，否则依然会导致"搓迹""蔽隐"与"渐灭"之过。通过上述做法之简介，可知绮纹填漆与沈福文在《漆器工艺技术资料简要》中所提之"绞漆花纹"有异曲同工之妙。

（7）填刷纹。填刷纹即"绮纹填漆"，因在刷丝后填漆而得名，正如《髹饰录》中所言："绮纹填漆，即填刷纹也，其刷纹黑，而间隙或朱，或黄，或绿，或紫，或褐，又文质之色互相反，亦可也。"从中可见，其中所填之漆丰富绚烂。

（8）绞漆花纹。绞漆花纹是沈福文先生在《漆器工艺技术资料简要》中所讲到的髹饰方法之一，该做法与绮纹填漆或刻丝填漆类似。沈福文先生的做法如下：第一步为实现"绞痕"（即"刷迹"）之过程，其是用麻布球或小刷子在厚漆（厚漆是用生漆、生鸡蛋清调制而成）面上绞转，最终形成各种宛若天成的花纹。第二步为填金箔，即在带有绞花纹的漆面上先刷一层生漆，而后在其上贴上金箔的过程。第三步为髹涂半透明漆并干燥之过程。第四步为打磨，历经打磨后的漆面呈现出有趣的花纹物象。第五步为推光出亮的过程。综上可见，绞漆花纹与绮纹填漆确实类似。

（9）刻丝填漆。刻丝与绮纹一样，均是纹刷中的一种，其与填漆相互结合，亦是填漆之法的途径之一。刻丝填漆也可分三步完成：第一步，在漆地上制作出人为的"刷迹"，在此过程中需操作得当，否则会出现"刷痕""节缩"与"模糊"之过失。第二步，在"刷迹"上填漆，即在纹、地相异之"刷迹"上再填与刻丝花具有差异化的色漆。第三步，磨显其纹，在此过程中依然需要谨慎，否则仍会有"搓迹""蔽隐"与"渐灭"之过失的出现。通过上述的内容可知，刻丝填漆在色彩上较绮纹填漆丰富多彩。

（10）皱纹填漆。以漆在干燥中产生的皱纹为起花之法，而后再行填漆的做法，被称为"皱纹填漆"。

（11）裂纹填漆。利用裂纹造成的不平，而后再行填漆的做法，被称为"裂纹填漆"。

（12）泼彩填漆。利用稀释剂或水造成漆面的不平，而后再行填漆的做法，被称为"泼彩填漆"。

（13）脱骨填彩。将锡片覆盖在漆面上，以刻刀在其上刻画纹饰图案，完毕后除去多余的锡片，再于其上全面涂漆，待阴干后揭去锡片，此时漆面上出现了类似雕镂之法的凹凸纹饰，在其上以色漆填之，阴干后再行打磨推光等工艺的做法，被称为"脱骨填彩"（其中的锡片即需脱之"骨"）。

（14）脱骨填银。脱骨填银与脱骨填彩一样，均以锡片作骨，在其上行雕、揭、填之法，只是此处所填非色漆，而是银箔或银粉。

（15）脱骨填金。脱骨填金与脱骨填银一样，亦是以锡片为骨，历经雕与揭后，再于其内填金箔或金粉之做法。

（16）台填。台填即"脱骨填银"与"脱骨填金"的合称。

（17）彰髹。彰髹即"斑纹填漆"，是指在斑纹地上填漆之做法。对于斑纹而言，其形式不定，如叠云斑、豆斑、栗斑、蓓蕾斑、晕眼斑、花点斑、秾花斑、青苔斑、雨点斑、玳瑁斑与犀花斑。斑纹的制作可通过两种途径实现：一为以"刷迹"成之；二为以"引起料"压之而成。前者与绮纹填漆和刻丝填漆类似，而后者则与犀皮中的"压花"之法有所类似，但其所成之纹较犀皮大。

（18）斑纹变涂。斑纹变涂即"彰髹"，其是变涂工艺的做法之一，要想实现形态不一的斑纹，可通过多种媒介物成之，如豆粒、粟粒、棕丝、清水、枫叶、树皮、荷叶等，由于所选之物不同，故得到之图案也差异万千。

（19）斑纹填漆。斑纹填漆又名"彰髹"，是用引起料（诸如豆壳、栗壳之类）在漆地上造出不平的痕迹，然后再于其上填色漆，而后磨平即可。由于斑纹和所填之漆均可有颜色之变，故所成之效果也是变化繁多的，如斑纹可与漆地同色，也可不同色（不同色者有两种或两种以上之别）。除此之外，所填之色漆亦可有所变化，即可为"一色"之漆，也可为"几色"之漆。另外，效果的多变与繁多并非只因漆色多变而致，斑纹的形式亦是引起多变的原因，如叠云斑、豆斑、栗斑、蓓蕾斑、晕眼斑、花点斑、秾花斑、青苔斑、雨点斑、玳瑁斑与犀花斑等等。综上可见，斑纹填漆可谓五彩斑斓、种类不一。

（20）变涂。变涂即"彰髹"，是指采用不同的工具（如毛刷、发团、布毡子、丝瓜络、橡皮与泡沫塑料等）、媒介之物（麻布、丝网、棕丝、树叶、种子、蛋壳、螺钿、干漆粉与金属屑等）以及稀释剂等成就各色之花纹的手段与方式，可视为一种实现特殊花纹的总称，既可采用"绞漆"与"绮纹刷丝"之法为之，亦可通过"填漆"与"犀皮"之手段为之，还可以"彩绘"与"印花"等途径得之。

（21）布目涂。布目涂是日本对"蓓蕾漆"的称呼，对此种形式之漆最为擅长者，当属三郎氏。据《实用漆工术》中记载，布目涂是用胶和漆将粗布（即毡子）粘于漆器之上，而后揭去所粘之布，最后再以干磨或上其他色漆之法成之。虽然同为蓓蕾漆，但制作过程仍略微有别，如沈福文在其《漆器工艺技术资料简要》中曾提及，他是以65％的厚漆与35％的生鸡蛋清作为粘贴麻布的黏胶剂，而后再绞转成花纹。

（22）套金绞花。套金绞花是"绞漆变涂"工艺的做法之一，即在绞出的花纹上贴金或擦上金粉，而后再行打磨之过程的做法。

（23）印花变涂。印花变涂是变涂工艺中的一种，是一种"批量化"制作的方式与手段。由于印花变涂将较为复杂的成纹工艺进行了"简化"或"转化"，故在"工"之方面具有了"模块化"与"标准化"之思想，如丝网印花、漏板印花与橡皮印花等均为印花变涂之范畴。

（24）纹粘。纹粘即"变涂"，是中国古代的一种称谓。

（25）压花法。压花法即用禾谷的壳在漆面上压出诸多的凹痕，而后在其上髹涂不同颜色之漆，待其干后再进行研磨。

（26）填彩研绘。在纹饰轮廓中填入色漆或色漆粉的研绘形式，被称为"填彩研绘"[14]。填彩研绘的步骤包括拷贝（即将图案转至器表）、填彩（即将色漆或色漆粉填入物象纹饰的轮廓之中）、罩漆、磨显（待漆膜干后再进行打磨，即能重现花纹）、抛光与擦漆等。

（27）小雕填。小雕填与大雕填有别，它涉及之工艺包括填漆及有关填漆的蝙蝠门之工艺，如戗金细钩填漆。

（28）搜勾。搜勾即"小雕填"。

16）研磨彩绘

研磨彩绘是沈福文先生对填漆中"磨显"之法的称谓，此法与"镂嵌"有别。由于物象图案中无刀刻之痕，纹饰有彩绘之意，故得"研磨彩绘"之称[14]。

17）勾填研绘

勾填研绘与"研磨彩绘"同义，只是后者是沈福文先生的叫法，而前者则是王世襄先生对填漆中"磨显"之做法的称谓。

18）填漆磨绘

填漆磨绘即以彩漆绘物象，而后再行磨显之工艺，在此过程中需在彩绘后以漆涂之，以求固色，待所涂之漆阴干之后再行磨显之步骤。

19）磨绘

磨绘的灵感源于填漆之磨显工艺。对于填漆中的磨显，需以漆堆起轮廓，而后再以漆填之，最后再行磨显物象之过程。为了化繁为简，匠师采用工艺的转化与简化之方式，如钿沙磨绘、填漆磨绘、罩漆磨绘、干漆粉磨绘、金属丸粉磨绘等，均是对填漆中磨显之工艺的效仿与突破。

4.3.7　阳识漆器

阳与识均有突出之意，正如《辍耕录》与《游宦纪闻》中所言，"汉以来或用阳识，其字凸"与"识是挺出者"，将之引入漆器，意为纹饰凸起者之称，但纹饰凸起者众多，阳识漆器并非所有纹饰凸起者的代称，而是指花纹由漆或漆灰所堆且不经刀具雕刻的髹饰工艺。阳识漆器的特点如下：一为所堆之花纹与地子同色；二为所堆之纹饰无需刀琢。由此可见，阳识既不同于"堆漆"，亦与"隐起"之法有所区别。此外，阳识漆器还可进行细分，诸如识文描金、识文描漆与识文等均属阳识之范畴。

1）识文描金

识文描金隶属髹饰中的综合工艺，是识文与描金的融合。识文描金即将金屑、金箔或金粉附着在堆成的花纹之上，根据所附着之物的不同可分为屑金识文描金与泥金识文描金[4-6]。

（1）屑金识文描金。屑金识文描金即在堆成的花纹上撒金屑。在该过程中需注意撒金屑的时间，主观群体无需等待花纹之上的金胶干燥，涂染之后立即撒金屑即可。除了堆花纹、撒金屑之外，还可对纹饰进行深度处理，如黑理与划理等，故屑金识文描金又可分为黑理屑金识文描金与划理屑金识文描金。

（2）黑理屑金识文描金。黑理作为屑金识文描金之花纹的处理方式，即用黑漆勾勒所堆之纹理的做法。

（3）划理屑金识文描金。划理亦为花纹的处理方式，即在屑金识文描金的花纹上以刀划出纹理的做法。

（4）泥金识文描金。泥金识文描金即在堆成的花纹上附着金粉的过程。此处的"上金粉"与"撒金屑"有别，其不同源于两点：一为附着之金的不同。对于屑金而言，主观群体只需将金箔碾碎，而泥金则与之不同，其需历经不同的过滤过程，诸如先用广胶水，而后再用细罗筛，以达到极为细致的程度，由此可见，后者之金与前者不同。二为附着所用之金的"等待时间"有所区别。对于"上金粉"而言，其需待金胶干燥至95％的时候才可上金，但对于"撒金屑"而言则无需等待，直接附着即可。另外，泥金识文描金与屑金识文描金一样，亦可对纹饰进行深度加工，如黑理与划理，故其也有黑理泥金识文描金与划理泥金识文描金之分。

（5）黑理泥金识文描金。黑理泥金识文描金同划理屑金识文描金，清鹌鹑纹如意紫檀橘便是此做法的案例，其上之鹌鹑羽毛细部与果树叶筋等部位的类漩涡纹理是以黑漆勾勒而出，而鹌鹑翅膀的大翎、胸部细毛、谷穗、果树枝干等部位则是以描金完成。

（6）划理泥金识文描金。划理泥金识文描金同划理屑金识文描金，此处不再赘述。

2）识文描漆

识文描漆与识文描金基本相同，只是花纹由金色变为彩色。该种描漆有"干设"与"湿设"两种做法。前者是将色料（带有颜料的粉末）附着于未干透的罩漆层上，即所谓的"色料擦抹"；后者则是将色料混入漆内，用该混合物涂染所堆起之花纹，即所谓的"合漆写起"。识文描漆对其上花纹的处理有金理、黑理与划理之分。

（1）金理识文描漆，即在所堆的花纹上再以金色勾描漆纹理的做法。

（2）黑理识文描漆，即在所堆的花纹上再以黑漆勾描漆纹理的做法。

（3）划理识文描漆，即在所堆花纹之上刻画纹理的做法。

3）识文

识文是以漆灰为地，然后在其上堆起与漆地同色之"花纹图案"或"纹饰之边缘轮廓"（图4-65）。识文虽与堆漆极为类似，但是也有不同之处：前者以漆灰作成花纹，而后者则以色漆堆成纹饰；前者之"地子"与"花纹"同色，而后者则不然，地子之色需有异于花纹图案，即《髹饰录》中所言"堆漆以漆写起，识文以灰堆起，堆漆文质异色，识文花地纯色"。识文中的纹饰图案可通过两种方式得到，即平起阴理与线起阳理。平起阴理是在堆起花纹时留出凹下去的纹理，而线起阳理与其正好相反，即在堆起纹饰时做成凸起的纹理，恰似雕刻中的阳线。该工艺在当今还尚存，如温州匠师口中的"瓯塑"（温州在北宋时是我国重要的贸易港口，该地所产之漆器有"天下第一"之称），便是识文的别称。

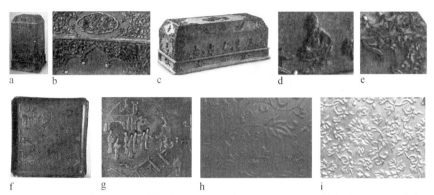

a、b 北宋识文舍利盒（浙江省博物馆）；c 至 e 北宋识文经函（浙江省博物馆）；f、g 明罩金髹识文方盘《中国古代漆器》；h、i 当代新东方风格漆桌

图 4-65　识文图例

4）堆漆

堆漆是阳识门中的一员，即在漆地上堆塑花纹的做法。该法与识文的做法有些许差别：堆漆的地子与所成之花纹的颜色不同，即《髹饰录》中所言之"文质异色"[15]，而识文的文质需为同色（即地子与花纹的颜色一致）。既然堆漆的地子和纹饰之颜色可以有所差别，故无论是地子还是所成之花纹，均可出现多样化的倾向，地子可有色地（如朱地与黑地等）、金地与银地之别，所堆之花纹亦可有单色与复色之分。根据上述所言可知，堆漆的种类其为丰富，如色地色漆堆漆、金地色漆堆漆、银地色漆堆漆、色地复色堆漆、金地复色堆漆与银地复色堆漆等等。

（1）平堆工艺。平堆工艺是堆漆的形式之一，其图案不像浅浮雕与高浮雕，而是略微凸起于漆面。

（2）浅堆工艺。浅堆工艺与平堆工艺一样，均是堆漆的形式之一。浅堆工艺与平堆工艺相比，其上的纹饰物象较为凸出，类似浅浮雕之感。

（3）高堆工艺。高堆工艺也是堆漆的形式之一，其物象纹饰具有高浮雕之效果。在高堆工艺中需注意刮漆灰的方式，即秉着"高处厚，低处薄"的原则进行。除此之外，在纹饰（高处）与地子（低处）相接的地方需把握"打磨"之度，以达到无缝衔接、自然过渡之感。

（4）漆泥堆饰。漆泥堆饰也可被视为堆漆的做法之一，它是以生漆（或桐油）、填料（诸如瓷粉、老粉或石膏粉）与胶液（诸如水性胶）混合而成的物料在器物面上堆塑纹饰图案的做法。在形成纹饰的过程中需借助"木蹄子"或"挤花器"等工具，待物象图案完成之后可在其上行多种髹饰之工艺，如着色（如"彩绘"或先"撒粉"后"彩绘"之工艺）与贴金等。

（5）脱胎堆饰。脱胎堆饰是采用"翻模"之法形成纹饰物象，而后将其贴在漆器表面的做法[16]。此工艺涉及以下几个步骤：第一，配制漆泥。此种漆泥的配制与漆泥堆饰类似，均是以生漆（或桐油）、填料与胶料混合而成，只是在选择填料与胶料的时候需根据工艺的需求而定。第二，实施制模之过程。在此步骤中需翻模之"范"的配合，此范既可是"木模"，也可是"金属模"（诸如锡模、铅模、铜模与钢模等）。第三，行"压胎"之举。此步骤是实现图案纹饰的过程（即翻模），即在预先制好的"阴模"中压入漆泥，而后再行脱胎之阶段。第四，粘贴脱胎之纹饰。此过程与瓷器中的"贴花"之法类似，历经脱胎之后，将所翻之纹饰用"生漆糊"粘贴在器物的指定部位，待其干燥固定后再施其他髹饰工艺，如彩绘、撒金粉或撒银粉彩绘与贴金等。

（6）锦塑。锦塑是福州对于脱胎堆饰的诠释，它是将漆冻压入阴模以成浮雕纹饰，而后贴于漆面，待干燥后还可在其上行髹色漆或贴金等工艺。

（7）印锦。印锦即"锦塑"。

（8）欧塑。欧塑即现代对于"识文"之做法的延续，是温州对于以"灰"堆起物象纹饰与图案的叫法。在宋代之时，温州之漆器享誉天下，有"天下第一"之称，从1964年浙江瑞安慧光塔内发现的"经函"即可知当时温州漆器技法的精湛。时至今日，此技法也并未消失，而是以"新的身份"诉说着古代经典的辉煌与灿烂。

5）堆起

堆起与阳识类似，但前者需要雕琢所堆成之纹饰，而后者则无需雕琢，正如杨明所言"其文高低灰起加雕琢"。为了营造更为多变的视觉效果，在花纹堆起后需采用描金、描漆与描油等方式对其进行处理。另外，由于所堆之花纹类似浮雕之感，故以"隐起"代之（隐起有凸起与高起之意，故"堆起描金、堆起描漆与堆起描油"又可化名为"隐起描金""隐起描漆""隐起描油"）。

（1）泥金彩漆浮花。泥金彩漆浮花是宁波对"堆起"之做法的诠释，顾名思义，它是于堆起后再行泥金之法。

（2）隐起描油。隐起描油与隐起描金和隐起描漆相同，只是在所堆起之纹饰物象上不以"漆"或"金"为之，而是以"油"代之。由于油可调出白色以及其他鲜艳之色，故花纹效果颇为丰富多彩，正如杨明所言"五彩间色，无所不备"。

（3）隐起描金。用漆灰或漆冻子堆成所设计之花纹的形状，而后再对图案纹饰进行雕琢，最后再以金屑或金粉"撒"或"上"于纹饰之上，该过程被称为"隐起描金"（图4-66）。由于花纹之上所"描"之金可为金屑，亦可为金粉，故隐起描金可分为屑金隐起描金与泥金隐起描金。另外，除了对所堆之花纹进行雕刻与描金外，还需要对花纹之上的纹理进行处理，即在其上采取不同的勾画方式，如金理、黑理与划理等，故还可对隐起描金进行深度分化，即屑金金理隐起描金、屑金黑理隐起描金、屑金划理隐起描金、泥金金理隐起描金、泥金黑理隐起描金、泥金划理隐起描金。

图4-66　隐起描金图例

（4）屑金隐起描金。屑金隐起描金即将金屑撒于隐起所成纹饰之上的做法。

（5）泥金隐起描金。泥金隐起描金即将精心过滤的金粉"上"在纹饰图案上的做法。

（6）屑金金理隐起描金。屑金金理隐起描金即在物象上以金勾勒其上之纹理的处理方式。

（7）屑金黑理隐起描金。屑金黑理隐起描金即在物象上以黑漆勾勒其上之纹理的处理方式。

（8）屑金划理隐起描金。屑金划理隐起描金即在物象上以刀划之法成就其上之纹理的处理方式。

（9）泥金金理隐起描金。泥金金理隐起描金即以"金理"（金理指的是用金勾勒纹理的做法）处理物象上之纹理的方式。

（10）泥金黑理隐起描金。泥金黑理隐起描金即以"黑理"（黑理指的是用黑漆勾勒纹理的做法）处理物象上之纹理的方式。

（11）泥金划理隐起描金。泥金划理隐起描金即以"划理"（划理即以刀划之法处理纹理的做法）处理物象之纹理的方式。

4.3.8 质色类

1）朱髹

朱髹即"髹红漆"（图 4-67），其与髹黑漆大致相同，亦属于单色漆髹饰之列，只是色漆有所不同。朱髹亦有两种形式：单独髹饰家具和在其上饰以镶嵌等物。

a 新石器时期之朱漆碗（浙江省博物馆）；b 南宋之红漆盒（南京博物院）；c 元代髹朱漆莲瓣式奁（上海博物馆）；d 清乾隆年间菊瓣形脱胎朱漆盘（北京故宫博物院）；e 红漆方凳（"春在中国"）

图 4-67　朱髹图例

（1）揩光朱髹。揩光朱髹的工序与揩光黑漆类似，只是色漆不同而已。

（2）退光朱髹。退光朱髹的光泽度不及揩光朱髹，最终效果与退光黑漆类似。

2）黄髹

黄髹与黑髹、朱髹类似，只是前者所用之漆为黄色，而后两者所用之漆分别为黑色与红色。但是需要注意的一点是，黄髹不宜做退光处理，因为黄色退光无法赋予最终效果以"古朴高雅"之感。

3）绿髹

绿髹在明清前之实物确实少见，但我们可从明清两代的描漆与剔彩中推知绿髹的产生与发展。历经了古代与近代，当代在福建漆器中常见绿髹之身影。

4.3.9 戗、刻、划类

1）戗划

戗划是指在漆面上镂刻纤细的花纹，而后在花纹中填金或银或其他色漆，填充后仍有阴纹划迹显露于外的工艺过程[17]。

（1）沉金。沉金是日本对戗金之法的称谓，意为将金色沉陷在刻画的图案之内。

（2）戗金。戗金即在漆地上以针或刀尖刻画纹饰图案[13]，而后在花纹中打金胶，待金胶干燥到一定程度时再将金箔或金粉"粘"或"上"于其上，使之成为金色的花纹。戗金的历史较为久远，从湖北光化县西汉墓中出土的漆卮可知（其上的动物与流云纹饰均以金彩填之），此工艺在西汉时期就已存在。戗金离不开"针刻""锥画"或"锥刻"的奠基，从汉之锥刻狩猎纹漆奁中可知，戗金与上述工艺的递承关系。另外，随着时间的推移，戗金之法出现了细分，可分为传统的戗金之法（本条的传统戗金之法主要指的是宋元式戗金，其与清勾戗金和竹刻式戗金不同，宋元式戗金讲究"细钩纤皴"，而后两者的纹路较粗）、清勾戗金与竹刻式戗金等，传统的戗金之法即为本条中所言的做法，而清勾戗金与竹刻式戗金均为传统戗金技法的发展与延续（图4-68）。

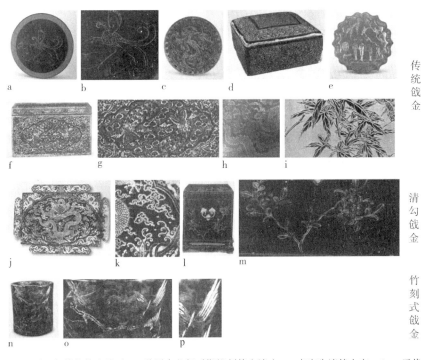

a至c 西汉鸟兽纹戗金漆卮；d 魏晋南北朝时期锥刻戗金漆盒；e 南宋朱漆戗金奁；f、g 元代人物花鸟纹戗金金箔（日本库山青雄）；h 明代戗金云龙纹朱漆木箱；i 当代戗金纹饰；j、k 清戗金黑漆炕桌面之纹饰；l、m 明末黑漆拣妆的侧面；n至p 清代子庄制瘿木漆戗金笔筒（《中国古代漆器》）

图 4-68　戗金图例

（3）清勾戗金。清勾戗金则与传统之法不尽相同，该做法受"雕填"之工艺的影响，以"勾金"之法来处理纹饰的轮廓以及其上的纹理（勾金是雕填中常用的纹饰之纹理及轮廓的处理方式）。

（4）竹刻式戗金。竹刻式戗金则是受竹刻之影响的产物，其以刀刻之法来追求书画笔墨的效果。由于用刀所成之纹饰有粗有细、有深有浅，故竹刻式戗金与传统之戗金依然有所差别，即填金之后的效果并不像传统的戗金那般细致。

（5）戗银。戗银与戗金一样，只是纹饰之内所粘之物为银箔或银粉（图 4-69）。无论是戗金还是戗银，其胎体可为木，亦可为纯金或纯银，如以金银作胎，则无需填金或填银之工序，因为历经刻画之后，金银之色自会显露出来。

图 4-69　戗银图例

（6）戗彩。戗彩即将各种色彩填入所戗划的花纹之中（图 4-70）。若所填之色为单一者，则可以此色来进行命名：如嵌红者，可将其命名为"戗红"；如嵌绿者，可将其命名为"戗绿"。

图 4-70　戗彩图例

2）雕填

雕填是明代主要的髹饰工艺之一（图 4-71），其是彩绘与针刻（或戗金）的综合体。要想完成雕填之工艺，首先需用彩漆于胎体上填出或描绘出主要纹饰，然后再以阴刻之法剔刻出图案之轮廓与其细部，最后将金粉填入阴线之内（该步骤即为戗金之过程）。此外，雕填之物未必是金，亦可为漆（明前期所用，即先剔刻纹饰图案，然后再以色漆填之）。

图 4-71　雕填图例

3）款彩

款彩又称"刻灰"与"大雕填"，其是在胎骨之上敷涂漆灰以为地子（灰层应略厚且刚韧），而后在其上涂抹数遍黑漆或者其他色漆（由于款彩中的彩有"油彩"与"漆彩"之别，故其上所涂之物有黑漆与色漆之分），再以白描之手法在漆面上勾描纹饰图案，待上述之步骤完成以后，以勾、刺、片、起、铲、剔、刮等法将纹饰轮廓内的漆灰剔去（保留花纹的轮廓），使之成为"凹"陷状（图4-72）（正如《游宦纪闻》中所言"款，谓阴字，是凹入者，刻画成之"），然后再将各种色漆或色油填入其内（即施粉、搭彩、固色之过程），使之成为一幅完整的彩色图画。由于款彩剔刻较深且无阳纹凸起于漆面之上，故有"阴刻文图，如打本之印板，而陷众色"之效果。

a、b 清初松鹤纹款彩屏风　　　　c 清初花鸟纹款彩屏风　　　d 清代山水纹款彩屏风局部

e、f 款彩西湖十景十二扇屏风　　　　g、h 清晚期黑漆刻灰圆形攒盒　　　i 刻灰凳

图4-72　款彩图例

（1）深刻。深刻是扬州地区对款彩的叫法。

（2）款红。以单色红成之的款彩，被称为"款红"。

（3）款绿。以单色绿成之的款彩，被称为"款绿"。

4）刻灰

刻灰又名"款彩""大雕填""灰刻"与"深刻"，其得名源于剔刻花纹的深度。刻灰与戗划不同，其剔刻深度达至"灰层"，故得名"刻灰"。另外，由于漆胎上所施之漆色不同，故又有单色漆地刻灰（如黑漆地刻灰）、彩地刻灰与金地刻灰等之别。

（1）单色漆地刻灰，即在单色漆地上进行刻灰的工艺。

（2）彩地刻灰，即在彩色漆地上进行刻灰的工艺。

（3）金地刻灰，即在金地上进行刻灰的工艺。

5）大雕填

大雕填即"款彩"与"刻灰"，至于"大雕填"之名，则是为了与"小雕填"相互区别而设（与填漆或者戗划有关的工艺均属小雕填之范畴，如填漆、戗金细勾描漆、戗金细勾填漆等）。

6）浅刻

浅刻与深刻不同，所刻之深度未达灰层，而是浮于漆皮层面。

7）漆皮刻

漆皮刻即"浅刻"。

8）针刻

针刻不仅属于漆器之领域，在青铜器上（即以尖锐的铁工具刻画纤细的装饰）也有存在（图4-73）。漆器之针刻早在春秋战国时就已存在，如山东临淄郎家庄1号墓中的漆器残片、长沙楚墓中出土的战国针刻漆奁即是见证。随着时间的推移，在西汉晚期，"针刻"迎来了繁盛之世。由于木胎等较铜胎易刻，故漆器之针刻已与青铜之"针刻"截然不同。除此之外，针刻之工艺的引入与发展还为日后的"戗金"工艺奠定了坚实的基础。

a、b 东周漆画残片（山东省博物馆）　　　c 汉之针刻狩猎纹漆奁局部

图4-73　针刻图例

9）锥画

锥画即漆器中的"针刻"之法。以该法成之的工艺，线条纤细，故在"近赏"之时，可观其"质"，其与"远观"所成之"势"截然有别。

10）金镂

金镂亦是唐代之牙雕的装饰技法，即在镂刻的阴线中填金。该法与漆器中的戗金之法类似。

4.3.10　雕漆

据说雕漆始于唐代，其工艺过程如下：首先在胎体上涂抹几十道乃至上百道大漆，待阴干后，再在漆地上雕刻图案[15-17]。雕漆是统称，其下又可细分为不同小类，如剔红、剔黑、剔黄、剔犀与剔彩等。

1）雕漆流派

（1）嘉兴雕漆。嘉兴雕漆是雕漆的流派之一，其以"藏锋清楚，隐起圆滑"为特征，张成、杨茂、黄成与杨明等均属此派。

（2）云南雕漆。云南雕漆是雕漆的另一流派，它与嘉兴流派的雕法不同，以"不藏锋"为风格，从《万历野获编》与《燕闲清赏笺》中均可知云南雕漆的形成与特征。前者记载："元时下大理，选其工匠最高者入禁中。至我国初收为郡县，滇工布满内府，今御用监。供用库诸役，皆其子孙也，其后渐以消灭。嘉靖间，又敕云南拣选送京应用。"从中可知云南雕漆的形成过程。在后者的记载中提及"云南人以此为业，奈用刀不善藏锋，又不磨熟棱角"，从中可知云南雕漆的特点所在。

2）剔红

剔红为雕漆中的一种，其又有"雕红漆"与"红雕漆"之称。剔红是用笼罩漆调银朱，然后在漆骨上逐层涂刷（漆骨即漆胎，金、银、铜、锡、木、竹、皮革、陶瓷等均可为剔红之胎），直到形成一定厚度为止，最后用刀雕刻出花纹的做法（可通过刺、铲、钩等手法运刀）（图4-74）。

a至f 元代剔红

g、h 明代剔红　　　　i至k 清代剔红

图4-74　剔红图例

漆层的厚度取决于涂抹的道数。高濂在《燕闲清赏笺》中言"漆朱三十六遍为足"，但在实际上，所刷之漆的层数远不止于此，有的多达五六十道乃至上百道，可见这剔红之作既费工又废料。

历经唐宋元明清的历练，剔红迎来了其发展的成熟期。唐代之剔红尚处于早期，故形式较后来者简单，即"唐制多印板刻平"；至宋元之时，剔红得到了较好的发展，以"藏锋清楚，隐起圆滑，纤细精致"为特点，元代之张成、杨茂的雕漆便是最好的证明；到了明初，即永乐与宣德年间，依然延续了张成与杨茂之做法，但到了成化与嘉靖年间，其法有所改变，锦地由粗变细，且刻法由"藏锋圆润"转向"刀痕外露"；历经唐宋元明的发展，至清代，剔红又出现了新的变化，即"重刻工而轻磨工"，故此时的剔红图案呈烦琐堆砌之感。

剔红不一定只在木胎上完成，还可选择金胎、银胎、瓷胎、铜胎、布胎、皮胎、竹胎与矾胎等。通过上述可知，剔红的形成极为繁复，故有时需分工合作，即漆工上漆、画工行纹与牙工用刀。

（1）雕红漆。雕红漆即"剔红"。

（2）金银胎剔红。金银胎剔红即以金或银为胎在其上逐层涂漆，而后再进行雕漆的剔红，正如《遵生八笺》（宋人雕红漆器如宫中用盒，多以金银为胎，以朱漆厚堆至数十层，始刻人物楼台花草等象。刀法之工，雕镂之巧，俨若画图）中所提的"宋之金银胎剔红"一般。对于以金银为胎的漆器，在漆层上雕镂图案之时，最好露出金胎或银胎，以达"戗迹露金胎或银胎，文图灿烂分明"之境地。另外，由于金银与木、竹、布、皮等不同，其不会出现干缩湿胀之现象，故在一定程度上缓解了漆面的开裂。

（3）瓷胎剔红。瓷胎剔红即以瓷为胎在其上逐层涂漆，而后再进行雕漆，漆与金银胎一样，均较为稳定。清"瓷胎剔红瓶子"即为瓷胎剔红的案例。

（4）铜胎剔红。铜胎剔红即以铜为胎，在其上逐层涂刷漆料直至一定厚度，待其干燥后再进行雕刻的剔红。

（5）锡胎剔红。锡胎剔红即以锡为胎的剔红。明代的"进狮图剔红盒"即为锡胎剔红的案例。

（6）堆朱。堆朱是日本对剔红的称谓，由于朱漆层之厚度是由一道道生漆为之，日本匠师将此过程视为"堆"之产物，故得"堆朱"之名。对于雕漆而言，元代的张成、杨茂可谓是此方面的名家巨匠。剔红传入日本后，日本将上述二人的名字合并为"杨成"，通过《日本国志》中所载的"江户有杨成者，世以善雕漆隶于官。据称其家法，得自元之张成、杨茂"可知"杨成"之名的源头。此外，剔红的从业人员也因其得名，即"堆朱杨成"。

3）剔黄

剔黄与剔红的做法完全相同，只是将漆料中的银朱以石黄代之。在剔黄中，既可自始至终均以黄漆涂刷直至一定厚度，亦可先以其他颜色之漆逐层涂刷，而后再以黄漆接力直至一定厚度，故剔黄可分为纯黄剔黄与某色地剔黄（诸如红地剔黄）。此外，地子除了"光素无纹"外，还以"锦地"（即在地上做出纹饰图案）示人，故剔黄又出现了某锦地剔黄，如红锦地剔黄（图4-75）。雕黄漆，即剔黄。

图4-75 剔黄图例

4）剔绿

剔绿的做法与剔红、剔黄相同，但在尚存的实物中很难见到通体绿色的剔绿器物。与其他色漆同时出现的还尚存些许实物，如北京故宫博物院藏宣德款"水阁纳凉图圆盒"便是两种色漆并存的案例，其是以绿漆作锦地，虽然绿漆未能作纹饰之用，但不妨也将其作为剔绿的一实例。雕绿漆，即剔绿。

5）剔黑

剔黑即"雕黑漆"（图4-76），有纯黑剔黑与非纯黑剔黑之别。前者是将黑漆堆积至一定厚度，然后进行剔刻花纹，而后者的类别较多，有朱地剔黑、朱锦地剔黑、黄地剔黑、黄锦地剔黑、绿地剔黑与绿锦地剔黑等等。总之，就纯度而言，剔黑有"纯黑"与"非纯黑"之别；就地子有无锦文而言，剔黑又有"纯地"剔黑与"锦地"（如"轻雷纹"与"重雷纹"，均为雕漆中的"锦地"之例）剔黑之分。

a至d 宋代剔黑　　　　　　　　　　　e、f 明代剔黑

图 4-76　剔黑图例

6）剔彩

剔彩是用不同颜色的漆分层涂抹于器物之上（图4-77），为使不同色漆达到一定厚度，每层需涂若干道，而后再进行剔刻。由于在此过程中有不同颜色之漆的共同参与，所以在所成之花纹图案中亦会出现不同漆层的颜色，因此得名"剔彩"。

图 4-77　剔彩图例

剔彩的做法有二，即重彩与堆色。重彩指的是花纹多而地子少的形式，由于地子的面积小，无法在其上进行雕琢，故只能任其光素，即杨明所言"重色者，繁文素地"。而堆色则与重彩相反，其指的是花纹之间所露地子的面积较大，足以在其上剔刻图案以为"锦地"，即杨明所言"堆色者，疏文锦地为常具"。

（1）雕彩漆。雕彩漆即"剔彩"。

（2）重色。重色是剔彩过程中的一种做法，即花纹布满器表，所露"地子"甚少，故无法在其上进行雕琢，使之成为锦地，因此该种情况下的"地子"常是光素无纹的。

（3）堆色。堆色亦是剔彩过程中的做法之一，即在纹饰物象间的地子上进行雕琢，以堆色所成之装饰有五彩斑斓之感。

（4）斜刀取色。斜刀取色是雕漆中的"运刀"方式，采用此法可有事半功倍之效果，即一刀得数色。

7）漆线雕

漆线雕是以桐油与老粉调和，而后搓成线以盘成花纹，待其干后再于其上贴金箔或上金粉。

8）轻雷文

雷纹原为陶器、青铜器之上的图案纹饰，在雕漆中匠师常以之为"锦地"。由于运刀的不同，故雷文出现了轻重之别，轻雷纹即线条细的雷纹。

9）重雷纹

重雷纹与轻雷纹相反，意指线条较粗之雷纹。

10）剔犀

剔犀的历史可追溯至宋代，从宋代银器之上的装饰可知（如变形云纹与香草纹等），剔犀与其关系甚大[18]。剔犀是将两种或两种以上之色漆于器物上有规律地逐层积累（如剔红之类一样，每层均需涂漆若干道，剔犀的厚度与上漆的道数成正比），直至达到一定厚度再用刀剔刻出云钩、回纹、剑环、绦环与重圈等图案（图 4-78）。剔犀所成之图案与剔红等不同[18]，其呈现的是"回转圆婉"之态，故又有"云雕"与"屈轮"之称。

a　　　　b　　　　c　　　　d　　　　e

a 银扣剔犀盒；b 南宋剔犀执镜盒；c 元代张成黑面剔犀盒；d 明代朱面剔犀椭圆盒；e 当代剔犀作品

图 4-78　剔犀图例

由于剔犀在逐层积累漆层的过程中，落漆的顺序有先后之别，故又有黑面（最后一层漆为黑色）与朱面（最后一层漆为朱色）等之分。不仅如此，由于漆层并非一种颜色且厚度不一，故又可产生"红间黑带"与"乌间朱线"等不同的视觉效果。

（1）乌间朱线。乌间朱线是剔犀所成的效果之一，即在黑漆层中夹杂红漆的做法（图 4-79）。

图 4-79　乌间朱线图例

（2）红间黑带。红间黑带与"乌间朱线"一样，亦是剔犀的形式之一，即在红漆层中夹杂黑漆的做法。

（3）云雕。此名因剔犀之花纹多形似卷云而得，是北京文物业对剔犀的叫法。

（4）屈轮。屈轮是日本对于剔犀的称呼。

（5）斜层取色。斜层取色是雕漆中的常用之法，此法可以一刀成就数色之效果，万历之"龙纹剔彩长方盒"便是案例之一。

（6）三色更迭。三色更迭是剔犀中的一种形式，它与"乌间朱线"和"红间黑带"不同，其是三色而为，如江苏常州武进村前南宋墓出土的"剔黑执镜盒"便是"三色更迭"之案例。

4.3.11　犀皮

犀皮又称"虎皮漆""桦木漆""波罗漆"[19]。对于犀皮的理解与诠释，因人而异，如宋人程大昌、明人李烨与明末方以智等对犀皮的理解均各有所异，但无论是哪种诠释，均与实物难以相符（有的犯了牵强附会的错误，有的则与剔犀混为一谈），故将犀皮称为"虎皮漆""桦木漆""波罗漆"等更为合理。犀皮之历史较为悠久，从孙吴墓及宋墓中出土的犀皮制品可知，此工艺在魏晋南北朝时即已存在，至唐宋之时已较为成熟且流行甚广，从唐宋的史料中可印证此说法的真实性，如唐代袁郊《甘泽谣》和宋代的《太平广记》中所提之"犀皮枕"，宋人吴自牧《梦粱录》中的"犀皮铺"与《西湖老人繁盛录》中所提之"犀皮动使"（动使意为家中所用的日常用具）。犀皮有"堆花法"与"压花法"之别。"堆花法"即在漆地上以稠色漆堆起（即以手推起的"小尖"）或刮起（即以带有"齿状"的薄竹条）高低不平的地子，待其干后在其上以不同的色漆髹涂多遍，然后再经磨显即可。《髹饰录解说》中所提之烟袋杆之做法便是堆花法之案例（花纹的形态与"打捻"密不可分）。除此之外，犀皮还可通过"压花法"得之，该法首先需在底漆上髹涂色漆多遍，直至达到一定厚度，趁漆未干之时再以"豆粒"或"石子"等物粘于其上，次日将所粘之物取下，并髹涂多遍色漆以填平凹坑，最后再经磨显即可。由于堆花法中的"打捻"方式或压花法中所用之物的形状有异，故所成之花纹形式截然不同，有片云、圆花与松鳞等之分，花纹虽漫无规律，却有天然流动之势，精美异常，正如瓷器中的"绞胎"与"曜变"一般。

（1）波罗漆。波罗漆即"犀皮"的别称，是南方漆工对"犀皮"的称谓。波罗漆之称号与"菠萝漆"不无关系，由于"菠萝漆"在磨显之后其纹如同削皮之菠萝的肌理，故得"菠萝漆"之称，而"波罗漆"的"肌理式"图案又与"菠萝漆"有类似之处，故以同音不同字称之。

（2）虎皮漆。虎皮漆又名"犀皮"与"波罗漆"，是北京文物行业对犀皮的称谓。虎皮漆之所以又名"波罗漆"，原因在于"虎"与"波罗"同义（在唐代的南诏，人们称"虎"曰"波罗"）。

（3）菠萝漆。菠萝漆之名源于所成之花纹类似削皮后之菠萝的纹理。在菠萝漆的制作中需以下几个步骤配合：一为"起花"之过程，即以石青、石绿、石黄与朱砂等矿石"起花"；二为套髹各色漆料，如黑漆、黄漆与红漆等；三为磨显纹饰。通过上述之言可知，菠萝漆与"犀皮"的制作过程有所类似，只是"起花"之法有所不同：犀皮是以"打捻"之法"起花"，而菠萝漆则是以矿物为之。任何事物均是在发展中存在的，菠萝漆亦不例外，在主观群体没有采用矿石起花之前，其是以"破碎"的"螺钿沙"代之，故菠萝漆又有"破螺漆"之称。

（4）破螺漆。破螺漆又名"菠萝漆"，是以"破碎"的"螺钿沙"起花，而后在其上套髹各色漆料，待干燥后再进行磨平即可。

（5）打捻。打捻即犀皮中的"起花"之法，即以"手"或"薄竹片"在稠漆地上推出"小尖儿"的过程。要想实现犀皮之回转流畅的纹饰，此过程尤为重要。对于手而言，其作为实现工具之一，可随时调节所推之"小尖儿"的位置与方向，故具有灵活、自由与多样之特点；对于"薄竹片"而言，其亦为打捻之工具，为了达到"起花"之效，薄竹条需经特殊处理，即以烧红的铁条将其烙成齿状，而后用此种特制的竹条按照一定的顺序在稠漆地上刮起花纹。通过比较可知，后者之打捻较前者之打捻简单，但需注意竹片的走向，否则会出现纹饰欠缺流畅之过失。

4.3.12　罩漆

罩漆既可作名词之用，亦可为动词之用。罩漆被视为动词时，意为在色糙漆面或各色花纹上罩透明漆的做法。由于物象纹饰被罩于其下，故得名"漆下彩"，又因所罩之纹饰在透明漆下出现了朦胧、深沉与迷离之感，故又得名"隐花""影花""沉花""暗花""隐漆"。

（1）漆下彩。漆下彩即"罩漆"。
（2）隐花。隐花即"罩漆"。
（3）影花。影花即"罩漆"。
（4）沉花。沉花即"罩漆"。
（5）暗花。暗花即"罩漆"。

（6）隐漆。隐漆即"罩漆"。在方以智的《物理小识》（卷八）中记载："漂霞者，隐漆也，先画花而漆之，磨出者也。"从中可知，隐漆即为罩漆的做法之一。

（7）影漆。影漆即"隐漆"。

（8）罩朱髹。罩朱髹即以朱漆为地，上罩透明之罩漆。由于罩漆本身为黄色，故将其罩于朱漆上之后，颜色较之前有所加深，正如《髹饰录》中所言的"明彻紫滑"之效果。

（9）罩黄髹。罩黄髹即以黄漆作地，上罩透明罩漆的过程。罩漆有薄厚之分，由于罩之色与地子之色近似，故在黄地上所罩之漆宜"薄"不宜"厚"。

（10）罩金髹。罩金髹又名"金漆"，即以贴金或泥金作地子，上罩透明之漆的过程，北京故宫博物院乾清宫中的"宝座"以及明代的"雪山大士像"均是罩金髹之案例。①金箔罩漆。金箔罩漆是罩金髹的一种，其是在贴饰金箔的器物之上罩漆的做法。②扫金罩漆。扫金罩漆亦属罩金髹之范畴，它与"金箔罩漆"的区别在于罩漆下之物的不同，其器物上贴饰的是金粉，而非金箔。③笼金漆。笼金漆即"罩金"（在贴金表面罩透明之漆的做法），其是福州对罩金的叫法。④描金罩漆。描金罩漆即在描金之后再施罩漆的做法。若按照漆地的不同颜色，描金罩漆可分为黑糙描金罩漆、赤糙描金罩漆与黄糙描金罩漆等；若按照花纹之上不同形式的纹理，又可分为黑理钩描金罩漆、写意描金罩漆与白描描金罩漆等。⑤黑理钩描金罩漆。黑理钩描金罩漆即在漆地上描画金色花纹（包括上金、贴金与泥金），然后用黑漆勾勒花纹之纹理，最后在上面施以透明的笼罩漆。如地子不同，黑理钩描金罩漆又可细分为"×糙黑理钩描金罩漆"，如赤糙黑理钩描金罩漆、黄糙黑理钩描金罩漆等。⑥写意描金罩漆。该种描金罩漆与黑理钩描金罩漆的区别在于地子上之花纹形式的不同，即描金后的花纹不再以黑漆勾勒纹理。写意描金罩漆与黑理钩描金罩漆一样，还可细分为"×糙写意描金罩漆"。⑦白描描金罩漆。白描是绘画中的方法之一，该种描金罩漆中的花纹是以"线条"为主。白描描金罩漆与上述两种一样，亦可再分解为"×糙白描描金罩漆"。⑧黑糙描金罩漆。黑糙描金罩漆即在黑漆地上进行描金而后再罩透明之笼罩漆的做法。⑨赤糙描金罩漆。赤糙描金罩漆在红漆地上进行描金而后再罩透明之笼罩漆的做法。清初的花卉龙纹大箱便是赤糙描金罩漆的案例之一，即以朱漆为地，再在其上行描金工艺，最后以漆罩之。⑩黄糙描金罩漆。黄糙描金罩漆即在黄漆地上进行描金而后再罩透明之笼罩漆的做法。

（11）描银罩漆。描银罩漆与描金罩漆类似，只是罩漆之下所用的材料有所不同，描银是以银成就花纹的过程。

（12）隐花变涂。隐花变涂又被称为"漆下彩"，即所谓的"罩明"工艺。由于漆面上的图案纹饰可通过不同的工艺为之，故隐花变涂又可分为彩绘隐花、雕刻隐花、剔锡隐花、暗花装饰、仿窑变隐花、撒粉隐花等。

（13）彩绘隐花。彩绘隐花是在彩绘纹饰上进行罩漆的工艺之一，在此过程中，彩绘可以漆为之，亦可以金银为之。

（14）雕刻隐花。以雕刻隐花以雕刻手段实现花纹物象，而后再行罩漆推光的做法，被称为"雕刻隐花"。

（15）剔锡隐花。剔锡隐花是在所贴之锡上进行雕花，而后再行罩漆推光之过程的做法。

（16）暗花装饰。漆器中的暗花装饰与陶瓷中的暗花印纹陶类似，其上之花纹较为不明显，给人以若隐若现之感。

（17）仿窑变隐花。仿窑变隐花是模仿"窑变瓷器"的一种做法。在漆器中，要想实现仿窑变隐花，需要用汽油作为辅助之物（漆遇到汽油会因挥发而弥散），以达天然之感（当汽油接触漆面时，漆面由于弥散而形成高低不平、形状不一的纹饰）。

（18）撒粉隐花。撒粉隐花是在底纹上撒金粉、银粉、螺钿粉、干漆粉等，而后再行罩漆之工艺。

4.3.13 综合类

1）斒斓

斒斓是髹饰工艺中的"综合之法"[4]，即以两种或两种以上之髹饰工艺构成"花纹图案"（意指物象而非地子）的做法，如描金加彩漆、金彩、描金加钿、描金加钿错彩漆、描金散金沙、描金错洒金加钿、金双钩螺钿、金理钩描漆、描漆错钿、金理钩描漆加钿、填漆加钿、填漆加钿金银片、螺钿加金银片、戗金细钩描漆、戗金细钩填漆、雕漆错镂钿、彩油错金泥加钿金银片、彩油错泥金等，均属此类之麾下。

（1）描金加彩漆。描金加彩漆即在同一件器物之上同时施加描金与描漆这两种做法，使得图案纹饰既有描金之特征，又有彩漆之特点。描金加彩漆与"金理钩描漆"略有差异，比起后者，前者的描金范围更广，北京故宫博物院所藏之"明代山水人物大圆盒"（盒径为 53 cm，高 10.5 cm），即为此种做法的案例之一。在该纹饰中，对于彩漆而言，其为黑漆（山石之皴纹、苔点、树木树枝、夹叶、寺观之门窗和檐瓦等，均以黑漆成之）加绿漆（如松树中的松针）；对于描金工艺而言，其出现在盒立墙上的描金云龙纹中。

（2）金彩。金彩即描金加填彩漆的做法，亦可视为《髹饰录》中所言的"嫡斓"，其是福州工匠对勾金填彩的别称。勾金即以金勾描轮廓，填彩则是在轮廓内施加彩绘。

（3）描金加甸。描金加甸是指同一件器物上既采用描金之做法，又采用螺钿之做法，使之同时具有两种形式的物象纹饰，即描金花纹和嵌螺钿花纹。用上述两种工艺组成花纹时，所成之形式有二：一为在一幅物象纹饰中，既包括描金之法，又不排除嵌螺钿之法，如北京故宫博物院中所藏之"职贡图长方盒"（盒长 40 cm，宽 34 cm，高 6.8 cm）即为此法的案例之一；二为上述之两种工艺分布在不同的纹饰之中，如日本东京国立博物馆所藏之"明代栀子纹黑漆盒"（盘心的栀子花以描金为之，而盘边的缠枝花纹则是以嵌螺钿之形式实现）即为该法之案例。

（4）描金加甸错彩漆。描金加甸错彩漆即在一件器物之上施加描金、螺钿与描漆三种做法，使之同时具备三种形式的花纹，即描金纹饰、嵌螺钿纹饰与描漆纹饰。

（5）描金洒金沙。描金洒金沙即在一件器物之上具备描金和洒金两种做法。由于洒金所用之材料为金片或金屑，若直接将其洒于漆面之上，恐难形成连续的物象轮廓，需预先勾勒出纹饰之轮廓，而后在轮廓内进行洒金处理。

（6）描金错洒金加甸。描金错洒金加甸即在同一件器物之上，应用描金、洒金与螺钿三种工艺，使之具有三种形式的花纹，即描金花纹、洒金花纹与嵌螺钿花纹。

（7）金双钩螺钿。双钩即"金理钩"与"划理钩"，金双钩螺钿是以金勾勒螺钿所成之纹饰的轮廓，而后再以"划理"之法对纹饰的纹理或纹路加以修饰。

（8）金理钩描漆。在胎体之上以漆描画花纹，而后用金色勾描花纹之纹理的过程，被称为金理钩描漆。北京故宫博物院所藏之嘉靖双龙纹笔即为金理钩描漆的案例。

（9）彩勾金。彩勾金是扬州对金理钩描漆的称呼。

（10）描漆错甸。描漆错甸即在同一器物上运用描漆与螺钿两种做法实现物象纹饰。

（11）金理钩描漆加甸。金理钩描漆加甸即在一件器物上施加金理钩描漆与螺钿两种工艺。

（12）填漆加甸。填漆加甸即在一件器物之上施用填漆与螺钿两种工艺，其上所嵌之螺钿不仅有厚薄之分，亦有本色与衬色之别，还有镂甸的存在，故填漆加甸可分为填漆加嵌厚螺钿、填漆加嵌薄螺钿、填漆加衬色螺钿与填漆加镂甸。明代戗金细钩填漆龙纹残片即为填漆加甸之案例。

（13）填漆加甸金银片。填漆加甸金银片即在一件器物上既有填漆之法，又有螺钿嵌之，还有金银片附于其上，集三种做法于一器。如细分，填漆加甸金银片还可分为填漆加甸金片、填漆加甸银片。

（14）螺钿加金银片。由于取材不同，名称也有所区别，如螺钿加金片、螺钿加银片与螺钿加金银片。该种做法常以黑漆作地，且螺钿较薄。明代江千里所制之"云龙海水纹螺钿加金银片长方黑漆盒"（盒长13 cm，宽9.7 cm，高6.7 cm，盖高2.4 cm）、清初之"婴戏图方箱"与近代螺钿加金银蟾蜍镇纸等均是此种做法的案例。

（15）戗金细钩描漆。该法是戗金和描漆的结合，即用彩漆在器物上描绘花纹，然后以勾刀在物象上刻画纹理，再将金胶打入纹理之内，待金胶干燥到一定程度，而后再以金箔或金粉"贴"或"上"于金胶之上。利用该法所成之效果与金理钩描漆极为类似，但花纹之上的纹理却有凹凸之分。由于刻画之缘故，戗金细钩描漆之纹理"凹入"漆面，而金理钩描漆之纹理则是"凸起"于漆面之上，清彩漆流云纹鹌鹑笔（其上之云纹以蓝、褐、红、紫、茶等色描绘而出，云纹轮廓及纹理均勾刻后填金）、清四龙戏珠纹帽盒（盒上龙纹以紫、蓝两色漆绘出，全部纹饰的轮廓及其上的纹理均以勾刻填金之法成之）等均属此种做法之案例。

（16）黑彩勾刀。黑彩勾刀即扬州漆工对"戗金细钩描漆"之做法的称谓。

（17）红彩勾刀。红彩勾刀与"黑彩勾刀"一样，均是对"戗金细钩描漆"之做法的称呼，它与黑彩勾刀的区别在于描绘所用之漆为朱色。

（18）戗金细钩填漆。该做法是戗金与填漆的综合之体，即在漆地上剔刻出凹陷的花纹，然后在花纹之内填色漆，直至充满，待干燥后再将所填之处磨平以显露花纹，而后用勾刀在纹饰上刻画出纹路，以便在其内打入金胶，待金胶干燥到一定程度后再以金箔或金粉"贴"或"上"于金胶之上。明代的龙纹大柜残件、北京故宫博物院所藏之花鸟纹四件大柜（其上的填漆包括两个部分：一为以朱漆填之的"锦纹"；二为以彩漆填之的锦纹上的花鸟。除此之外，还有填金部分的存在，其体现在锦纹上的花鸟中，不仅以彩漆填之，而且施加了勾刻填金之法）以及1900年多宝臣先生高仿的宋缂丝紫鸾鹊纹长方盒（该盒不仅采用了戗金细钩填漆之做法，而且采用了戗金细钩描漆之工艺）等，均为戗金细钩填漆之做法的案例。

（19）雕漆错镂甸。该种做法是将雕漆工艺与嵌螺钿工艺合二为一。

雕漆的种类众多，包括剔红、剔黑、剔绿、剔彩与剔犀等，故雕漆错镌甸还可细分为剔红错镌甸、剔黑错镌甸、剔绿错镌甸、剔彩错镌甸与剔犀错镌甸。

（20）彩油错泥金。彩油错泥金是在器物的漆层上同时施加彩油与泥金两种工艺，以成纹饰图案。提及彩油错泥金，其离不开杨埙的改进与发展，据《明皇文则·杨义士传》中记载："宣德间，尝遣人至倭国，传泥金画漆之法以归。埙遂习之，而自出己见，以五色金钿并施，不止如旧法纯用金也，故物色各称，天真烂然。倭人见之，亦龂指称叹，以为不可及。"从中可知，杨埙对这彩油错泥金之法贡献甚大。

（21）彩油错泥金加甸金银片。该法涉及五种形式的花纹，即以彩油绘制纹饰，再加上泥金、螺钿、金片与银片予以配合，此法可谓是彩油错泥金的延续与发展。

2）复饰

复饰亦属髹饰工艺中的"综合之法"，其与斒斓类似，均需涉及两种及两种以上的髹饰工艺，但与其又有所区别。复饰是以一种或一种以上的髹饰工艺为中介，以构成器物之"地子"，再以一种或一种以上之髹饰工艺构成花纹图案的过程，故在此门类中，子类别的名称均以"××地子＋某种髹饰工艺"为标准。对于地子而言，其不止一种，包括洒金地、细斑纹地、锦纹地、罗纹地与绮纹地等；对于纹饰物象而言，其既可以一种髹饰工艺成之，如识文描金、识文描漆、嵌镌螺、隐起描金、隐起描漆与雕漆等，还可以两种或两种以上的髹饰工艺实现，如描金螺钿、金理钩描漆加蚌、金理钩描漆、雕彩错镌螺等。综上可知，复饰工艺包罗甚广，可归类为洒金地诸饰、细斑地诸饰、诸饰、罗纹地诸饰、锦纹戗金地诸饰等，其中的诸饰即图案纹饰的髹饰工艺。但从上述对所成纹饰之工艺的介绍可知，在其中并未出现与刻画（诸如款彩、填与戗划等）相关之工艺。在复饰之中，地子本就与漆面齐平，若再将款彩与戗划等工艺引入其内，不仅会与地子混淆错视，而且会在磨平的过程中有损地子之形。

（1）洒金地诸饰

洒金地诸饰即在洒金的地子上施加其他工艺，以形成纹饰，如金理钩螺钿、描金加甸、金理钩描漆加蚌、金理钩描漆、识文描金、识文描漆、嵌螺钿、雕彩错镌螺、隐起描金、隐起描漆与雕漆等，均可施加于洒金地上。综上可见，在洒金地上，既可以"单一"工艺成之，也可以"两种"或"两种以上"之工艺实现。

① 洒金地金理钩螺钿，即在洒金的地子上嵌螺钿，除此之外，螺钿之上的纹理还以金色勾勒。

② 洒金地描金加甸，即在洒金地上同时施加描金与嵌螺钿之工艺。

③ 洒金地金理钩描漆加蚌，即在洒金地上施加描漆与嵌螺钿之工艺，并在所描与所嵌之花纹上再以金色勾描纹理。

④ 洒金地金理钩描漆，即在洒金地上施加描漆之工艺，而后再以金色勾描所画纹饰之纹理。

⑤ 洒金地识文描金，即在洒金地上施加描金之做法。

⑥ 洒金地识文描漆，即在洒金地上施加描漆之做法。

⑦ 洒金地嵌螺钿，即在洒金地上施加嵌螺钿之做法。

⑧ 洒金地雕彩错镶螺，即在洒金地上施加雕彩漆与镶螺（即镶甸）之工艺。

⑨ 洒金地隐起描金，即在洒金地上施加隐起描金之工艺。

⑩ 洒金地隐起描漆，即在洒金地上施加隐起描漆之工艺。

⑪ 洒金地雕漆，即在洒金地上施加雕漆花纹。

（2）细斑地诸饰

细斑地诸饰即在带花斑的漆地上施加一种或一种以上之纹饰的做法，正如洒金地诸饰一般。该法中的纹饰既可通过单一工艺成之，如识文描漆、识文描金、识文加甸、雕漆、嵌镶螺、隐起描金、隐起描漆与独色戗金等，还可通过综合工艺予以实现，诸如雕彩错镶螺、金理钩嵌蚌、戗金钩描漆等。

① 细斑地识文描漆，即以带花斑的漆作地，而后在其上用描漆之法绘制花纹图案。

② 细斑地识文描金，即在带花斑的漆地上以识文描金之法制成花纹。

③ 细斑地识文加甸，即在带花斑的漆地上以识文与嵌螺钿之工艺构成花纹物象。

④ 细斑地雕漆，即在带花斑的漆地上以雕漆之法构成图案。

⑤ 细斑地嵌镶螺，即在带花斑的漆地上以嵌镶螺之法构成花纹图案。

⑥ 细斑地雕彩错镶螺，即在带花斑的漆地上以雕彩和嵌螺钿之法构成图案。

⑦ 细斑地隐起描金，即在带有花斑的漆地上以隐起描金之法实现纹饰。

⑧ 细斑地隐起描漆，即在带有花斑的漆地上以隐起描漆之法构成图案纹饰。

⑨ 细斑地金理钩嵌蚌，即在带有花斑的漆地上以嵌螺钿之法构成花纹，并用金色勾描花纹之上的纹理。

⑩ 细斑地戗金钩描漆，即在带花斑的漆地上施以戗金钩描漆之法构成纹饰图案。

⑪ 细斑地独色戗金，即在带有花斑纹的漆地上用一种色漆绘制图案纹饰，而后用"戗划填金"之法来处理花纹轮廓及花纹之上的纹理。

（3）绮纹地诸饰

绮纹地诸饰即在绮纹地上施加各种做法以构成花纹图案。它与洒金地与细斑地相同，均可在纹饰上施加一种髹饰工艺，诸如识文描漆、识文描金、雕漆、嵌镌螺、隐起描金、隐起描漆与独色戗金等，还可在其上施加两种或两种以上的髹饰工艺，诸如识文描金加甸、雕彩错镌螺、金理钩嵌蚌、戗金钩描漆等。

① 绮纹地识文描漆，即在绮纹地上施加识文描漆之做法以构成图案纹饰。

② 绮纹地识文描金，即在带绮纹的漆地上以识文描金之法构成纹饰图案。

③ 绮纹地识文描金加甸，即在带绮纹的漆地上以描金加甸之法构成纹饰图案。

④ 绮纹地雕漆，即在绮纹地上以雕漆之法构成图案纹饰。

⑤ 绮纹地嵌镌螺，即在绮纹地上以镌螺之法构成图案纹饰。

⑥ 绮纹地雕彩错镌螺，即在带有绮纹的漆地上施加雕彩错镌螺之法构成图案物象。

⑦ 绮纹地隐起描金，即在带有绮纹的漆地上以隐起描金之法构成纹饰图案。

⑧ 绮纹地隐起描漆，即在带有绮纹的漆地上以隐起描漆之法构成图案物象。

⑨ 绮纹地金理钩嵌蚌，即在绮纹地上以嵌螺钿之法构成纹饰，并在花纹轮廓及纹理处用金色予以勾描。

⑩ 绮纹地戗金钩描漆，即在带有绮纹的漆地上施加戗金细钩描漆之法以成图案。

⑪ 绮纹地独色戗金，即在绮纹漆地上以一种色漆描绘花纹，而后再以"戗划填金"之法来处理花纹的轮廓及其上的纹理。

（4）罗纹地诸饰

罗纹地诸饰即在罗纹地上施加各种做法以构成图案纹饰。它与洒金地诸饰、细斑地诸饰和绮纹地诸饰一样，均可在图案物象上以单一工艺成之，还可以两种或两种以上之工艺实现，前者如揸花漆、识文描金、隐起描金、隐起描漆与雕漆等，后者如金理描漆与划理描漆等。罗纹地亦属"刷迹"一类，对其获得可通过两种方式：一为以毡子打起漆面之法；二为采用刀刻之法成之。

① 罗纹地划理描漆，即在罗纹地上以描漆之法构成图案纹饰，并在其上以刀刻之法处理花纹之上的纹理或纹路。

② 罗纹地金理描漆，即在罗纹地上以描漆之法构成图案纹饰，并在其上以金色勾描花纹之上的纹理或纹路。

③ 罗纹地识文描金，即在罗纹的漆地上以识文描金之法构成花纹。

④ 罗纹地揸花漆，即在罗纹的漆地上以揸花漆之法构成花纹。

⑤ 罗纹地隐起描金，即在罗纹的漆地上以隐起描金之法构成花纹。

⑥ 罗纹地隐起描漆，即在罗纹的漆地上以隐起描漆之法构成花纹。

⑦ 罗纹地雕漆，即在罗纹的漆地上以雕漆之法构成花纹或物象。

（5）锦纹戗金地诸饰

以刀刻出锦纹并于锦纹内填金，而后在此种漆地上施加各种做法，以构成主题图案纹饰的过程，被称为"锦纹戗金地诸饰"。锦纹戗金地诸饰与洒金地诸饰、细斑地诸饰、罗纹地诸饰一样，均可在地子上施加一种髹饰工艺以成纹饰图案，又可采用两种或两种以上的髹饰工艺成就物象。

① 锦纹戗金地嵌镙螺，即在锦纹戗金地上施加嵌镙螺以构成图案纹饰。

② 锦纹戗金地雕彩错镙甸，即在锦纹戗金地上施加雕彩错镙甸之做法以构成图案纹饰（镙甸即镙螺）。

③ 锦纹戗金地识文划理描漆，即在锦纹戗金地上施加识文划理描漆之法构成花纹。识文划理描漆既可通过"合漆写起"之法得到（即将色料调入漆内，而后用此混合物堆漆花纹，再以划理之法处理花纹之上的纹理），也可通过"色料擦抹"之法实现（即用漆堆漆花纹，趁所堆之花纹未干之时将色料粉末黏附其上，而后再以划理之法处理花纹之上的纹理或纹路）。

④ 锦纹戗金地识文金理描漆，同锦纹戗金地识文划理描漆一样，只是花纹之上纹理的处理方式不同，该法是以金色勾描花纹之上的纹理或纹路。除了勾描之外，花纹上的金色还要通过贴金箔或上金粉来完成。

⑤ 锦纹戗金地识文描金，即在锦纹戗金地上施以识文描金之法构成花纹。

⑥ 锦纹戗金地揸花漆，即在锦纹戗金地上以 揸花漆之法构成图案纹饰。

⑦ 锦纹戗金地隐起描金，即在锦纹戗金地上以隐起描金之法构成图案纹饰。

⑧ 锦纹戗金地隐起描漆，即在锦纹戗金地上以隐起描漆之法构成图案纹饰。

⑨ 锦纹戗金地雕漆，即在锦纹戗金地上以雕漆之法构成图案纹饰。雕漆的种类不一，包括剔红、剔黑、剔绿、剔彩与剔犀，故锦纹戗金地雕漆又可分为锦纹戗金地剔红、锦纹戗金地剔黑、锦纹戗金地剔绿、锦纹戗金地剔彩与锦纹戗金地剔犀。

3）纹间

纹间即填嵌类与戗划、款刻类之做法的结合，戗金间犀皮、款彩间犀皮、嵌蚌间填漆、填漆间螺钿、填蚌间戗金、嵌金间螺钿、嵌金间沙蚌等均属此类。从上述的分类可知，无论是哪种形式的纹间，均采取的是"阴中阴"与"阴刻文图，而陷众色"之做法，利用该技法所成之纹饰与漆地几乎相平。既然是两种工艺的配合使用，必然会产生主次之分，纹间亦不例外。从名称中可知，"间"前面的工艺是构成花纹的主力，而其后面的工艺则位列从属之中。除此之外，通过上述的组合可知，纹间是以不同之髹饰工艺的"共性"为桥梁来实现"个性化"的显现，如"磨显花纹"、与漆面齐平即为"共性"与"共相"之所在。

（1）戗金间犀皮。该法是将戗金与犀皮同时施于一件器物之上，以戗金构成纹饰图案，用犀皮作地子，即杨明所言之"其间有磨斑者"。犀皮地子的做法可通过三种方式实现：一为堆花者（即"打捻"—填漆—磨显之过程）；二为压花者（即通过外物压出所想之图案，而后再填漆磨显的过程）；三为"攒犀"者（即用钻钻在漆面上钻出密布的小眼儿）。

（2）款彩间犀皮。该法与戗金间犀皮一样，只是花纹以款彩之法成之。

（3）嵌蚌间填漆。该法是嵌螺钿与填漆之法的结合，器物之上的花纹以嵌螺钿成之，而花纹下的锦纹则以填漆之法成之。

（4）填蚌间戗金。该法是用螺钿作为主题花纹嵌入漆面，而花纹之间的漆地以戗金完成。

（5）嵌金间螺钿。该法中的主题纹饰以嵌金之法完成，而锦地则以嵌螺钿之法实现。

（6）嵌金间沙蚌。该法以嵌壳屑之法为锦地，而后再以嵌金之法制成花纹。

4.3.14 其他类

1）刷丝类

（1）刷丝。刷丝即刷子刷出来的细纹，以"纤细分明"为佳，正如杨明所言："如机上经缕为佳。"刷丝产生在䤾漆的过程中，该痕迹是人为所致，而非过失之举。

（2）绮纹刷丝。绮纹刷丝与刷丝之别在于形态，前者属"曲纹类"，而后者属"直线类"。绮纹刷丝的变化多，包括流水、洞澬、连山、波叠、云石皴、尤蛇鳞等。从前述之名称中可感知绮纹刷丝之回婉流动的态势。

（3）假色漆刷丝。假色漆刷丝即在黑漆刷丝上擦一层色漆，乍看时，给人以借色漆成刷丝的感觉，随着时间的流逝，色漆脱落，方能看见黑漆刷丝的身影。

（4）刻丝花。刻丝花为刷迹的一种，该种刷迹不同于绮纹刷丝，前者的地子与花纹的颜色有别，呈现缂丝般的效果，后者的地子之色与花纹之色无差异。

2）磨绘类

（1）研绘。研绘即所成之纹饰物象需要打磨的彩绘工艺。由于在打磨之前，所成之纹饰既可采用"填"之形式成之，亦可使用"撒"之形式实现，故研绘又有"撒粉研绘"与"填彩研绘"之别。

（2）撒粉研绘。撒粉研绘是在金粉、银粉、螺钿粉、蛋壳粉、干漆粉与闪光粉等之上进行色漆的描绘，而后再磨显出纹的研绘工艺。在撒粉研绘中离不开以下步骤的参与，即印稿、描线、撒粉（撒粉过程中的关键步骤是"粉固"，若此步骤出现失误，那么随后程序将会受到影响）、彩绘、罩漆、研磨、抛光与擦漆。

（3）填彩研绘。填彩研绘之实现过程与撒粉研绘类似，只是撒粉研绘需先以金粉、银粉、干漆粉、螺钿粉、蛋壳粉与闪光粉等为基础，在其上进行彩色绘制，而填彩研绘则无需以"粉"打底。

（4）罩漆磨绘。罩漆磨绘与填漆磨绘类似，只是填漆磨绘所涂之漆为彩色，而罩漆磨绘所罩之漆为透明。

（5）钿沙磨绘。钿沙磨绘即在底漆上撒钿沙以成物象，而后再以透明漆固粉，待钿沙牢固地粘于漆面上时，再以透明漆罩之，待漆阴干之后，最后再行磨显之过程。

（6）干漆粉磨绘。干漆粉磨绘与钿沙磨绘类似，只是所用之粉有所不同，钿沙磨绘所用之粉是钿沙，而干漆粉磨绘所用之粉为干漆粉。

（7）金属丸粉磨绘。金属丸粉磨绘即在漆面上撒金粉、银粉，而后再磨显物象纹理的方式。

3）堆饰类

（1）堆红。堆红可看作仿制剔红的一种做法[4-5]，即将漆灰堆起至一定厚度，以效仿剔红逐层刷涂的效果，然后用刀在堆起的漆灰上进行雕刻，最后再通体刷涂朱漆，以模仿剔红的最终效果，即所谓的"刀刻堆红"，三螭纹堆红盒（多宝臣先生于1950年制，在盒面用漆灰堆起8 mm左右的厚度，待干燥后再于其上进行雕刻，最后以朱漆罩于其上）便是案例之一（图4-80）。除了上述之做法外，堆红还有两种制造方式：一是在木胎上直接雕刻花纹，然后上罩朱漆即可（该法类似于殷商时期之"镰仓雕"），即所谓的"木胎堆红"；二是利用漆冻翻印花纹之法，即将漆冻子敷着在器物之上，而后用模子套印花纹图案（在漆冻子上翻印图案纹饰，并非所有纹饰均可翻印，其适合图案"较为平浅"者，故用此法所成之堆红颇有"印板刻平"之感），最后在其上罩附朱漆，即所谓的"脱印堆红"。堆红虽不如剔红考究，但其可成为"大众化"消费的理想替代品。

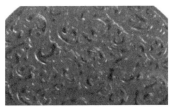

a、b近代多宝臣三螭纹堆红盒

图4-80　堆红图例

（2）罩红。罩红即"罩朱漆"，又名"堆红"，在前者《髹饰录》与《格古要论》中均有对"罩红"的提及。前者曰："堆红，一名罩红。"后者曰："假剔红用灰团起，外用朱漆漆之，故曰堆红，但作剑环及香草者多，不甚值钱，又曰罩红，今云南大理府多有之。"从中可知，罩红实则为剔红的模仿者。

（3）镰仓雕。镰仓雕是日本对先"雕"后"涂刷"朱漆的叫法。在镰仓时期（1185—1333年），宋之雕漆经明州（今之宁波）传入日本，日本工匠并未效仿先逐层涂漆至一定厚度而后再行雕刻的做法，而是在木胎上直接髹黑漆。该种做法与商代先雕后髹朱漆的做法类似，由于是在镰仓（镰仓位于日本神奈川县东南部，其是临近相模湾的城市）时期产生，故有"镰仓雕"之称。

（4）印锦。印锦是利用漆冻子翻印花纹的做法。在堆红中，匠师常以此法效仿剔红，即将漆冻子敷于器物之上，而后以模子套印花纹，最后在上面罩朱漆的过程，其中的"套印花纹"便是"印锦"之法。

（5）堆彩。堆彩与堆红一样，均是为了模仿某种工艺而产生。堆彩是仿制剔彩的一种手段，故又名"假雕彩"，其做法有二：一是利用"漆灰"堆起至一定厚度，待干后再于其上进行雕刻，最后将各种色漆按需求罩于其上，即所谓的"刀刻堆彩"。二是利用"漆冻子"来完成堆彩之法。第二种做法又通过两种方式来实现：一为采用不同颜色的冻子敷于器表之上，然后用垢子的尖端印画纹饰图案（由于冻子本身颜色不一，故无需以色漆罩之）；二是将纯色的冻子敷于器表之上，然后用模子套印出花纹，最后以不同颜色罩之。

（6）堆绘。堆绘即堆漆与彩绘相结合之工艺。

4）印花

印花是成就漆器图案物象的一种方式，即先用带有图案的"印模"蘸色漆，而后将其翻印到器表之上。西汉中期之"彩绘凤鸟纹漆耳杯"（湖北省荆州博物馆所藏，高 4.2 cm，口长 14.6 cm）上的"同心圆"纹，极有可能就是采用了印花之法，该法与青铜的"模印制范"、瓷器中的"拍印"、漆器中的"堆红"与"堆彩"等类似，均含有"标准化"与"批量化"之思想。

5）洋漆

洋漆即"倭漆"或"仿倭漆"，其是于黑漆地、红漆地或金漆地上行描金之法，诸如隋赫德所进贡的"仿洋漆万国来朝万寿围屏""仿洋漆填香炕椅靠背""仿洋漆云台香几""仿洋漆百步灯"等，均为此法之案例。

6）密陀绘

密陀绘与密陀僧息息相关，其是在油中加入氧化铅的油饰工艺，藏于日本正仓院中的"彩描花鸟纹箱"即为密陀绘的案例之一。密陀绘的形式有二：一为将密陀僧入油在漆地上绘制纹饰；二为在漆地上绘制图案花纹后再将密陀油涂覆其上。

7）广漆家具

广漆作为油漆的主要品种之一，是天然生漆（如含水量过高，可酌量减之）与熟桐油（将桐油浸泡在生漆绞滤后的余渣中，然后熬制而成）的混合物，呈半透明状，其颜色的深浅取决于漆量的多少，从紫褐色至紫红色均有。同为漆家具，广漆家具与大漆家具却截然不同：首先，广漆隶属单漆之范畴，可直接在家具上髹涂（有一道和二道之别），既不需批灰，也无需髹生底漆，而大漆家具需要用麻、布、纸与灰粉搅拌后作打底之用；其次，广漆家具的木纹尚可观察到，而大漆家具一般看不到木纹。

8）推光漆器

山西平遥对于推光漆的制作久负盛名，其比阳泉之描金的历史还要悠久。时至清代，商号的不断增多为推光漆的发展提供了充分的营养。经过推光、抛光之后的器物，在视觉效果上给人以丰满、莹洁之感（图4-81）。

图 4-81　推光图例

9）油饰

油饰与漆饰的区别在于髤漆，油饰之髤漆过程不以"漆"为之，而是以调色的"油"刷饰，如荏油、麻油、胡桃油与桐油等。以油调色较漆丰富，其可调出漆无法实现之颜色，如山西大同石家寨北魏司马金龙墓中的"木板屏风"即为油饰的案例之一。上述之例是油饰中的"描油"，除了此种做法，还可在油中加入氧化铅，此种以密陀僧（即氧化铅）入油完成的描饰之法被称为"密陀绘"。

10）蓓蕾漆

蓓蕾是南方俗语，意为"小疙瘩"，类似金银器中的"鱼子纹"，将之引入漆艺之中，意在形容漆面的不光滑。该种漆面上的小颗粒是有意为之，并非操作失误所致。为了与平滑的漆面相区别，匠师将这种附有"小颗粒"的漆面称为"蓓蕾漆"（图 4-82）。蓓蕾漆是"绞漆变涂"的做法之一。另外，根据纹理形态的差别，可将蓓蕾漆分为秾花（颗粒致密者）、沦漪、海石皴（颗粒较大者）等类型。

图 4-82　蓓蕾漆图例

11）仿彩

仿彩是以各式工艺模仿其他器物之材质的髹饰技法。

12）仿古

仿古是模仿古代器物特征的做法。

13）玉眼木纹

玉眼木纹工艺是为了突出木纹而采用的一种特殊涂饰工艺。玉眼木纹是将填充料（诸如老粉与腻子等）填充于木材的管孔之中，从而使得纹理与其他部位的颜色形成反差（如淡色的眼子与深色的木材，即"淡眼子深色"，或是深色的眼子与淡色的木材，即"深眼子淡色"，均可达到"反差"之效果），以达到显露木纹的目的。起初，用以填充管孔、鬃眼的老粉或腻子多为"玉白色"或"象牙色"，这两种颜色与玉之色很是类似，故得"玉眼"之名。

14）模拟木纹

模拟木纹是匠师模拟特殊材质之纹理的做法。在模拟木纹时，需历经刷涂底漆、绘制木纹、刷虫胶漆或刷涂广漆的步骤：刷涂底漆或刷涂广漆要求涂料对基材的遮盖能力较强，但涂料必须与所要模拟之木材的颜色一致；绘制木纹需注意"水色"与"油色"的绘制与刷涂，水色是用以绘制树心、年轮与鬃眼（鬃眼的绘制并非以笔完成，而是以"掸刷"用水色颜料刷成），而油色则是将与木纹颜色相同的油刷于饰面之上，在这一过程中需注意膜层要"薄"且"均匀"；刷涂虫胶漆或刷涂广漆需注意局部木纹是否尚存，若存在，可按需求调配各种漆色以行修补之用。中国艺术家具的诞生离不开工具的辅助，模拟木纹亦不例外，在此期间，所用之工具包括锯齿状的"橡皮刮刷"、剪有缺口的"橡皮掸刷"、油印刷、羊毛笔、竹片劈成的"竹丝掸刷"和薄橡皮掸刷等。模拟木纹因有用漆量多少之分，故所成之效果也不尽相同。

15）珐琅类

（1）古月轩。胡轩即"珐琅彩"，其是民间对于珐琅彩的称呼。

（2）錾刻珐琅。錾刻珐琅是一种较为罕见的工艺，即在錾刻的花纹中填充珐琅料。该工艺常与"透明珐琅"（又称"烧蓝"）并用，其亦为西方之装饰技法，在清初之时进入中国。

（3）画珐琅。画珐琅与前两者均不相同，其是以铜胎或金胎为载体，在其上涂珐琅料作地，之后进行焙烧，焙烧后再用珐琅料绘制图案于胎体之上，最后再进行焙烧，该装饰亦是"西风东渐"之结果。在清初之时，此种技法被引入中国艺术范畴之列。画珐琅历经康熙年间与雍正年间的实践，在乾隆年间已然呈现极盛之状态，不仅如此，这外来之艺术已被附有浓郁的中国风（图4-83）。

a 清乾隆年间金胎画珐琅带扣；b 清中期铜胎画珐琅挂屏；c 清代嵌画珐琅云龙纹多宝阁；d 清中期挂屏

图4-83　画珐琅图例

（4）掐丝珐琅。掐丝珐琅本是阿拉伯等西方国家之传统工艺，于元代之时被传入中国，至明代该工艺之作品被大量生产，而后发展为中国艺术之列。掐丝珐琅又称"景泰蓝"，其工艺过程大致需历经制胎（以铜胎为主，也有少量金银胎的存在）、掐丝（用铜丝或金丝做出所需之花纹图案）、焊接（将花纹图案焊接于胎体之上）、点蓝（将珐琅彩填于花纹之内）、烧蓝（焙烧珐琅彩）、磨光与镀金（在铜丝上做描金处理）七大步骤方可完成。由于掐丝珐琅之色彩过于明艳，图案纹饰也较为繁密，故明人认为，其只能"妇人闺阁中用，非士大夫文房清玩"。在中国当代艺术家具中，传统家具行业（如深发家具有限公司）已将水墨画嫁接入内，故为掐丝珐琅增添了一抹清淡之色。

（5）透明珐琅。透明珐琅又称"烧蓝"，其与画珐琅一样，同是清初时传入中国。画珐琅在传入中国后，国之匠人已将"铜胎"换为"瓷胎"，即在瓷胎上作画。而透明珐琅依然是以"铜"为胎，在施釉前需在铜胎或银胎上辅以锤花、錾花、贴金银片（錾花后贴金银片）或釉上描金等技法。由于透明珐琅所施之釉色鲜亮，再加之辅助技法的参与，故透明珐琅多显华丽之色（图4-84）。

a、b 清代錾胎透明珐琅面盆（北京故宫博物院）

图 4-84　透明珐琅

16）古彩

古彩即瓷器中的"五彩"。

17）模印制范

模印制范即青铜器装饰的技法之一。模印制范出现在春秋战国时期，随着礼乐制度的瓦解，不仅青铜器的主要拥有群体发生了变化，即从原来的王室及王室臣属转移至诸侯及卿大夫之中，而且其身份与角色亦出现了新的动向，即逐渐走下庙堂，与生活逐渐拉近。此时，无论是商代还是周代的青铜造型或装饰已无法满足人们将其融入生活的需求，故新造型、新技艺与新装饰层出不穷，模印制范便是其中一例。模印制范是在铸造青铜之时，趁着陶范未干，以雕刻精细的小花板在其上反复压印出连续的物象纹饰。藏于河南博物院的战国中期"错金银青铜方罍"上之"蟠螭纹"，即模印制范所为之物象。技术的创新并非偶然，其与工具的进步关系密切。中国艺术家具不仅是一部哲学史、书法史、绘画史、文学史、艺术史、材料史与技术史，而且是一部工具史，模印制范的出现便是铁器时代来临的见证。

18）失蜡法

失蜡法为春秋战国时期所创（图4-85），该法可使青铜之上的雕刻纹饰显得更为玲珑剔透，如湖北曾侯乙墓中出土的尊盘、河南淅川下寺楚墓中的铜禁等均是失蜡法之案例。该法需历经两次翻模，首先以"蜂蜡"制成内膜，而后将泥浆敷抹其上，以制成外范，待干燥后还需历经高温焙烧之过程，蜡模在高温的作用下，由预先设置在外范上的空洞排出，然后再将铜液注入其中，待其冷却后剥去外范，即可得与蜡模完全一样的铸件。青铜也属于中国当代艺术家具之用材的范畴，其既可单独成件，构成中国当代艺术家具，亦可与其他材料配合使用，形成中国当代艺术之家具，故将此经典方法踵事增华、推陈出新是延续中国文化与艺术的最直接表达。

图4-85　失蜡法图例

19）錾刻

錾刻为中国之传统技艺用于（用于碑碣等之上），后将其引入金银器的装饰之中，即以凿子为器，在金银器之表面上凿刻图案纹饰，所凿之纹饰是极为纤细的阴线（图4-86）。

图4-86　錾刻图例

20）钑花

钑花即"錾刻"，是中国传统装饰技法之一，亦是碑碣、金银器等物之上的常用工艺。

21）捶揲

捶揲是诸如金银、青铜等材料的制作工艺之一，是利用锤子等物打出器物之形或装饰的做法，如甘肃礼县出土之西周晚期的棺木金饰片即锤揲之案例（该金饰片体形硕大，无论是成型，还是装饰，皆以锤揲之法成之，形象甚为生动，凹凸明显，犹如铸造之器，由此可见西周之金器的制造水平）。

22）鎏金

鎏金工艺常见于青铜器之上，但银器之上也偶有出现，如在战国时期就有银器鎏金之实例的存在。首先用金箔与水银混合，然后将混合之物加热至液态，并呈金泥之状，而后将之涂附于金属器物之表面，历经烘烤之后，水银随之挥发，剩下之金便固着于器物表面。施此工艺后，器物表面金光灿烂，无比辉煌。鎏金需要载体，在古时，其常以铜银等金属为载体，但在当下，或许除了银铜等外，还可以"木材"为之。若能将木材学中对于"生物质"的开发与利用引入中国当代艺术家具的工艺之中，可谓是跨界设计在"技法方面"的彰显。无论是以"物理法"实现的木材/金箔复合物，还是以"化学法"成就的木材/金箔复合物，均是鎏金工艺与时俱进的见证。

23）金涂

金涂为鎏金中的一种，即通体鎏金之方式（图4-87）。

a、b 汉代鎏金青铜尊　　　　c、d 隋代鎏金铜佛像

图4-87　金涂图例

24）金银花器

金银花器也是鎏金技法中的一种，它与"金涂"的不同之处便在于所鎏之部位的差异，前者并非通身鎏金，而是在局部进行鎏金（图4-88）。

a、b 辽代鹿纹金花银皮囊壶　　c、d 春秋战国时期龙凤纹金银花盘

图4-88　金银花器图例

25）黄涂

黄涂即在铜扣上鎏金的做法（即鎏金铜扣）。

26）套料

套料是玻璃的装饰方法之一，它是在康熙年间被发明出来的，即在玻璃上粘贴异色玻璃，通常以套一彩为主，偶尔也有兼施二彩的做法。清代，北京的套料颇负盛名，如辛家、勒家与袁家等，均以制作"套料鼻烟壶"著称。

27）漆背

漆背与金背、银背一样，只是将铜胎上的覆盖物以"漆"髹之，如唐代的漆背嵌螺钿镜即为案例之一。

28）结条

结条即以贵金属丝（金丝或银丝）编结成器的技法（图4-89）。

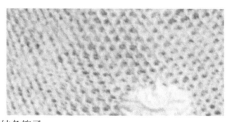

a、b唐代金花银结条笼子

图4-89　结条图例

29）乾隆工

乾隆工意指乾隆年间最好的紫檀工。对于紫檀的利用主要集中于清代，由于清代之采光较明代好，故此时紫檀无论是在"工"的方面，还是在"美"的方面，均被展现得淋漓尽致。

30）平镶

装板与器物边框平齐的做法被称为平镶（图4-90）。

图4-90　平镶图例

31）贴黄

贴黄又有"竹黄""翻黄""文竹"等之称（图4-91）。贴黄类似薄木贴面之工艺，但要较之复杂百倍，首先需截取竹筒内壁的淡黄色表层，将之煮后再压，以求平整之效果，而后再翻转过来粘贴在木胎之上。贴饰完毕后，既可在其上进行镂刻，又可任其光素，以显质朴之气。贴黄工艺虽产生较晚，但流行的速度并不滞后，因贴黄工艺而闻名的地区甚多，如上海嘉定、浙江黄岩、湖南邵阳、四川江安与福建上杭等地均是清中期以来较为著名的"贴黄"之地。

a、b清代贴黄仿攒竹笔筒（北京故宫博物院）

图4-91　贴黄图例

32）平莳绘

平莳绘即日本漆工对纹饰图案与漆面齐平之髹饰工艺的称谓。莳绘三十帖子箱（现藏于日本京都仁和寺，该箱是日本最早的莳绘作品，成于919年，唐代风格极浓）、百合禽莳绘螺钿盒、樱花山鹊莳绘砚箱等，均是日本之平莳绘的案例。由于日本尤为精通该种技法之漆器的制作，故其常成为漆工模仿的典范，如杨埙、方信川（据《遵生八笺》中记载可知，其效仿的"砂金倭盒"与日之原版如同一物）、蒋回回（据《遵生八笺》与方以智的《通雅》可知，蒋回回也善仿倭漆）等人，均善仿制日本的此种漆器形式。

33）烫画

烫画又名"烙画"。烫画工艺是以电烙铁或者自制的钢筋钩子（大约6 mm）在木面上烫出或烙出物象纹饰的方法。在烫烙时，需准备两种烫画工具：一是可在具备电源处操作的工具；二是在无电源处使用的工具。在烫画工艺中需注意以下两点：一是基地的处理，在烫画之前，需将底坯打磨光滑，且将其上的钉眼等缺陷刮批平整，而后再进行磨光；二是在烫画中需注意"勾勒"（其是烫画的关键步骤，即用烙铁在物面上进行勾勒纹饰的过程）之"度"，需快慢得当、转折相宜。

34）扣

扣即用金属片包镶器物边缘，所用包镶之物可为金，也可为银或铜。金扣如中国国家博物馆所藏之隋金扣白玉杯，银扣如安徽博物院所藏之汉双层彩绘金银平脱奁与常州博物馆所藏之南宋人物花卉纹朱漆戗金莲瓣式奁，铜扣如明晚期黑地斑纹漆镶铜编竹丝轿箱与清水仙纹黑漆描金奁胎等。扣器起源较早，可追溯至战国时期，其应用范围较广，除了漆器，还为瓷器与玉器领域所青睐。通过尚存之实物可知，扣之目的不仅限于装饰，还有实用功能，如其可遮掩因"覆烧法"而成之瓷器的

"毛涩"之病（由于在烧制的过程中需将器物倒置，故在瓷器的口沿处会出现毛涩之现象）。

35）薄料髹涂

薄料髹涂即将所髹之料薄薄地拍打在胎骨之上的髹饰技法。

（1）薄料。薄料即"薄料髹涂"。

（2）薄料彩涂。薄料彩涂即"薄料髹涂"。

4.4 工艺过失术语

4.4.1 原料制备

（1）油头轻。在炼制广漆的过程中，所加之坯油的量少，俗称"油头轻"。

（2）漆头重。与油头轻相反，漆头重即在炼制广漆的过程中所加之生漆的量多。

（3）带黄。该现象是由桐油炼制过焦所致，由于所炼之色为黄，故以"带黄"称之。

4.4.2 地仗形成过程

（1）错缝。错缝是制作底胎所犯的过失之一，该过失常出现在胎体上糊裹纸、皮等物的过程中。由于对所需之料的尺寸丈量有误，故造成了搭接处之接口留有缝隙的现象。若在操作过程中出现了"错缝"[16-17]，不仅会使所裹之物易脱落，而且会影响胎体的坚固性。

（2）出鸡爪儿。此现象是在压布灰这一步骤中出现的过失之举。家具在刮灰后受到风吹或日晒，以致出现了形似龟背或鸡爪的裂纹，该裂纹即"出鸡爪儿"之现象。

（3）糠。糠是形容腻子松散之说法。

（4）漆漏燥。因器物胎体之上糊裹的纸衣不够厚，以致纸层之上的漆料出现渗漏，匠师将此种现象称为"漆漏燥"。

（5）浮脱。该现象是由胎骨上所裹之物的松紧度不一致所致，包裹松的地方会出现"浮脱"的现象，浮脱一旦出现，对胎骨的坚实度以及之后的操作步骤定会产生不良的影响。要使所裹之物能紧实地粘贴于胎骨之上，所裹之处的松紧度必须一致。

（6）窝浆。窝浆是布漆过程中所出现的过失行为。由于胎体与其上之麻布（或小绸子等）未黏合紧实，其间产生了气泡或存留有多余的漆料，匠师将该过失称为"窝浆"。该现象会导致糊裹于胎体上的织物与胎体分离。

（7）松脆。松脆是垸漆中所出现的过失，是由灰多而漆少所致。

（8）高低。高低是垸漆（丸漆）中所出现的过失，即刷子所蘸之漆灰忽多忽少，致使器物的表面无法达到齐平之感。

（9）浮起。该过失出现于布漆的过程中。浮起与裹衣中的"浮脱"类似，即器物上所贴之物（织物）的松紧度不一，致使日后出现了"浮起"之现象。

（10）瘦陷。该过失出现于"捎当"的过程中，即胎骨缝隙与接口处所填的法漆出现了"凹陷"的现象。

4.4.3　麄漆

（1）冰解。冰解是麄漆过程中所出现的一种过失[4]。漆器在阴干置放的过程中出现了不当之操作，致使漆料流向低处并聚于一处所产生之现象。为了避免冰解现象的产生，需在漆器放入荫室"阴干"之时采取正确的放置方向，既不能长时间"正放"，亦不能长时间"倒放"，需在"正放"与"倒放"之间来回反复。

（2）泪痕。在麄漆的过程中，由于漆液较稀，在刷涂的过程中出现了不均匀的现象，该现象即"泪痕"。

（3）皱皵。皱皵也是麄漆过程中所出现的过失之一。该现象是由所调之漆过稠所致，而这些稠漆最聚集的地方便是器物的棱与缝之处，如隧棱、山棱、内壁与龈际等，若稠漆聚集于前述所言之外，便会形成皱皵之过。

（4）颣点。颣点是麄漆之过。由于漆面之上沾染了灰尘与细毛等物，漆面出现了小颗粒感，该现象被称为"颣点"。除了麄漆过程中会出现"颣点"，在糊裹胎体的时候也可出现，如用纸替代布或皮之时，若所用之纸不光滑，便会有"颣点"的产生。

（5）流挂。流挂是漆液刷涂不当或漆液过多所导致的流痕现象。任何现象的形成都有其原因，流挂亦不例外，造成流挂之过失的原因有以下几点：一为漆液刷涂不均匀，在髹刷漆层时应注意刷涂的方向与顺序，若操作不当即会出现流挂之病；二为漆液的稠度不当，在调配漆液时应注意漆液的稀稠度，过稀或过稠均会导致流挂之过；三为在漆器阴干的过程中，并未及时行"反复"之步骤，即未及时将阴干之器进行"正放置"与"倒放置"的交替。

（6）漆偏。漆偏是运漆不匀所产生之毛病。

（7）发笑。发笑又名"缩漆"，即因漆膜破坏而露出底层的现象。造成"缩漆"之过的原因可能有以下几点：一为底层过于光滑，故在其上所髹之漆的附着力极为不强，出现"缩漆"之现象实为必然之事；二为髹刷选择不当；三为底层沾染了影响漆之附着力的物质，如油污、汗渍与蜡质等。

4.4.4　揩磨抛光

（1）抓痕。该现象是因揩磨而出现的"不平整"之状态，由于其状似爪抓出之痕迹，故得"抓痕"之名。抓痕为揩磨的五过之一。

（2）棱角。棱角亦是揩磨过程中所出现的过失，是由未能把握好揩磨之尺度所致。

（3）毛孔。毛孔又名"鬃眼"。毛孔的形成源于两种情况：一是漆液渗入灰孔后在漆膜上形成了小孔；二是由漆中的含水率过多所致，这些多余的水分子会形成数量众多的水点子（即气泡），待漆干后，这些水点子就如同皮肤上粗大的毛孔，造成表面不平。

（4）露垸。在磨光的过程中用力过猛，以致抹掉了糙漆层而露出了下面之垸漆，该种过失容易发生在棱角高起之处，如觚棱、方角、平棱与圆棱等。

（5）抓痕。抓痕也是揩磨过程中的过失，即在"磨退"的过程中用力过猛或磨石带有砂粒，以致漆面出现了擦伤。

（6）不明。不明即在揩光过程中所产生的过失，即因揩光上漆的次数不够而导致的明亮程度欠佳。

（7）霉黣。霉黣是炼制退光漆过程中所出现的弊病。由于未能把握尺度，炼制失衡，如将此种生漆敷涂于器物之上则会出现霉暗斑点之状，该霉暗斑点就是霉黣之过。

4.4.5　成纹

（1）刷痕。刷痕与刷迹不同，前者为过失之操作，而后者是为了营造特殊纹理的人为之举，如绮纹刷丝、刻丝花与蓓蕾漆等均是刷迹所致。但对于刷痕而言，其并非人为所行的一种有意之举，而是由刷过硬、漆过稠或杂质（漆面、刷与漆中均有可能夹杂杂质）所致。

（2）节缩。节缩是制造刷迹时所出现的过失之一，即所成之纹饰毫无流畅圆活之意，仅如孑孓般短小（孑孓是蚊子的幼虫，也称"虾"）。

（3）迷糊。迷糊亦是刷迹中的过失之一。该过失的出现是由漆不够稠、刷子之硬度不适所致，会导致刷迹呈不清晰之感，这"不清晰"之感便是"模糊"之过，其与"纤细分明为妙"恰好相反（刷丝以"纤细分明为妙"）。

（4）不齐。不齐是蓓蕾漆的过失之一。不齐之现象的产生源于两种情况：一是由器物之上所刷之漆层的厚薄不均所致；二是由于揭起毡子之时所用之力轻重有别。无论是前者，还是后者，均会导致蓓蕾漆之颗粒的不均匀，这种颗粒不均之现象，即为"不齐"之过。

（5）溃瘘。溃瘘亦是蓓蕾漆之过。溃瘘是由漆不够厚或未等漆层干到合适的程度就将毡子揭起所致，如出现上述操作，则无法形成颗粒之状而出现向四周流散之势，这种现象就是"溃瘘"之过。

（6）磋迹。磋迹是磨显工艺中所犯之过失。该过失是由在磋磨花纹之时过急或磨石上附有砂粒所致。若是磋迹出现，花纹的美观度会大受影响。

（7）渐灭。该磨显之过与"蔽隐"恰好相反，渐灭是由于磨得太过，器表的花纹都模糊不清了。

（8）断续。断续是描写（即"描饰"）一类中所犯之过失。由于所蘸之漆量不够，故出现花纹不连续之感，该种现象即"断续"。

（9）淫侵。该过失亦是描写中所出现的失误。淫侵是"淫泆"与"侵界"两种现象的合称。淫泆即所蘸之漆过多，致使多余之漆越过花纹所在的位置向四处流淌，以致侵占了花纹以外的其他领域（即"侵界"）。侵界是果，淫泆是因，这一因一果便合成了"淫侵"之过。

（10）忽脱。忽脱是描金工艺所产生的过失。涂抹金漆的器物在荫室中阴干得太过，以致金胶干透，无法粘住所贴之金箔或所上之金粉的现象，即为"忽脱"。

（11）粉枯。粉枯与"粉黄"类似，粉黄是指过多的金胶浸润到金面之上，而粉枯则是未干燥之漆（即用以成就花纹的漆）浸出透过金面之现象。

（12）齐平。齐平是"堆起"做法中所犯之过错。由于操作过程的不得当，所成之花纹失去凹凸之感，该种过失现象被称为"齐平"。

（13）相反。相反亦是"堆起"中所犯之过失，即所成之花纹与设计者本意相反，即本该凸起的地方却产生了凹下去的感觉，而本该凹陷的地方却凸起了。

（14）偏累。偏累是洒金之过，该过失是由金屑洒得不均匀所致。

（15）刺起。刺起亦是洒金之过，是由黏合不严所致。

（16）粗细。粗细是嵌螺钿工艺中所出现的过失，即花纹的粗细与壳片的大小不成比例。

（17）厚薄。厚薄也是嵌螺钿之过失。由于在磨锉过程中的不当操作，钿片的厚薄不一致，该种过失的出现会影响花纹的美观性。

（18）浅深。浅深是款刻工艺中所出现的过失，即纹路刻画得深浅不一之现象。

（19）绦缕。绦缕是款彩中所出现的过失。由于"运刀失路"，所刻之纹路不整齐（即出现了斜岔）。

（20）龃龉。龃龉也是款彩之过，即在花纹的交叉处出现了连贯不畅之现象。

（21）见锋。见锋是戗划工艺中的过失，其与款刻之中的"绦缕"之过类似，即在运刀过程中控制不当，致使刀锋滑出画稿之外。

（22）结节。结节是戗划之病，该过失是由于技巧尚不娴熟，所成之花纹呈呆板、凝固、毫无生气之感。

（23）缺脱。缺脱是剔犀中的过失之一，是由漆膜附着欠佳所致（附着能力欠佳是因前一层漆干得太快所致）。

（24）骨瘦。骨瘦是雕漆之过失。由于雕得太过，胎骨之上的漆层所剩不多，即"肉"少了（肉即胎骨上的漆和灰）。

（25）玷缺。玷缺也是雕漆之过。由于操作不当，所刻之花纹与所铲之地子欠缺利落与光滑之感，该种缺陷即为"玷缺"。

（26）锋痕。锋痕还是雕漆之过，其与"绦缕""见锋"类似，即花纹之上出现了多余的刀痕。

（27）角棱。角棱是雕漆之过。该种现象出现于磨漆的过程中，由于磨之过程有所欠缺，花纹中的刀痕与棱角未被完全磨去，呈现不光滑之状。

（28）癍斑。癍斑是贴金过程中所出现的过失之一，即漏贴的现象。

（29）粉黄。该现象是由金胶涂抹过多所致。金胶是贴金鬘所用之胶，为了"养益金色"（养益即衬托之意）与"防止漏涂"（与地子之色形成反差，故容易识别出是否有漏涂之现象），其内常加一些磺或银朱，使之呈现"略黄"之色。对于金胶的涂抹，不可随意而为，既不能太薄，又不能太厚——太薄易出现"贴不住"之过，而太厚则会使金胶浸润到金面之上。

（30）浸润。浸润即"粉黄"。

（31）点晕。该过失产生于罩漆之中，类似于髤漆之过的"颣点"。点晕是指漆中的杂质未过滤干净或尘埃粘在漆面之上，致使漆面不能光洁平滑。

（32）燥暴。燥暴是单漆过程中所出现的过失。燥暴是指底漆未做好就直接上漆，致使欠缺滋润之感。

（33）多颣。该过失也是单漆中常见之病。对于"颣"，也许不再是陌生词汇，在粔漆中，如出现操作不当之举（如漆面上沾染灰尘与细毛或是打磨不到位者）均会出现颣点。对于单漆而言，这多颣之过却是出现在底胎之上，由于胎骨得打磨不够光滑，颗粒感出现，这胎骨之上的颗粒感便是"多颣"之过。

（34）狭阔。狭阔是识文之过，用来形容所成物象之线条的宽窄不一。

4.4.6　其他过失

（1）补缀。补缀即修补古漆器的说法。

（2）不当。不当是修补古器中所犯的过失，即修补处的漆皮之新旧和色泽与原器不相吻合。笔者以色泽为例来说明，色漆历时越久其色愈鲜明，故修补时不能以所见之色为依据。综上可见，调色当属补缀中较难把握的环节。

4.5　其他

4.5.1　榫卯连接造法

（1）大进小出的造法。此做法既包括半榫，又包括透榫。一部分造成半榫，一部分造成透榫，然后将其纳入榫眼中，由于纳入的面积大、透出的面积小，故称之为"大进小出"。

（2）挤楔。楔是一头宽厚、一头窄薄的三角形木片，将其打入榫卯之间可使得榫卯严丝合缝，将其打入榫卯的过程被称为"挤楔"。

（3）认榫。认榫即检查开凿后的榫卯是否符合要求，如尺寸是否合适以及有无歪斜与翘角现象。

4.5.2　旧器翻新与修补技法

1）旧器翻新

（1）清包明。清包明是旧器翻新之意，即对明代之器物进行翻新，使之具有清之味道。图 4-92 中的盒便是"清包明"的案例之一。此盒在购买之初，其上的彩绘风格为清中期，但持有者朱宝力先生对其进行修复时又有新的发现，即在剥落的漆皮下发现了朱漆地子和一簇绿色的松叶，这乍现的图案并非清中期之作，而是明晚期所绘，上述这种现象即为"清包明"。

图4-92　清包明图例

(2) 改款。改款即将前朝之款改为当朝之作，如在《帝京景物略》中早有对"宣德时人，磨去永乐剔红上的原款，改刻宣德年款记载"的记录。"观瀑剔红八方盘"便为改款的佳例之一，此盘原为杨茂所造，后被明人改至"大明宣德年制"（改后款识是填金所成）。

(3) 做旧。做旧即仿古旧家具的做法，其目的是使所做之家具与古旧家具更为接近。做旧有内外之分，榫卯结构属内，颜色、雕刻、镶嵌、漆饰等属外。

(4) 贴皮子。针对老家具的特殊部件，由于时间、气候等各种因素，无法找到家具的原配部件，故只能用风化程度类似的老料代替。贴皮子，即将老料的风化层刨下来，然后将其贴到修好的部件上的过程。

2) 漆器修补

(1) 补乌。补乌即将乌烟与生漆混合，以之进行修补的做法。

(2) 随。随是漆工修补漆器时的术语，意指修补之处与原有之器皿相得益彰，即看不出修复的痕迹。

(3) 云缀。云缀是漆器修补的一种方法，即在所修之外绘制云气纹饰。

4.5.3　工种类别

(1) 素工。素工是漆器制作的工序之一。在汉代，漆器生产尤为昌盛，从一些史料可知，当时对于漆器的分工甚为精细，如"始元二年，蜀西工，长广成、丞何放、护工卒史胜、守令史母夷、啬夫索喜、佐胜，髹工当、洀工将夫、画工定造"与"建武廿一年，广汉郡工官，造乘舆髹洀木夹纻杯。容二升二合。素工伯、髹工鱼、上工广、洀工合、造工隆造、护工卒史凡、长匡、丞□、椽恂、令史郎主"等，均是分工细化的见证。素工作为漆器制造的工序，其意指髹漆前的工艺过程，即在漆胎上行批灰、裹麻与漆底灰等步骤。

（2）髹工。髹工也是漆器制作的工序之一，即在素工的基础上实施髹漆之步骤。

（3）画工。画工是漆器制作进入装饰阶段的步骤，即在完成髹工后的漆面上进行描饰之工艺。

（4）上工。上工是制作扣器的起始步骤，即将金属扣镶在器物之指定位置的工序。

（5）铜扣黄涂工。黄涂即鎏金，铜扣黄涂工意为在铜扣上镀金的工序。

（6）清工。此工序可谓是漆器制作的关键。清工是"检验"之工序，其由专人检查所出之漆器是否合格且符合相关的规定与标准。

（7）造工。造工是素工、髹工、画工、上工等工序之基础，是制作漆胎的工序步骤。

（8）供工。此工序是专门制造和供应原材料的环节。

（9）漆工。漆工是专门制漆，诸如滤漆与提炼等之工序均属"漆工"之范畴。

4.5.4　称谓类

（1）纻器。纻意指苎麻织成的粗布，在战国之时，人们以麻布作胎以为漆骨，故得名"纻器"。

（2）夹纻。夹纻与纻器同意，其是唐宋时候人们对麻布胎漆器的叫法。

（3）脱活。脱活之名源于木模或泥模的去除，其是元代人们对麻布胎漆器的叫法。

（4）重布胎。顾名思义，重布胎是由多层麻布涂覆而成的胎体，它是明代人们对麻布胎漆器的叫法。

（5）脱胎。脱胎是清代之人对麻布胎漆器的叫法，由于其在翻模后需将模子（木或泥）除去，脱胎之名因此而生。

（6）干漆像。干漆像即"夹纻像"，其是天宝年间由鉴真和尚传入日本的。

（7）夹纻像。夹纻像即"干漆像"，其是以夹纻之法制作人像或佛像。

4.5.5　断纹类

对于断纹的制作，古来有之，如文震亨在《长物志》中所言的

"佛橱、佛桌，用朱、黑漆，须极华整，而无脂粉气。有内府雕花者，有古漆断纹者，有日本制者，俱自然古雅。近有以断纹器凑成者，若制作不俗，亦自可用。若新漆八角、委角及建窑佛像，断不可用也"，朱宝力先生在《明清大漆髹饰家具鉴赏》中所提及的"宋元之断纹小漆床与古黑漆断纹橱"等。断纹为判断漆器年代的重要依据之一，其虽为因年久而出现的裂痕（断纹是由胎骨与漆灰层不断地涨缩所致），但人们却不以之为瑕疵，反将其视为"珍贵之痕"。从《琴经》（三国时期诸葛亮）、《洞天清禄集》（宋代赵希鹄）与《诚一堂琴谈》（清代程允基）中可知[4,6]，断纹不仅是判断漆器年纪的要素，而且有不同的形态之别，如梅花断、蛇腹断、牛毛断、冰裂断、流水断、乱丝断、荷叶断与龟纹断等。之所以会产生形式不一的断纹，是因为麻布之上所髹之漆灰的性质有别，如蛇腹断是因漆灰较硬所致，流水断是因桐油料底灰较韧所致，龟纹断是因所髹之灰太硬所致，而牛毛断则是因灰太薄所致。既然断纹也是体现文化与审美的载体之一（图4-93），那么对其的效仿自然属顺理成章之事。在古时，人们常用"在纸上加灰""冬日里以火烤之并在其上以雪敷之"以及"刀刻之法"来取得断纹之效果，正如赵希鹄在《洞天清禄集》中所述之"用信州薄连纸，光漆一层于上，加灰纸，断则有纹。或于冬日以猛火烘琴，极热用雪罨激烈之。或用小刀刻画于上"。在今日，人们依然未放弃对断纹的热爱，除了沿用古人之法，还平添了创新之举，如通过人工的"抉制"（可达蛇腹断之效果）与"颤崴"（可达流水断之效果）等，来达到断纹之视觉效果。

图4-93 断纹图例

（1）梅花断。梅花断是指形似梅花瓣的断纹。

（2）蛇腹断。蛇腹断意指长条而平行的断纹，状如蛇腹上的纹理。唐大圣遗音琴之上的断纹便是蛇腹断的案例。

（3）牛毛断。牛毛断是指细密如牛毛的断纹。漆灰薄而坚实的漆器常会出现此种断纹，明代龙吟联珠式琴之上的断纹便是牛毛断的案例。

（4）流水断。流水断是指形似蛇腹断，但呈流动波纹状的断纹。

（5）冰裂断。冰裂断是指形犹如冰裂之状的断纹。

（6）乱丝断。乱丝断其状犹如哥釉之"开片"。

第 4 章参考文献

［1］王世襄. 明式家具研究［M］. 北京：生活·读书·新知三联书店，2008.

［2］杨耀. 明式家具研究［M］. 2 版. 陈增弼，整理. 北京：中国建筑工业出版社，2002.

［3］朱家溍. 明清家具［M］. 上海：上海科学技术出版社，2002.

［4］王世襄. 髹饰录解说［M］. 北京：生活·读书·新知三联书店，2013.

［5］王世襄. 中国古代漆器［M］. 北京：生活·读书·新知三联书店，2013.

［6］黄成. 髹饰录图说［M］. 杨明，注. 济南：山东画报出版社，2007.

［7］杭间. 中国工艺美学思想史［M］. 太原：北岳文艺出版社，1994.

［8］余肖红. 明清家具雕刻装饰图案现代应用的研究［D］. 北京：北京林业大学，2006.

［9］李永贞. 清朝则例编纂研究［M］. 上海：上海世界图书出版公司，2012.

［10］王世襄. 清代匠作则例：第 2 卷 圆明园、万寿山、内庭三处汇同则例［M］. 郑州：大象出版社，2000.

［11］朱家溍. 清雍正年的漆器制造考［J］. 故宫博物院院刊，1988（1）：52-59，51.

［12］朱家溍. 清代造办处漆器制做考［J］. 故宫博物院院刊，1989（3）：3-14.

［13］夏兰. 汉代漆器装饰纹样艺术研究［D］. 扬州：扬州大学，2010.

［14］庞文雯. 重庆研磨彩绘漆工艺的传承与发展研究［D］. 重庆：重庆师范大学，2014.

［15］李一之. 髹饰录：科技哲学艺术体系［M］. 北京：九州出版社，2016.

［16］杨文光. 国漆髹饰工艺学［M］. 太原：山西人民出版社，2004.

［17］马可乐，柯惕思. 可乐居选藏山西传统家具［M］. 太原：山西人民出版社，2012.

［18］孙溧. 山西绛州剔犀艺术特征及传承研究［D］. 太原：太原理工大学，2014.

［19］张天星，吴智慧，朱平. 探析犀皮中的工与美［J］. 家具与室内装饰，2017（5）：24-27.

第 4 章图表来源

图 4-1、图 4-2 源自：笔者拍摄.

图 4-3 源自：笔者拍摄；"凿枘工巧"：中国古坐具艺术展图录扫描.

图 4-4 源自：天津红木家具企业资料扫描；笔者拍摄.

图 4-5、图 4-6 源自：笔者拍摄.

图 4-7 源自："凿枘工巧"：中国古坐具艺术展图录扫描；上海红木家具企业提供.

图 4-8、图 4-9 源自：王世襄《明式家具研究》.

图 4-10 源自：上海现代家具设计公司提供.

图 4-11 源自：新会明清红木家具企业图录扫描.

图 4-12 源自：笔者拍摄；上海现代家具设计公司提供.

图 4-13 至图 4-15 源自：东阳红木家具企业提供；江门古典红木家具企业图录扫描；上海古典红木家具企业提供.

图 4-16 源自：杭间《中国工艺美学思想史》；王世襄《髹饰录解说》.

图 4-17 源自：路玉章《晋作古典家具》.

图 4-18 源自：笔者拍摄.

图 4-19 源自：牛晓霆《清代宫廷建筑、家具烫蜡技术及其优化研究》.

图 4-20 源自：笔者拍摄.

图 4-21 源自：笔者拍摄；"凿枘工巧"：中国古坐具艺术展图录扫描.

图 4-22 源自：故宫博物院《故宫博物院藏明清家具全集 1：宝座》；中贸圣佳国际拍卖有限公司拍卖图录扫描.

图 4-23 源自：笔者拍摄；新会古典红木家具企业图录扫描；杭间《中国工艺美学思想史》.

图 4-24 源自：杭间《中国工艺美学思想史》；福建仙游红木家具企业提供.

图 4-25 源自：笔者拍摄.

图 4-26 源自：中山红木家具企业资料扫描.

图 4-27 源自：深圳现代家具设计公司提供；笔者拍摄.

图 4-28 源自：笔者拍摄.

图 4-29、图 4-30 源自：杭间《中国工艺美学思想史》.

图 4-31 源自：笔者拍摄.

图 4-32 源自：上海商慧文化传播有限公司资料扫描.

图 4-33 源自：杭间《中国工艺美学思想史》；中贸圣佳国际拍卖有限公司拍卖图录扫描.

图 4-34 源自：上海现代家具设计公司提供；"凿枘工巧"：中国古坐具艺术展图录扫描；笔者拍摄.

图 4-35 源自：笔者拍摄.

图 4-36 源自：杭间《中国工艺美学思想史》；"凿枘工巧"：中国古坐具艺术展图录扫描；上海现代家具设计公司提供；中山古典红木家具企业提供.

图 4-37 源自：笔者拍摄；杭间《中国工艺美学思想史》.

图 4-38 源自：丰硕紫檀博物馆提供；笔者拍摄.

图 4-39 源自：上海现代家具设计公司提供；深圳市琉璃时光设计公司提供.

图 4-40 源自：笔者拍摄.

图 4-41 源自：丰硕紫檀博物馆提供.

图 4-42 源自：笔者拍摄.

图 4-43 源自："凿枘工巧"：中国古坐具艺术展图录扫描；笔者拍摄.

图 4-44、图 4-45 源自：笔者拍摄.

图 4-46 源自："凿枘工巧"：中国古坐具艺术展图录扫描；笔者拍摄.

图 4-47 源自：笔者拍摄；东阳红木家具企业提供；"凿枘工巧"：中国古坐具艺术展图录扫描.

图 4-48 源自：杭间《中国工艺美学思想史》.

图 4-49 至图 4-52 源自：笔者拍摄.

图 4-53 源自：杭间《中国工艺美学思想史》；王世襄《中国古代漆器》.

图 4-54 源自：笔者拍摄；福建陈姓收藏家提供.

图 4-55、图 4-56 源自：笔者拍摄.

图 4-57 源自：王世襄《中国古代漆器》.

图 4-58 源自：朱宝力《明清大漆髹饰家具鉴赏》.

图 4-59 源自：王世襄《中国古代漆器》.

图 4-60、图 4-61 源自：笔者拍摄.

图 4-62 源自：杭间《中国工艺美学思想史》.

图 4-63 源自：笔者拍摄.

图 4-64 源自：笔者拍摄；杭间《中国工艺美学思想史》.

图 4-65 源自：王世襄《中国古代漆器》；笔者拍摄.

图 4-66 源自：王世襄《中国古代漆器》.

图 4-67 源自：王世襄《中国古代漆器》；笔者拍摄；上海现代家具设计公司提供.

图 4-68 源自：王世襄《中国古代漆器》；朱宝力《明清大漆髹饰家具鉴赏》；王世襄《髹饰录解说》；北京九漆堂文化发展有限公司资料扫描.

图 4-69 源自：上海商慧文化传播有限公司资料扫描.

图 4-70 源自：王世襄《中国古代漆器》.

图 4-71 源自：杭间《中国工艺美学思想史》.

图 4-72 源自：马未都《马未都说家具》；王世襄《中国古代漆器》.

图 4-73 源自：王世襄《中国古代漆器》；朱宝力《明清大漆髹饰家具鉴赏》.

图 4-74 源自：福建陈姓收藏家提供.

图 4-75 源自：濮安国《明清家具鉴赏》.

图 4-76 源自：胡德生《中国古代的家具》.

图 4-77 源自：福建陈姓收藏家提供；中国工艺美术学会工艺设计分会提供.

图 4-78 源自：笔者拍摄.

图 4-79 源自：上海千文万华——中国历代漆器艺术展图录扫描；笔者拍摄.

图 4-80 源自：王世襄《髹饰录解说》.

图 4-81 源自：路玉章《晋作古典家具》.

图 4-82 源自：杭间《中国工艺美学思想史》；胡德生《中国古代的家具》.

图 4-83 至图 4-85 源自：杭间《中国工艺美学思想史》.

图 4-86 源自：朱宝力《明清大漆髹饰家具鉴赏》；杭间《中国工艺美学思想史》.

图 4-87 源自：杭间《中国工艺美学思想史》；笔者拍摄.

图 4-88、图 4-89 源自：杭间《中国工艺美学思想史》.

图 4-90 源自：上海商慧文化传播有限公司资料扫描.

图 4-91 源自：杭间《中国工艺美学思想史》.

图 4-92 源自：朱宝力《明清大漆髹饰家具鉴赏》.

图 4-93 源自：朱宝力《明清大漆髹饰家具鉴赏》；王世襄《髹饰录解说》.

表 4-1 源自：王世襄《中国古代漆器》；王世襄《髹饰录解说》；杭间《中国工艺美学思想史》；上海千文万华——中国历代漆器艺术展图录扫描；中贸圣佳国际拍卖有限公司拍卖图录扫描；上海古典红木家具企业提供.

5 工具术语

5.1 原材料处理类工具

5.1.1 原料采集与检验类

（1）漆刀。漆刀是采割生漆的专用工具，包括砍刀、刮皮刀与割漆刀等。

（2）茧子。茧子是固定于割口处下面收集漆液的容器，其种类不一，壳瓣、树叶、塑料胶膜与竹管等均可作为收集漆液之器具。

（3）收漆刷。收漆刷即收集漆液的刷子。

（4）收漆桶。收漆桶即采割生漆时收集漆液的小桶。

（5）桶。桶是用以放漆器的器具，需注意的是为了保证密封有效，除了紧扣盖子之外，还需在漆面上以"油纸"封之。

（6）瓮。瓮与桶一样，是盛放漆器之物。

（7）漆板。漆板即搅动漆液的木板条，是用于检验生漆的工具之一。

（8）煎盘。煎盘是采用煎盘法检验生漆优劣的工具，是一种紫铜盘制作的专用杆秤。

（9）捎盘。捎盘是漆工所用的托盘，日本将其称为"定盘"。

5.1.2 材料制备与加工类

（1）过棉。过棉是生漆静滤所用的工具，即在白布内再垫衬一层丝绵，而后把生漆倒入其中进行过滤。

（2）滤筛。滤筛与"过棉"一样，均是生漆"精滤"之工具。滤筛的利用改进了"过棉"中"丝绵"滑动之现象。在操作中，需使用不同目数的滤筛，如先用 200 目或 300 目的滤筛对历经首次过滤的生漆（即以"细布"过滤的生漆）进行再次过滤，待过滤完毕后，还需以 300 目或 400 目的滤筛对前一次（即历经 200 目或 300 目之滤筛过滤的生漆）滤过的生漆进行再次精细过滤。

（3）兜包布。兜包布是过滤所用的棉布。

（4）挑子。挑子有大有小[1]，大者之用与近代漆工用来翻搅之工具无别，即生漆晒成熟漆时所用的搅漆工具，而小者之用途则与前者有别，其可用以挑出嵌入缝隙内之漆。《辍耕录·戗金银法》中所提之"角挑"（先用黑漆为地，以针刻划。……然后用新罗漆，若戗金则调雌黄，若戗银则调韶粉，日晒后，角挑挑嵌所刻缝隙），便是小型挑子的案例之一。另外，除了上述两种用途之外，挑子还有他用，即漆工用以刮抹漆灰腻子之工具，此时的挑子又可被称为"刮子"或"刮板"。

（5）绞漆架。绞漆架即漆工用于过滤的工具。

（6）削刀。削刀是旋床上用以旋制木胎骨的刀子，有"圭角形"与"圆头形"之别。

（7）旋床。旋床是制作木漆胎的器具，如碗、盒、盆与盂等正圆形的漆器均需旋床的配合，方能成器。另外，旋床也有高度之分，制作漆器之胎骨当用"高床子"旋制。

（8）模凿。模凿即用来切螺钿片的模子。由于在漆器之上的花纹图案中有许多重复的形状存在，如一些花边纹饰，常以数片三角形或者菱形之钿片镶嵌而成，如不用模凿，这数量颇多的同一形状便需逐一丈量裁切，如利用此工具进行裁切，不仅可保证图案形状的整齐划一，而且也避免了无谓的重复劳动。

（9）金筒子。金筒子是一种由铜皮或铁皮所制之筒，此筒分三截，上下皆空，中夹细绸或细夏布，用以承托金箔与筛落金粉之用，此工具是"上金"工艺不可或缺之物。

（10）筒罗。筒罗是向漆面上筛撒金片或银片所用之工具。在《实用漆工术》中，筒罗又有"粉筒"之称。由于所需之金的大小不同，故筒罗也有尺寸之别，最小者以"翎毛管"成之，沈福文《漆器工艺技术资料简要》中所提之"鹅毛管洒金银粉"中的"鹅毛管"便是翎毛管的案例之一。除了筒有大小之外，筒上所贴之绢亦有稀密之别：粉粗者，绢稀；粉细者，绢密。

（11）拌灰机。拌灰机即搅拌灰腻子之用的机器。

（12）乳色机。乳色机为研磨色漆之用。

（13）原木锯解带锯机。原木锯解带锯机是可以将原木制作成厚薄不同的板材之工具（图 5-1）。

图5-1　原木锯解带锯机图例

（14）横截圆锯机。此设备既可将木材切成不同的长度，又可修整木材参差不齐的边缘（图5-2）。

图5-2　横截圆锯机图例

（15）自动进料纵解机。此设备隶属开料工具，有效地弥补了传统开料机手工送料的困难，其可匀速、准确地进料，解决了锯路难以控制的问题（图5-3）。另外，自动进料纵解机还安装有红外线装置，工人可根据红外线的位置及时调整木材的方位，不仅提高了加工效率，而且避免了木材的浪费现象。

图5-3　自动进料纵解机图例

（16）木工带锯机。相对于原木带锯机，木工带锯机较轻，属于轻型带锯机（图5-4），不仅可以直线加工，而且可以进行曲线零件的锯解。

（17）刨削与砂光工具。开料完毕后的毛料还存在一定的不平整度，

图 5-4　木工带锯机图例

故需要刨削与砂光工具加以修正（图 5-5）。平刨、压刨、砂光机的作用是将毛料的表面加工平整，为后续的加工程序奠下坚实的基础。

a 定厚砂光机　　　　　　　　　　　　　　b 带式砂光机

图 5-5　砂光机图例

（18）开榫机。榫卯是中国家具的精髓[2-5]，在没进入工业时代的古代，无论是简单的榫，还是复杂的榫，均需手工完成，但是在工业发达的今天，部分简单的榫可用开榫机代替手工完成，如较为简单的直榫。开榫机可根据所需榫的形状、尺寸调节靠尺、锯片及其刀轴之间的距离（图 5-6）。

图 5-6　开榫机图例

（19）铣刀。铣刀是被用来处理较为复杂的榫结构之设备（图 5-7）。

（20）麻花钻。麻花钻是被用来加工卯眼的设备，此设备常配有钻头（图 5-8）。钻头有不同型号之别，对其的选择取决于卯眼的大小。

（21）铣床。铣床被用来加工长度较长的榫眼或榫槽，有上轴式、下轴式与平轴式之分。铣刀是调节榫眼及榫槽宽度的关键所在，不仅如此，特定形状的铣刀还可完成线脚的加工，如冰盘沿。

（22）刹锯。刹锯是刹活专用的手锯，又有"腕子锯"之称，其锯

图 5-7　铣刀图例

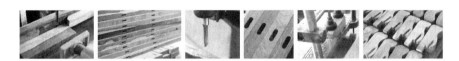

图 5-8　麻花钻图例

条是工匠用旧钟表之发条手工开齿改造而成，锯齿较小，齿路交错。在
选用刹锯的过程中，对锯条的软硬、锯齿的大小、齿路的排列均有要
求。首先，锯条的软硬度要适中。若锯条的钢口过脆，锯齿在掰料的过
程中容易断裂；若钢口过软，在刹活过程中遇到质地较硬的木材时，锯
齿容易扭动，从而使肩口刹不严。其次，锯齿应尽量小，因其大小似芝
麻粒，故有"芝麻齿"之称。最后，齿路排列有讲究，刹锯的锯齿应为
三路（手工将锯齿掰成左、中、右三路，使之呈交错状）。

5.2　技法相关工具

5.2.1　刮刀、刮板类

（1）刮漆刀。刮漆刀是髹饰工艺的工具之一[6]，制成该种工具的材
料不一，有金属的，亦有牛角的（图 5-9）。该工具的用途较为广泛，
如在糙漆（煎糙）与彩绘（利用刮漆刀将漆与颜料在瓷板或玻璃板上碾
匀，而后再将其铲入瓷杯中）中均有此工具的身影出现。

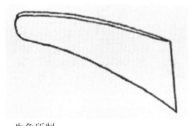

a 牛角所制　　　　　　　　　　b 金属所制

图 5-9　刮漆刀图例

（2）刮板。刮板即刮灰所用之工具（图5-10），又名"刮灰刀"，其材质较为多样，如钢铁、橡胶、牛角与木材等。刮板不仅有材料之别，而且有单手操作与双手操作之分。

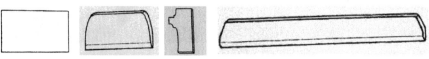

a 薄钢刮板　　　b 橡皮刮板　　　c 单手拉动 d 双手拉动(平面刮动)

图 5-10　刮板图例

（3）各敲。各敲即"刮板"，刮板有牛角、铜制与木制等之分，其中牛角是较为常用的材料（北方多用黄牛角，而南方则用水牛角）。除了刮板之称，各敲还有"刮漆刀"与"铬锹"之称。

（4）圬。圬既包括刮板，又包括各种形式的雕刻刀。对于前者，《髹饰录》中有所提及，其指的便是漆工用以刮抹漆灰腻子之工具（寒来，即圬。有竹、有骨、有铜。已冰已冻，令水土坚）；对于后者而言，在清代《与古斋琴谱》中有所涉及，其中所提之"牛角笆"（长三五寸，阔二三寸，上窄而厚二分，下阔而薄如刀），便属于圬之列。

（5）垢。垢在不同行业中的意思有所差别，在《尔雅》《方言》《说文解字》中，所言之垢是瓦工所用之"抹子"，而将此字用于漆艺之中，则是指漆工刮抹漆灰腻子所用之工具。今之匠人将垢称为"刮板"或"各敲"。

（6）刮刀。刮刀也称"刀片"（图5-11），既是打磨的工具。也是刮磨之用具。打磨与刮磨不同，打磨的重点在于降低木材表面的粗糙程度，如毛茬、刨花等，而刮磨的目的是除去木材表面的凹凸不平，如表面的老化腐朽、污渍、蜡质等。刮刀有尺寸之别，其宽窄取决于家具的造型。不仅如此，工人还需将其磨砺出弧度与厚薄。打磨也好，刮磨也罢，需注意厚薄，如果刮出的厚薄不一致，则会影响家具的精致性。

图 5-11　刮刀图例

（7）牛角刮刀。牛角刮刀是批灰的工具之一，是用水牛角或黄牛角制得。由于在批刮的过程中，既需填洞补缝，也需满批，故牛角刮刀有不同规格之分，如 2.45 cm、3.81 cm、5.08 cm、7.62 cm 等。对于小型的牛角刮刀而言，其适于嵌填空洞与裂缝；对于中型的牛角刮刀而言，其适于满批小面积之腻子；对于大型的牛角刮刀而言，其适合大面积之腻子的批刮。任何物体均有方便与不便之处，牛角刮刀亦不例外，其虽方便，但也含不便之处：其面板在保存不当时会出现变形之缺陷。为了防止此现象的出现，需用工具将之固定，如自制的硬木夹板。若已出现变形或刀口尖缺损之现象，并非无法补救，可通过"浸泡压平"与将"缺角截取"之法予以处理。

（8）橡皮刮刀。橡皮刮刀是用橡皮制作的刮刀。由于橡皮刮刀质软、弹性大，故其可对任何部位进行刮平处理，如边棱、凹弯与圆凸等部位。橡皮刮刀与牛角刮刀一样，均有不同形式之别，如厚橡皮刮刀、锯齿状橡皮刮刀与木把手橡皮刮刀等。

（9）木柄刮刀。木柄刮刀是由弹性较好的薄钢片与木柄组合而成，又名"刮灰刀"与"油灰刀"。由于批刮的适用范畴有别，木柄刮刀又有大、中与小等多种规格。对于家具上的批刮，多采用中号与小号之刮刀。除了规格之外，木柄刮刀还有形式之别，即"夹片式"木柄刮刀与"非夹片式"木柄刮刀。但无论是何种规格与形式的木柄刮刀，在使用时均需特别留意，因为其与大漆接触会产生"变黑"之现象。

（10）全木刮板。全木刮板是采用质硬平滑的木片制成，亦有大号与小号之别。若刮涂面积较小，可用宽度为 1.5—2 cm、高 6—8 cm 的小木刮板；若刮涂面积较大，可用宽 30—60 cm、高 6—8 cm 的特宽木刮板。对于全木刮板而言，其除了批刮之外，还可完成清理之任务，如残漆与腻子，此时则需采用窄木刮板。

（11）竹刮板。竹刮板是采用坚韧的大毛竹制得，也有型号之分。对于修补板缝与洞眼，应采用较窄的竹刮板；对于调配大漆、批灰与收灰，则需采用较宽之竹刮板。

（12）金属刮板。金属刮板是用薄金属片自制而成，如薄钢片、不锈钢片与铜板等。

5.2.2 雕刀类

（1）剞劂。剞劂是镂刻之工具，是雕漆工匠常用之物。《甘泉赋》曰"剞，曲刀也，劂，曲凿也"，故剞劂是头带钩形的刀。除了剞劂，圆头、平头、藏锋、圭首、蒲叶、尖针等亦是雕漆常用之工具。

（2）藏锋。藏锋是一种锋刀较钝的镂刻之工具。

（3）圭首。该种工具形似玉圭。

（4）蒲叶。蒲叶是指薄而扁长，形似蒲叶之刀。

（5）尖针。尖针是指细而长之刀。

（6）雕刻刀。雕刻刀有单刃刀、双刃"溜沟刀"（用于阴刻工艺之工具）之别。

（7）刻刀。刻刀为雕刻工具之一，有Ｖ形刻刀和半圆形刻刀之别。

5.2.3　笔、刷类

（1）抹彩笔。抹彩笔即用以描画物体形象的漆画笔。该工具与《髹饰录》中所提之"写象笔"同意，如细钩笔、游丝笔、打界笔、排头笔等，均属"抹彩笔"之列。

（2）细画笔。细画笔即"细钩笔"，从《髹饰录解说》中可知，该画笔的做法较为特别：首先需取大老鼠脊背之毛（严冬时捉的为最佳），然后用香油将其浸润且梳直，再用纸裹压以吸出其内之油，待完成此步骤后，需取其中一撮（用量以一支笔的量为准），然后把其置放进一支短于鼠毛的细笔管中，完成后将笔头向下，并轻扣敲碟，使其震动，待毛尖顿齐后，用头发将毛根束住，再将其从笔管中取出，最后用胶水将毛尖粘牢，再以线捆扎毛根即可。

（3）打线笔。打线笔是漆工画直线所用之笔，在《髹饰录》中，其又名"打界笔"。打线笔不仅在材料上有别，而且在形式上也有所不同，如北京匠师所用的"狼毫笔"与山西平遥漆器厂的"鼠须笔"便是案例之一。

（4）排头笔。排头笔相当于绘画中的排笔，用以涂抹较大面积的表面。该笔为描漆线所用之笔，需选用上好的狼毫来做。另外需要注意的是，该笔笔毛要少，尖端需齐整，切勿参差不齐（如不齐整，描绘时会分叉）。

（5）细钩笔。细钩笔是指勾勒用的漆画笔，相当于绘画中的勾勒笔。

（6）游丝笔。游丝笔较细钩笔更细，相当于绘画中的红毛笔。

（7）打界笔。画直线用的笔，北京匠师将其称为"打线笔"。

（8）彩色用漆笔。彩色用漆笔为国画所用之须眉笔。此笔既可为国画所用，也可作为彩色漆笔。

（9）帚笔。帚笔是干设色所需的一种笔。

（10）金帚子。金帚子是一种毛笔或髹刷，其是用于搅动金筒子中之金箔，搅动之目的在于将"金箔"帚成"粉末"。

（11）粗鹅毛管。粗鹅毛管为撒金粉之用。

（12）灰刷。灰刷即"髹刷"的一种，是刷漆之物。

（13）染刷。染刷是用以髹涂色漆的刷子。

（14）髹刷。髹刷是漆饰中的刷抹工具（图5-12），又名"漆闩"（由于该工具形似门闩，故得"漆闩"之名）。髹刷的种类较多：若按材料分，又有疏鬃、马尾与猪鬃之分；若依用途来分，还有生漆刷、油漆刷、灰刷与染刷等之分。由于材料不同，刷子的软硬度也产生了差异。若想选择刚柔适中之刷，西牛尾则是理想之选；若要使用较西牛尾软的刷子，头发可成为制作之材；若想使用较西牛尾硬的材料，那么可用猪鬃代之。众所周知，中国家具不仅是一部文化史、哲学史与材料史，而且是一部工具史。工具在家具设计中极为重要。髹刷虽是髹饰过程中的普通工具之一，但要想做出得心应手的髹刷绝非简单之事。在祝凤喈《与古斋琴谱》、沈福文《漆器工艺技术资料简要》与漆器厂内部资料《传统油漆手工操作技法》等中，均有对髹刷之做法的简介，虽各有所"不同"，但在本质上却是"相合"的：首先需用血料将牛尾或猪鬃粘在一起，用梳子梳顺并压扁，待血料干后，先在其上刮漆灰，后糊裹夏布，干后再需上两三道漆灰并磨光，而后上退光漆，最后用刀子将上面的漆灰刮去，并开出刷口即可。

图5-12　髹刷图例

（15）生漆刷。生漆刷是髹刷中的一种，又名"国漆刮"，其是中国传统的刷涂工艺之一。在髹刷中已提及，其形式不一，生漆刷亦是如此：若依刷口而言，生漆刷有平口与斜口之分；若依刷柄而言，其又有平口阔尾型、平口小方尾型、斜口斜柄半圆尾型、斜口斜柄小方尾型等之别；若依材料而言，其又有牛尾、人发与鼠毛等之分。生漆刷作为髹刷中的一种，在刷涂器物表面之时，应注意依据器表之性质更换生漆刷：若所刷之对象为特大平面者，需选用平口大髹刷（选用此种髹刷可提高髹涂之效率）；若所髹刷之对象为体积较大之家具，则宜选用斜口斜柄小尾型的一号髹刷（此种髹刷较为灵活，适合不同部位的髹涂）；若所涂之家具为体积小或较小者，则选用斜口小尾型的中号髹刷更为合适（此种髹刷可灵活用于不同结构的涂刷）；若是髹涂器物之内部，需以短柄小髹刷为之（有利于凹形内壁的髹涂）；若髹涂之对象为家具上的物象纹饰与线脚，则需选用蹬帚（蹬刷）或金脚刷为之。

（16）油漆刷。油漆刷又名"硬毛刷"，其是由猪鬃、铁皮与木柄组合而成。油漆刷与生漆刷一样，均有种类之别：若从形制上看，其可分为扁形、圆形与歪脖形；若从规格上看，其也有大小之别（25 mm、38 mm、50 mm、63 mm、75 mm 等），大者宜刷大平面，小者宜涂小件或不易刷到之部位。在髹刷的过程中，需在使用范围、专用度与刷涂方式上尤为注意：对于使用范围而言，其适用于刷涂油性漆、酚醛漆、纯酸奶漆、色浆等；对于专用度而言，油漆刷应保持专刷专用，即用以刷色漆的刷子不宜再髹清漆，刷深色漆的刷子不宜再涂覆色浅之漆；对于刷涂方式而言，需在握刷与运刷方面较为注意。

（17）软毛刷。软毛刷又称"羊毛刷"，其形式有二：一为"底纹笔"；二为"排笔"。对于前者而言，它是由羊毛与薄木柄组成，形似油漆刷，在髹涂范畴方面，其是髹涂精致木器的重要工具；在规格方面，其包含 25 mm 到 125 mm 等多种规格。对于后者而言，它是由羊毛与多根细竹笔组成，既然为排笔，必有数量之别，3 管到 40 管即为见证。

5.2.4　物象形成类

（1）粉盏。粉盏即放粉的器具，其中所盛之粉是为打稿之用（即用笔蘸粉来绘制漆器之上的图案纹饰）。另外，除了以"粉"打稿，还可用石黄与银朱代替，但应特别注意的是，用"石黄"打稿之时，不应出现以"假金"代"真金"的现象，因为假金中所含的铁质遇石黄后会令金色变黑。

（2）打点机。打点机是打稿所用之机器。

（3）茧球。茧球亦是干设色所需之工具，即上金或上银用的"丝绵球"。

（4）金夹子。用来夹取金箔的夹子被称为"金夹子"，其多为竹制。

（5）毡子。毡子是营造蓓蕾漆之工具，用缯、绢、麻布等织品做成（既可是"球状"的毡子，也可是"非球状"的毡子）。应根据所需"颗粒"的大小来选取毡子，如缯、绢之纹理较细，可用其制作细蓓蕾漆，而麻布则被用来制作粗蓓蕾漆。

（6）画板。画板是漆工用以调色的器物。充当画板的可以是一块"竹板"，也可以是用硬木挖成竹板之形，《髹饰录》中所提之"五格揸笔觇"即为此物。

（7）帚笔。帚笔与"茧球"同为干设色之工具，但它们所服务的对象有别：帚笔是用来扫"色粉"的，而"茧球"是用以扫拂"金"或"银"的。

（8）雕刻机。雕刻机是机器雕刻的工具之一（图 5-13）。机器雕刻与手工雕刻不同，各有千秋：机器雕刻的优点在于其尺寸精确、横平竖直、曲线平滑、效率较高，适于批量生产，但纹饰图案较为呆板，且观赏性差。手工雕刻虽不及机器雕刻精确，但纹饰图案灵活多变，人情味十足。此外，手工雕刻较擅长细部的处理。

图 5-13　雕刻机图例

（9）棉布。棉布为布蜡工具与擦蜡工具（图 5-14）。

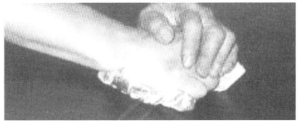

图 5-14　棉布图例

（10）铲刀。铲刀为起蜡的工具，俗称"蜡起子"（图 5-15），其形状与种类类似于雕刻工具中的刮刀。铲刀的形状有别，平面有平面专用的铲刀，花活有花活专用的铲刀。

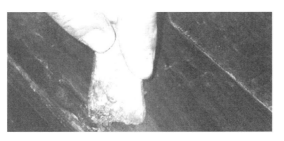

图 5-15　铲刀图例

（11）喷枪。喷枪为喷漆之用。

（12）喷漆机。喷漆机与喷枪一样，均是喷漆所用之物。

（13）喷漆壶。喷漆壶是喷涂局部花纹之物。

5.2.5　打磨抛光类

（1）揩光石。揩光石即用来打磨漆器的石头。用揩光石可将漆灰的额点去除。揩光石既可用红砂石，也可用磨石。前者即黏土质的砂岩石，为了将漆面打磨得较为光滑，应选用较细密的红砂石，而后者则为普通的磨刀石。

（2）灰条。灰条即人工所做的磨石，其是磨光专用之工具。灰条的制作较为繁复，先要将砖灰入水，将灰中之极细者随水漂出，弃去粗糙者，要想将灰中之粗质去尽，需按上述之操作重复三四次之多。待此步骤完成之后，需将细灰中极细者晒干，而后再碾碎经细箩过之，然后再将其揉成长条并以刀切成段儿，之后用湿布裹起、搓圆并拍扁，最后将其取出，放在木板上吹干即可。

（3）瓦灰磨条。瓦灰磨条即"灰条"，其是工匠自制的打磨之物。

（4）砂布。砂布作为磨砂之物，有粗细之别（砂布的粗细单位以"目"表示）。以120目为分界线，120目以下的砂布适用于金属基层或木基表面的磨光，如一号、一点五号、二号与三号的砂布，前两者适用于木器表面的磨光，而后两者则适用于金属表面的除锈与磨光。而120目以上的砂布，其磨光的对象为各种涂层表面，如零号、零零号、零零零号与零零零零号砂布，前两者适用于底漆与腻子等表面的磨光，后两者则适用于精磨（即面漆的精细磨光）。

（5）木砂纸。木砂纸又称"石英砂纸"，其磨光对象为木器的白坯表面与腻子层。由于木砂纸的磨料较为锐利，故无法对漆膜表面实施打磨。尽管如此，木砂纸依然有粗细之别，如一号至四号（80目、60目、46目、36目与30目等）的木砂纸，其磨光对象是较为粗糙的墙面或木基层的表面，而一号（120目、140目、160目与180目等）以下的木砂纸，其可对漆器的底坯表面进行磨光处理。另外，在使用木砂纸打磨的过程中应注意保持所在环境的干燥，否则砂纸上的砂粒会脱落（由于木砂纸上的磨料是由"水性胶"黏合而成，故其在潮湿的环境中容易出现变软之现象），无法使用。

（6）水砂纸。水砂纸与砂布和木砂纸一样，均为打磨之物，但不同在于，水砂纸需在"水"环境中进行磨光（即水磨）。在水磨过程中，需根据情况随时调整砂纸的目数，如八十号到一百号（70目、80目）砂纸，其适用对象为头道腻子；一百二十号到一百五十号（100目）砂纸，其适用于2—3道腻子的打磨；一百八十号到三百号（120目、140目、180目与200目）砂纸，其可对底漆与薄腻子层进行打磨；三百六十号到四百号（240目、260目）砂纸，其适用于细磨中涂漆之表面；五百号至七百号（320目、400目与500目）砂纸，其"细磨"针对头道面漆；八百号到一千号（600目、700目与800目）砂纸，其则多被用于抛光上蜡前的细磨。

（7）研炭。研炭是用木炭制成的一种磨料，其目数相当于1 200目的水砂纸，故适用于精细打磨。尽管研炭已属细磨之料，但依然还有初磨与细磨之分，如将磨料制成"针状"与"棒状"，以进行细部纹样的打磨，即"细磨"之佳例。

（8）水磨石。水磨石有天然与人造之分，天然水磨石为一种无砂质的松软浮石，而人造水磨石则是由粗细度不一的浮粉制造而成，故有不同形状（如长方形、三角形与圆形等）与型号（一号、二号与三号等）之别。在打磨中，水磨石的使用对象为较坚硬的生漆腻子与底漆。

（9）推光揩清磨料。推光揩清磨料包括细瓦灰、硅藻土、浮石粉、鹿角粉、砂蜡与抛光蜡等。

（10）细浆石。细浆石又名"磨刀石"，是一种天然的细石。

（11）抛光机。抛光机为大件漆器抛光所用。

（12）球磨机。球磨机是被用于磨砖瓦灰、各种屑粉与颜料的机械。

（13）打磨机。打磨机是打磨的工具（图5-16），适用于面积较大、结构较稳定的木材表面，属粗磨。打磨的过程并非只凭借某一工具来完成，而是需要工具之间的相互配合，所以在完成大面积的打磨后，需用刮刀处理面积较小、结构较复杂的地方。家具的构件众多，如面板、束腰、牙板、腿足等，为了满足其不同的精细程度，需要选择不同形状、尺寸与精细度的打磨头，以适应不同的家具部位。对于无雕饰的部分，其打磨过程被称为"打磨"；对于施有纹饰图案的部件，其打磨过程被称为"花磨"，相应的打磨头被称为"花头"。

图5-16　打磨机图例

（14）砂纸。粗磨之后便进入细磨的步骤，而砂纸是细磨的主打工具。比起粗磨，细磨更需工匠的耐心与经验，耐心在于反复打磨，经验在于变换不同型号的砂纸，如120—600目（针对家具的外形）、601—1 500目（针对家具的细部）以及1 501—2 500目（提升家具的内在气质）等型号。

（15）锉草。锉草的功能犹如砂纸，在古时没有砂纸，故以锉草代之。在《本草纲目》中记载："此草有节，面糙涩，治木骨者，用之磋擦则光净，犹云木之贼也。"故锉草又有"节节草""木贼""擦草桌"之称。锉草身披草刺，当用温水浸泡时，毛刺可完全张开，用其打磨家具，既能保证部件的光泽度，又不伤害所雕之纹饰。

5.2.6　干燥、置放类

（1）棚架。棚架是指列放需要阴干之物的架子。

（2）荫布。荫布即较厚且含有水分的布，是漆器干燥的物件之一。荫布除了用布，还可以芦席与麻代替。

（3）荫室。荫室是漆工最重要的设备之一。对于荫室的称谓，还有多样化之趋势，如在《实用漆工术》中，荫室又被称为"浴室"，而在沈福文《漆器工艺技术资料简要》中，荫室又被唤作"温湿室"。荫室对于漆器的干燥极为重要，故对其的要求也较为严格：在温度方面，需控制在 25—30℃；在湿度方面，需保持在百 75％—80％；在卫生方面，切忌出现灰尘，以免黏着于漆面之上。另外，荫室在大小方面也不尽相同，对于体积较大的器物，常以芦席搭棚（在室内）为之，而对于小型的器物，则常用箱子来充当。同为漆器阴干之物，荫与窨和窖有所不同：对于荫而言，其是由窨发展而来；对于窨而言，从李一之先生对《髹饰录》的解说可知，窨是一种半地下的穴室，其墙以土、石块或砖头为之，其顶以木为梁，并在顶上铺席垫草与压土，最终形成一封闭式的居室；对于窖而言，其是全部埋入地下的穴室。通过上述之言可见，荫、窨与窖全然不同。

（4）地窖。地窖即地下荫室，又有"漆窖"之称。充当荫室的除了箱与柜之外，还有地下之荫室。前者是用于阴干"小型"漆器，而后者则是对于"大型器"而言的。

（5）干燥烘道。干燥烘道被用以大批量烘干灰坯。

（6）电热干燥烘箱。电热干燥烘箱是髹饰之物干燥强化的器具。

5.2.7　其他类

（1）压子。压子是在布漆中所用的压蔴工具（图 5-17），有蔴压子（适用于面积较小处）和蔴墩儿（适用于面积较大处）之分。

（2）修补刀。修补刀是修补、起线、堆花之用的器物。

（3）舔棒。舔棒即"修补刀"，扬州匠师将修补刀称为"舔棒"。

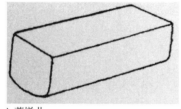

a 蒜压子　　　　　　　　　b 蒜墩儿

图 5-17　压子图例

第 5 章参考文献

［1］王世襄. 髹饰录解说［M］. 北京：生活·读书·新知三联书店，2013.

［2］濮安国. 明清家具鉴赏［M］. 杭州：西泠印社出版社，2004.

［3］胡德生. 胡德生谈明清家具［M］. 长春：吉林科学技术出版社，1998.

［4］濮安国. 明式家具［M］. 济南：山东科学技术出版社，1998.

［5］濮安国. 中国红木家具［M］. 杭州：浙江摄影出版社，1996.

［6］长北. 漆艺［M］. 郑州：大象出版社，2010.

第 5 章图片来源

图 5-1 至图 5-8 源自：中山红木家具企业图录扫描；新会红木家具企业图录扫描.

图 5-9、图 5-10 源自：沈福文《中国漆艺美术史》.

图 5-11 源自：笔者拍摄.

图 5-12 源自：王世襄《髹饰录解说》.

图 5-13 源自：东莞名家具展图录扫描.

图 5-14 源自：牛晓霆《清代宫廷建筑、家具烫蜡技术及其优化研究》.

图 5-15 源自：上海商慧文化传播有限公司资料扫描.

图 5-16、图 5-17 源自：笔者拍摄；王世襄《髹饰录解说》.

6 材料类术语

6.1 基材类

6.1.1 木材

（1）影木。影木即"瘿木"，瘿就是树瘤[1-2]，几乎所有的材料都有树瘤，如紫檀瘿、黄花梨瘿、楠木瘿、桦木瘿等。瘿虽为树之病态的表现，但其扭曲的花纹却甚得文人之爱，故文人赋予瘿木很多动听的名字，如葡萄瘿、龟背瘿、胡椒瘿与虎皮瘿等。

（2）葡萄瘿。葡萄瘿即瘿木的花纹犹如一串串的葡萄。

（3）龟背瘿。龟背瘿即对纹理犹如龟背之瘿木的称呼。

（4）胡椒瘿。文人将瘿木中之纹理较细碎者称为"胡椒瘿"。

（5）虎皮瘿。瘿木之纹理犹如虎皮者被称为"虎皮瘿"。

（6）南榆。南榆即"榉木"。由于榆木与榉木的花纹类似，故北方将南方的榉木称为"南榆"。

（7）北榉。北榉即"榆木"，得此称谓的原因同上，是南方人对北方之木的称呼。

（8）见光乌。见光乌是鸡翅木中的一种。该木在刚锯开之时颜色较深，但放上半天之后其颜色便转为黑色，故南方匠师根据此种现象将其命名为"见光乌"。

（9）红木。红木即"酸枝"，红木是北方人的称谓，酸枝是南方人的叫法。

（10）平头杉木。平头杉木是杉木中的一部分。由于杉木较为高大，故常将之截取来用，从根部至中部的一段被称为"平头杉木"。

（11）鹰架杉木。鹰架杉木是杉木从中部至树梢的部分。

6.1.2　胎体

（1）桑皮纸。桑皮纸是糊裹胎体的材料之一[3-4]，该种纸是由桑树之皮所造，坚韧度甚好。

（2）高丽纸。高丽纸亦是糊裹胎体的材料之一。由于该种纸的原材料为产于朝鲜的蚕茧，故得名"高丽纸"。

（3）胎子。胎子即漆器的胎体。

（4）内胎。内胎即漆器的胎体。

（5）胎具。胎具即漆器的胎体。

（6）器骨。器骨即漆器的胎体。

（7）锡胎。以锡作胎的漆器即锡胎漆器（图6-1）。

图6-1　锡胎图例

（8）夹纻胎。夹纻胎即以麻布为胎的漆器形式。南京博物院所藏之汉代的"银平脱长方盒""银平脱椭圆盒""银平脱方盒"、安徽博物院所藏之汉代的"双层彩绘金银平脱盒"以及北京故宫博物院所藏之清代的"菊瓣形脱胎朱漆盘"等，均为夹纻胎之案例。与其他胎骨相比，夹纻胎更为轻便[5-6]。

（9）竹胎。竹胎即以竹为底胎的漆器（图6-2）。由于实现方式的不同，竹胎的成型也略有所不同，既可通过编织成型（如细竹篾的编织成型），也可通过胶压成型（如黄篾编织后再行胶压成型），还可以车旋或雕刻之方式成型。由此可见，竹胎的成型方式呈多样化之趋势。

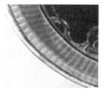

图6-2　竹胎图例

（10）篾胎。篾胎是漆器的胎骨之一，即将竹子劈成丝条，而后编织成漆器的胎骨。湖北省博物馆所藏之西汉"漆画龟盾"（其胎骨包含两个部分：一为木板；二为木板上贴着的细篾编织层），即为案例之一。

（11）藤胎。藤胎即以藤皮劈成的丝条编织成的漆器胎子。

（12）窑胎。窑胎即以瓷为漆器之胎。

（13）冻子胎。冻子胎是一种可塑性很强的灰漆，即以漆冻子做胎，该胎骨常与"堆彩""堆红"工艺结合使用（以"漆冻子"做胎是堆红与堆彩的做法之一，因为除了以冻子为之外，还可采用"漆灰"为之）。

（14）冻子。冻子是一种透明的胶体，既可用之做胎体，又可用其替代漆或漆灰在器物上翻印花纹，如堆红与堆彩便是利用漆冻子来效仿剔红与剔彩的做法之一二。对于漆冻子而言，其内充满了"批量化"与"标准化"之意。由于剔红与剔彩的制作过于繁复，故并不能成为大众化的产品，那么利用漆冻子来翻印纹饰物象，而后再髹朱漆或彩漆于其上，既降低了成本，又扩大了使用对象，此举对于普及中国文化有着不可小觑之作用。

（15）布胎。该法为漆器中的一种造法，即以布为胎制作漆器。从出土的文物中可知（如 1964 年长沙左家塘 3 号墓中出土的"黑漆杯"与"彩绘羽觞"、1956 年常德德山战国晚期墓中发现的"深褐色朱绘龙纹的漆奁"以及 1982 年江陵马山砖厂出土的盘等），其历史可追溯至战国中期。无论是木胎还是铜胎，均较为笨重，故古人以麻布胎代之，即首先以木或泥为模，在其上涂以灰泥，而后裱糊麻布，按此做法裱糊若干层，待完全干燥后，除去木模或泥模。完成上述工序之后，即可在麻布壳上进行髹漆，该工艺与青铜、陶瓷之翻模有些许类似之处。该法被后世频繁应用（如魏晋以来，人们常以此法制作"行佛"，其目的是质轻，搬抬较为方便）。不仅如此，布胎还出现了不同之称谓，如汉代称之为"纻器"，唐宋时期称之为"夹纻"，元代称之为"脱活"，明代称之为"重布胎"，清代称之为"脱活"。该法虽源于古代，但在现代依然未曾消失，如新中国成立后的福建便常以此工艺来制作"夹纻人像"，该工艺既可被视为"夹纻佛像"（夹纻佛像随着佛教的进入而流行，其不仅在国内较受人追捧，而且在日本也颇具影响力。鉴真和尚将其带入日本后，称此种麻布胎的佛像为"干漆像"）的延续，亦可被视为对"夹纻佛像"的创新，延续在于技法原理的递承，创新在于质量的提高（福建匠师以"绢"代替传统的"麻布"，该种蜕变可使所成之像不易走失变形）。

（16）皮胎。皮胎即以皮为胎，而后在其上完成髹饰过程（图 6-3）。从长沙战国墓出土的"黑漆彩绘盾"可知，以皮做胎的历史较为悠久。皮胎的优点在于取形方便（浸水后变软）、不易开裂（通体质密无缝），故以之为胎的漆器不仅携带方便（质轻）且不易碎裂。广东阳江就以制作皮胎漆器而闻名，正如县志中所言："阳江皮箱驰名京省，远及外洋，其余皮枕、皮椅、皮盒各器，俱极精良。"

图 6-3　皮胎图例

（17）灰皮。灰皮是漆器的底胎之一，是经过特殊处理的一种动物之皮，即在双面刮过两道猪血灰的华皮（华皮是未经化学加工的马、牛与羊等之皮）。

（18）金属胎。金属胎是以金属为底胎的做法，金、银、铜、锡等均属金属胎之范畴。要想制作金属胎体，既可通过"捶揲"之法，也可利用"焊接"之方式，还可用液压机"轧压"成型之手段。

（19）塑料胎。塑料胎也可成为漆器的底胎之一，其是将合成树脂、填料与颜料投入热压机中，在加热加压的条件下所得的胎体。通过此种方式所得之胎体有其自身的优势，如造型多样化，亦存局限之处，如在髹漆之时，所涂之漆的附着力不佳，但其可作为工艺或技法转化的中间桥梁，如将造型多样的"塑料胎"作为"夹纻"之法的"模子"。若是如此，既回避了塑料胎的缺点，又满足了部分主观群体对视觉造型的"新需求"。

（20）紫砂胎。紫砂胎是以紫砂为底的胎骨。

（21）角胎。以兽骨为之的胎被称为"角胎"。

（22）金胎。以金为底的胎骨被称为"金胎"。

（23）银胎。以银为底的胎骨被称为"金胎"。

（24）铅胎。以铅为底的胎骨被称为"铅胎"。

（25）漆纱。漆纱是一种髹漆织品，其基础为丝与麻等物。

6.1.3　地仗

（1）法絮漆。该物是漆灰腻子，用以黏合骨胎，填补缝隙以及不平整的地方，其中常混以木屑与斩断的丝绵，混入该物的目的是防止塌陷。

（2）法灰漆。法灰漆属于漆灰的一种，用以做器物边棱上凸起的线条。

（3）法漆。法漆的组成成分包括生漆、胶及骨灰。该种漆料既可以合缝，也可以用于堆线。当用以合缝之时，法漆需稀一点，而用以堆线之时，法漆则需稠一些。法漆的稠稀取决于所加骨灰的多少。

（4）捉缝灰。捉缝灰即用以嵌补空洞与裂缝的腻子。

（5）灰。灰是调和漆所用之各种物质的粉末，将之附于胎体之上，可弥补胎体不光滑之缺陷或营造特殊效果（如将角灰屑掺入漆中，其内的碎点犹如天上之繁星一般）。灰有角灰、骨灰、蛤灰、砖灰、坏屑与砥灰等。

（6）瓦灰。瓦灰是将瓦片历经研磨而成的微细颗粒。

（7）漆灰。漆灰是在灰料中加入适当的漆料或黏合剂配制而成的糊状物。

（8）骨灰。骨灰即将兽骨研碎后的产物。将骨灰与漆调和，所得之混合物即为漆灰。

（9）蛤灰。蛤灰即将蛤蜊壳捣碎研细后之产物。

（10）砖灰。砖灰即用砖头研成的粉末。在品类上，砖灰包括红砖灰、青砖灰与瓦灰，此种砖灰常作填充料之用；在精细程度上，砖灰包括50目灰、85目灰、100目灰、250目灰与滤灰等，此类砖灰常作抛光之用。

（11）坏屑。坏屑即"陶瓦末"。

（12）瓷灰。瓷灰即将残破的瓷品捣碎后的产物。

（13）炭末。炭末将木头烧成炭，而后研成粉末，常作堆漆之用。

（14）石灰。石灰是漆灰的用料之一，其是由石子碎磨而成的粉末，如土子便属石灰的范畴之列。除了土子，砥粉也是常见的漆灰之料。

（15）压布灰。在制作压布灰的过程中，需注意环境温度的控制，切勿将其暴晒或吹风，否则会出现"出鸡爪儿"之现象。

（16）压麻灰。压麻灰即"压麻灰"。

（17）野灰。野灰即所需范围之外的腻子，有"多余"之意。

（18）粗灰。粗灰是在目数为80—120目的灰中加入适当的漆料或黏合剂配合而成的糊状物。

（19）中灰。中灰是在目数为121—160目的灰中加入适当的漆料或黏合剂配合而成的糊状物。

（20）细灰。细灰是在目数为160目以上的灰中加入适当的漆料或黏合剂配合而成的糊状物。

（21）角灰。角灰既包括鹿角灰，又不排除牛、羊等动物的头角，只是在角灰中以鹿角为最佳。

（22）填料。顾名思义，填料即填充料，如砖瓦灰、丝绵、黄土灰、木炭灰、锯木屑、石膏粉、老粉、石粉、高岭土、石英粉、面粉与糯米粉等。填料之用途在于填平，调制漆灰、油性腻子与配制浆粉等方面。

（23）砖瓦灰。砖瓦灰是古时漆工常用于调制大漆腻子和油性腻子的填充之物。根据灰的粗细，还可分为大子灰、中子灰、小子灰与浆灰。

（24）大子灰。大子灰即"粗灰"。

（25）中子灰。中子灰即"中灰"。

（26）小子灰。小子灰即"细灰"。

（27）木炭灰。木炭灰是历经筛滤过的木炭细粉。此种填料用完全燃烧后所成之炭碾成细粉，而后再行筛与滤之过程。木炭灰不仅可用于堆漆与变涂的工艺之中，而且可作底胎腻子之用。

（28）锯木屑。锯木屑是在锯切木材时所产生的细木粉，其既可调拌漆糊，又可用以填补木器与漆器胎体之上的缝隙与凹处。

（29）黄土灰。黄土灰即将黄土碾成粉末，将之作为调拌漆灰之料。此物虽易得，但强度不及其他几种填充材料。

（30）石膏粉。以石膏粉调配腻子，其优点在于干燥速度较快（比其他填充料干燥速度快6—8倍）。腻子有头道与最后两道之分。对于头道腻子而言，其可直接以石膏粉调配，但若是最后两道腻子，应将其用筛子筛后再行调配。

（31）老粉。老粉的学名为碳酸钙，又名"大白粉"与"水磨老粉"，是天然石灰石经水磨加工、过滤粉碎后所得之粉末。由于老粉有粗细之别，故还可细分为重质老粉与轻质老粉。

（32）重质老粉。重质老粉隶属老粉中比重较大者，常用以调配腻子。

（33）轻质老粉。轻质老粉与重质老粉相反，隶属老粉中比重较轻者。

（34）滑石粉。滑石粉不仅可入漆（将其加入油漆中既可防止颜料沉淀，亦可减少漆膜的开裂，还可增强漆膜的耐水与耐磨之性），而且可用以调配腻子与制作粉浆等。

（35）高岭土。高岭土又名"瓷土"与"白土"，以之入漆既可增强漆之光泽度与稠度，亦可提升漆膜的硬度与耐磨性。除此之外，此种填充物还可用于底漆之中。

（36）石英粉。石英粉既可用以调拌腻子以增加强度，又可用于大漆及大漆涂料的防腐。

（37）腻子。腻子又名"漆灰"或"填泥"，是由填料、胶料以及少量颜料搅拌而成的混合物。

（38）大漆腻子。大漆腻子是用漆料、填料以及少量的清水混合而成。大漆腻子的种类不一：若从漆料的角度来看，大漆腻子有生漆腻子与熟漆腻子之分；若就用途而言，大漆腻子又可分为生漆填洞腻子、生漆快干腻子、生漆加色腻子、生漆满批腻子、生漆光面腻子、熟漆填洞腻子与熟漆满批腻子。

（39）生漆腻子。生漆腻子是以净生漆作为黏结料所成之腻子。由于用途的不同，生漆腻子又可分为生漆填洞腻子、生漆快干腻子、生漆加色腻子、生漆满批腻子与生漆光面腻子。

（40）生漆填洞腻子。此种生漆腻子是作填充空洞之用。

（41）生漆快干腻子。与生漆填洞腻子类似，生漆快干腻子也作补缝与填充空洞之用。它与生漆填洞腻子的区别在于"配比"：对于生漆填洞腻子而言，石膏粉、生漆与清水的比例为 100∶60∶20；对于生漆快干腻子而言，三者之比则为 50∶20∶50。

（42）生漆满批腻子。顾名思义，此种腻子适合满批，但在调配的时候需注意"生漆"的配比：若填料采用滑石粉，其与生漆、清水的比例为 100∶70∶5，其中，清水的比例可为 5—10；若填料采用老粉，其内之生漆的用量应有所减少。

（43）生漆光面腻子。该腻子属于最后一道，其内之填料（200 目的细瓦灰）、生漆与清水的比例为 50∶50∶10。

（44）熟漆腻子。熟漆腻子又名"广漆腻子"，其与生漆腻子同为大漆腻子，却有所区别，熟漆腻子的黏结剂是净滤生漆与熟桐油。熟漆腻子与生漆腻子一样，由于用途的不同，又有熟漆填洞腻子与熟漆满批腻子之别。

（45）熟漆填洞腻子。熟漆填洞腻子与生漆填洞腻子类似，均是作填补空洞之用。

（46）熟漆满批腻子。熟漆满批腻子是用以满批的熟漆腻子。在调配熟漆满批腻子的时候需注意，其内填料若有所异，配比应随时调整：如填料为滑石粉，其与生漆、熟桐油与清水的比例为 100∶60∶20∶6，其中，清水的比例可为 6—8；若填料为老粉，其与生漆、熟桐油与清水的配比为 100∶30∶10∶5，其中，清水的比例可为 5—8。

（47）油性腻子。油性腻子是用熟桐油或清油（其是由熟桐油与松香水调制而成）、填料与清水混合调配而成的腻子。由于所用之油不同，故又有桐油腻子与清油腻子之别。

（48）清漆腻子。清漆腻子是由普通清漆、石膏粉与清水调拌而成。由于清漆的种类有别，故清漆腻子又有酯胶清漆腻子、酚醛清漆腻子与醇酸清漆腻子等。

（49）虫胶腻子。此种腻子是由虫胶漆、填料与清水调拌而成。虫胶腻子不适合大面积批刮，故常作快速填孔与修补缺陷之用。

（50）水胶腻子。水胶腻子是将皮胶与骨胶等胶料溶于热水，而后再加入填料混合而成的腻子。水胶腻子的种类不一：若从用途之角度来看，其可分为填洞水胶腻子与填鬃眼水胶腻子；若从有无添加颜料之角度来看，水胶腻子则包含有色填洞水胶腻子、有色填鬃眼水胶腻子与无色水胶腻子。

（51）料血腻子。料血腻子是以料血作为主要原料，在其内加入填料或其他黏结剂调配而成的腻子。料血腻子又有"猪血灰"与"料老粉"之称。

（52）野腻子。野腻子即在捉缝过程中高于物面的残留腻子。

（53）料灰。料灰是猪血冻、油、白面与石灰水混合后调制而成的灰料。料灰与漆灰一样，均是漆器打底之用的材料。

（54）料腻子。料腻子即"料灰"。

（55）血料灰。血料灰即"料灰"。

（56）料血。料血是以猪血为原料加工而成的一种黑棕色胶体。料血的用途范围较广：第一，其可成为木器的底层涂料（如与桐油等干性油相混），用以封闭底层；第二，充当原料，如以之调拌料血腻子；第三，调拌腻子（与老粉或石膏粉），用以填嵌木器凹缝不平与空洞缺陷处。

（57）八宝灰。八宝灰是扬州漆工之做法，其是在漆灰中加入牙屑、骨屑、珊瑚屑、绿松石屑、孔雀石屑、螺钿屑、漆屑、铜屑、角屑等。

（58）漆糊。漆糊即以糯米粉或面粉所调之生漆。

（59）皮胶。皮胶是由动物（如牛、马、驴与猪）的皮与筋熬制而成。皮胶既可用于黏结物面的拼缝（如漆器与木器）与榫卯等，又可用木条或小木块粘补木结构与木制品上的裂缝或空洞，还可调制水性腻子与彩绘颜料等。

（60）骨胶。骨胶是以动物（如牛、猪、羊与马）之骨为原料，历经打碎与提油，而后再经高温高压制得。骨胶与皮胶均为以动物的某一身体部分为原料而制成的黏结剂，但其黏性不如后者。

（61）桃胶。桃胶与骨胶和皮胶有别，桃胶隶属植物性胶，其为浅黄色透明固体，外形犹如松香，黏性较强。

（62）龙须菜胶。龙须菜胶隶属植物性胶。龙须菜又名"石花菜"与"鸡脚菜"，其为海生植物中的一种。在用途方面，龙须菜胶既可调配色浆与水性腻子，又可与颜料并用；在性能方面，龙须菜胶易腐败，故在制得后需快速使用，否则黏性受损。

（63）虫胶。虫胶是昆虫的一种胶质分泌物，历经加工后（需经洗涤、过滤、除色素、磨碎、加热溶解、再过滤与滚压等步骤），该种胶质分泌物呈棕黄色或紫棕色的片状。虫胶在使用前，需用酒精将其溶解，使之成为虫胶溶液（俗称泡立水）。作为木制品、家具的打底材料，虫胶溶液具有干燥快、颜色鲜亮、附着力佳、封闭性强等特点，除此之外，虫胶溶液还可用以调拌腻子。任何事物都具有两面性，虫胶亦不例外，由于虫胶的软化点较低，故其存在耐热性差、遇水易发白等缺陷。虫胶又名"紫胶漆""洋干漆片"。

（64）白乳胶。白乳胶呈白色胶状液体，其优点在于黏结度高、无毒、无味、无腐蚀性且价格便宜。由于来自动植物的天然胶数量有限，故白乳胶是较为理想的弥补之物。白乳胶又名"聚醋酸乙烯胶黏剂"。

（65）107胶。107胶与白乳胶一样，无毒且黏结性能较好，其可与砖瓦灰、石膏粉、老粉与白水泥等配成胶状腻子。107胶又名"聚乙烯醇缩甲醛胶黏剂"。

（66）猪皮胶。猪皮胶为漆器黏合胎骨时所用之胶，顾名思义，它是猪皮历经熬制所成之胶。

（67）鳔胶。鳔胶为非化学胶水，其目的是使得榫卯结构更为牢固。鳔胶既不会妨碍榫卯结构的拆卸与组装，也不会影响家具表面的视觉效果。鳔胶的制作十分讲究：首先是选鱼，需选择海鱼（海鱼的鳔黏性及尺寸较河鱼大）；其次是泡鱼鳔；最后是砸鱼鳔，砸鱼鳔不仅需要力气，而且需技巧。使用鳔胶时，先用温水浸泡，之后隔水熬三个小时以上。

（68）面粉。面粉是漆工常用的物料之一，它不仅可与生漆混合制得漆糊，而且可以之调拌腻子或充当胶料与填充料。

（69）糯米粉。糯米粉与面粉之用雷同。

6.2　漆、油类

6.2.1　生漆

生漆即"天然漆"，又名"大漆""土漆""山漆""国漆"，其是传统漆饰家具工艺的基础材料。另外，生漆还有野生与家种之别，前者所产之漆被称为"大木漆"，后者所产之漆则被称为"小木漆"。大木漆较稠，小木漆较稀。

（1）大木漆。大木漆为生漆中的一种，即取自高山地区的野生漆树之漆。

（2）大木漆树。大木漆树的树干较粗，树皮较厚，树高较小木漆树高。大木漆树不仅生命力顽强，而且耐寒耐旱，其寿命可达 50 年之多。

（3）小木漆。小木漆也是生漆的一种，只是来源与大木漆有所区别：小木漆是来自人工栽培的漆树。

（4）小木漆树。小木漆树与大木漆树一样，均是漆液的来源。与大木漆树相比，小木漆树较为矮小（树高约 5—12 m），不仅如此，其寿命也不及大木漆树。欲要获取漆液，必离不开"割漆"之过程。比起大木漆树，小木漆树的"开割期"较早，故所得之生漆的质量不及大木漆树。

（5）中国漆。漆树的产地分布于不同的地方，产于中国之漆被称为中国漆。

（6）头刀漆。头刀漆即在割漆时间开始时所得的漆。

（7）中刀漆。中刀漆即在割漆时间开始与割漆时间结束之间所得的漆。

（8）末刀漆。末刀漆即在割漆时间结束时所得之漆。

（9）三伏漆。三伏漆即三伏天所采之漆。

（10）雨朝漆。雨朝漆即雨天所采之漆。雨天所得之漆的质量、品相均不及三伏漆。

（11）毛坝漆。毛坝漆是四大名漆之一。毛坝漆产于湖北一带，其性能属于全面优良型，如燥性、附着力、光泽等，均呈上品。除此之外，毛坝漆的漆质细腻稠厚，含水量少，漆酚含量高，可谓是漆中之佳品。由于性能面面具优，毛坝漆宜为推光漆与光漆之用。

（12）安康漆。安康漆与毛坝漆一样，均隶属四大名漆之一，其产于我国的西北地区。安康漆的漆质较稀、干燥性较差，正因为性能与质地较稠的毛坝漆有异，其宜作透明漆、半透明漆或配置色漆之用。

（13）毕节漆。毕节漆亦是四大名漆之一，产于西南地区。毕节漆无燥性较好、漆质醇稠，成膜后颜色较深沉，故宜作黑推光漆之用。

（14）城口漆。城口漆与毛坝漆、安康漆与毕节漆一样，均属四大名漆之列。城口漆产于四川地区，其性能介于毕节漆与安康漆之间。

（15）熟漆。熟漆是经过炼制的漆，其是经过煎熬或暴晒之后的产物。由于在炼制时所加之物有别，故又有"无油"熟漆与"有油"熟漆之分。

（16）大漆。大漆为天然生漆与人工精制之漆的总称，故既包括原生漆与净生漆，亦包括熟漆与净熟漆等。

（17）原生漆。原生漆即从漆树上采割下来的漆液，且是未经过滤直接入桶的天然生漆。

（18）净漆。净漆包括两种，即净生漆与净熟漆。

（19）净生漆。净生漆是将原生漆中漆渣滤去的生漆。与历经晒与煎的漆有别，净生漆中的含水量较高（净生漆未经脱水），易生刷痕且无法厚涂，故其宜为黏结剂、封闭漆，以及作调配漆灰之用。

（20）净熟漆。净熟漆即未掺入坯油或颜料的熟漆，又名"漆坯"。

（21）熟漆。熟漆是生漆历经晒或煎之后的产物，晒需置放于烈日下暴晒，煎则用"文火"进行加温。熟漆与生漆的区别在于其内的水分含量，熟漆是历经脱水之漆。

（22）稠漆。稠漆即漆中加入了颜料干粉以及鸡蛋清。

（23）纯生漆。纯生漆是净生漆脱水的产物（净生漆历经晒或低温煎熬，目的为脱去生漆中的大部分水）。

（24）夹生漆。夹生漆是在净生漆或纯生漆中融入 10％到 30％的桐油后所得之生漆。

（25）色漆。与净漆相反，色漆是在净漆中加入坯油或颜料后所得的产物，如加入银砾可得朱漆，加入石黄可得栗黄色漆。

（26）加潮漆。加潮即补水，历经补水而得的漆液即为加潮漆。

（27）精制生漆。精制生漆是生漆除渣后，历经活化漆酶、氧化聚合、脱水、过滤等工艺过程加工而成的产品总称。历经精制之后，漆之黏性降低，但流平性转好，可作髹饰之用，如红骨推光漆（又名"红推光漆""红紧漆""半透明漆""白坯推光漆""白坯退光漆""无油朱合漆""晒光漆""棉漆"等）、快干漆、油光漆等，均为净生漆的精制之物。

（28）精制漆。精制漆即"精制生漆"。

（29）亚光精制漆。亚光精制漆是精制生漆历经消光处理而成的漆料。

（30）彩色精制漆。彩色精制漆是在精制生漆中调入颜料粉，而后再经搅拌与碾磨之步骤而得之漆料。

（31）广漆。广漆又名"金漆""熟漆""赛霞漆""罩光漆"等，其是将历经过滤且脱水的生漆与坯油混合，而后经过炼制而成的天热涂料。

（32）朱合漆。朱合漆也是广漆的一种。在炼制过程中，朱合漆与生漆混合之物为亚麻仁油所成的"坯油"，而非桐油所熬制之"坯油"，其还有"透明推光漆""棉漆""罩光漆"之称。朱合漆是在无油推光漆中加入 15％的白坯油调成的熟漆。朱合漆是调配彩色大漆的基料之一，如朱红漆、粉红漆、玫瑰红漆、铁红漆、黄色漆、淡黄漆、蓝色漆、天蓝漆、绿色漆、果绿漆、白色漆、奶白漆、灰色漆与褐色漆等，均离不开朱合漆的参与。

（33）棉漆。棉漆即"朱合漆"。

（34）浓漆。浓漆即"无油黑漆"。

（35）赛霞漆。赛霞漆是精制生漆与熟桐油混合后调制而成的漆类，又有"广漆""浓金漆""笼罩漆""金漆""透纹漆""罩金漆"之称。

（36）浓金漆。浓金漆即"赛霞漆"。

（37）透纹漆。透纹漆即"赛霞漆"。

（38）罩金漆。罩金漆即在罩漆中加入金粉的罩漆，又称"赛霞漆"。

（39）明漆。朱启钤在《漆书》中记载："以生漆大盘，晒烈日中，以挑和之。每晒六七晴天，每斤晒成五六两，再和已经炼熟之桐油，乃为明漆，亦名退光漆。然后加以颜料，置一二年，俟火气退尽，再用。"从中可见，明漆的制作需要十足的耐心。

（40）揩光漆。揩光漆是推光所用之漆。欲想得到理想的揩光漆，需选用上好的生漆，然后历经过滤并搅拌一两天，方可得之。由于地域、国家有别，此漆亦有"提庄漆"（我国福州人对揩光漆的称呼）与"生正味漆"（日本人对揩光漆的称呼）之称。

（41）透明推光漆。透明推光漆又名"透明漆"，是优质生漆历经曝晒脱水后的产物（即"精滤生漆"），而后再加入紫坯油，即可得透明推光漆。在此过程中需要注意以下几点：一为生漆的选择，需选用色浅、质浓、干燥快与杂质少的生漆，否则会影响推光漆之透明度；二为在曝晒时需待其内的水分缓缓蒸发（水分蒸发保持在30％的量），且忌心急；三为需观察漆色，待漆色由灰乳变为透明的棕色即可停止搅动。

（42）半透明推光漆。半透明推光漆与透明推光漆的炼制过程类似，只是在漆的选择上不比透明漆严格。

（43）快干推光漆。快干推光漆又称"明光漆"，其与透明快干漆一样，首先，需选取质地优良的生漆为原料；其次，以文火（即小火）慢慢熬炼，在熬炼的同时需加入松香粉（切记需均匀撒落）且不断搅拌，待出现"米花泡"状且冒出青烟时即可试样，当样品的丝条达到 3 cm 左右时，即可将锅挪离火源并进行冷却处理，随后将锅中之物再行过滤，所得之品即为"坯漆"（即半成品）；最后，根据季节变化，在坯漆内加入适量的快干漆与坯油进行调配。

（44）黑色推光漆。黑色推光漆与透明推光漆相反，首先，需选用色深、质浓与干燥性佳的生漆为原料；其次，在30℃的温度中进行曝晒，待数日后，生漆之颜色渐变为酱色，此时便可加入 3％—5％ 的氢氧化铁；最后，将加入氢氧化铁的漆搅拌均匀并继续翻晒 4—5 小时即可。由于在炼制的过程中，为了提高黑漆的色泽，有时需加入精炼的熟亚麻油，故黑色推光漆又可分为有油黑色推光漆与无油黑色推光漆。除了人工外，还可通过"机械法"制得黑色推光漆，即过滤与脱水均用机械替代人工，前者采用离心机实现，后者需在反应锅中进行。

（45）无油黑色推光漆。无油黑色推光漆即在制作后不加入精制之熟亚麻油的黑色推光漆。

（46）有油黑色推光漆。与无油黑色推光漆相反，有油黑色推光漆是在制作后加入了精制之熟亚麻油的黑色推光漆。

（47）提庄漆。提庄漆是福州人对揩光漆的称谓，是由天然生漆精滤而成，其又有"揩光漆""快干漆""净生漆""净化漆""过滤漆"之称。

（48）生正味漆。生正味漆是日本对揩光漆的叫法。

（49）笼罩漆。笼罩漆相当于《漆器工艺技术资料简要》中所说的"油光漆"，是由快干漆与明油调和而成。

（50）快干漆。快干漆又有"提庄漆"与"揩光漆"之称，其干燥性极强，4小时即干。快干漆是用生漆经人搅拌数天（1—2天或7—10天）而后静置（其是针对搅拌7—10天之生漆的方法）或放在太阳下晒1—2小时（其是针对搅拌1—2天之生漆的做法）所成之物。在制作快干漆时，需选用干燥性较佳的大木漆。

（51）红紧推光漆。红紧推光漆即"快干漆"，又名"紧推光漆"。

（52）紧推光漆。紧推光漆即"红紧推光漆"，又名"快干漆"。

（53）退光漆。退光漆即生漆经曝晒或火煎而成者，无论是"曝晒"还是"火煎"（即火煮），均需把握其中的水分含量，如水分蒸发过度，则会对退光漆的干燥性影响甚大。除此之外，若退光漆炼制得不好，将之髹涂于器物之上时会出现"霉默"之过。

（54）漆酚。漆酚是生漆的组成成分之一，是一种淡黄色、高沸点的油状物。其中，饱和的漆酚呈白色固体状。漆酚不溶于水，但可溶于乙醇、乙醚、石油醚、苯以及二甲苯等有机溶剂。漆酚作为生漆的重要成分之一，是衡量漆之优劣的重要标准，如在煎盘法中，便是将漆酚的含量作为判定的依据之一。在一般意义上，漆酚的含量与生漆之优劣成正比。

（55）漆酶。漆酶又名"生漆蛋白质"与"氧化酵素"，其与漆酚相反，微溶于水，但不溶于乙醇、苯等有机溶剂。漆酶在生漆中的含量为10%以下。在生漆中，漆酶的作用有二：一为干燥；二为促进结膜。任何物质的存在均有特定的条件，漆酶亦不例外，其活力的最佳温度为40℃，相对湿度在80%以上为最佳。除了适宜的温度与湿度，氢离子浓度指数（pH值）对其活力也会产生影响，若pH值小于4或大于8，漆酚的活力便会消失。

（56）漆水。漆水即"漆酶"，又名"骨水"。

（57）骨水。骨水即"漆酶"，又名"漆水"。

（58）树脂胶。树脂胶与漆酚、漆酶一样，均是生漆的组成成分，又名"松香质"。树脂胶可溶于水（尤其是热水），但不溶于有机溶剂中。树脂胶的含量会影响生漆的稠度与质量。

6.2.2　非大漆

（1）改性生漆。改性生漆是以漆酚为原料加工而成的一系列产品的总称，又有"漆酚树脂"与"漆酚涂料"之称。

（2）漆酚涂料。漆酚涂料即"改性生漆"，又有"漆酚树脂"之称。

（3）漆酚树脂。漆酚树脂即"改性生漆"，又有"漆酚涂料"之称。

（4）虫胶清漆。虫胶清漆是由虫胶片或呈颗粒状的虫胶溶于酒精中而制得之漆，又有"泡立水""清喷漆""清漆""洋干漆"之称。

（5）泡立水。泡立水即"虫胶清漆"。

（6）清喷漆。清喷漆即"虫胶清漆"。

（7）清漆。清漆即"虫胶清漆"。

（8）洋干漆。洋干漆即"虫胶清漆"。

（9）磁漆。磁漆是在虫胶清漆中加入颜料后研磨调制而成之漆。

（10）腰果漆。腰果漆是腰果壳油与甲醛等物人工合成之产物。

6.2.3　油

1）桐油系

（1）桐油。桐油是传统漆饰中较为重要的材料，其常与大漆配合使用，成为油漆。桐油与大漆一样有生、熟之分，未经熬炼者为生桐油（生桐油不可直接使用，若将生桐油敷抹于器物之上，不仅会出现干结缓慢与光泽性差之现象，而且一经阳光照射还会变为不透明的乳白色膜状物。此外，未经炼制的桐油其稳定性与耐水性均较差），经熬炼者为熟桐油。

（2）熟桐油。熟桐油是桐油中历经熬炼且加入催化剂者（土子与密陀僧），在熬制桐油时，需注意加入催化剂时的温度。同为催化剂，但加入顺序应有别，土子应在温度达到150℃到180℃时加入，而密陀僧则不然，其应在温度为260℃到265℃时加入。除此之外，还应密切关注桐油"胶化"的温度，温度越高，桐油的胶化速度越快。若不当操作致使正在熬炼的桐油升温（桐油升温原因有二：一为温度控制不当；二为未及时降温。对于第二种情况而言，其是桐油聚合放热，以致热能无法从聚合体中释放，纵使桐油已离开火源，温度依然会保持上升之状态，若处理不当，必会加速胶化之现象），可在其中加入少许松香或冷桐油予以调节。另外，熬制桐油时还应注意检测桐油的"黏度"。若经试验后，未达到符合标准的黏度，应继续熬制。除了以上两点，还应注意催化剂的配比。土子与密陀僧的配比并非四季皆固定，其应随季节的变化而变化。

（3）漂油。漂油是桐油加热到150℃至160℃，当白色水泡散尽之后，再行过滤（160目）、排烟与冷却而得之产物。

（4）广油。广油是桐油加热至220℃，而后再经降温、排烟，待上述过程完毕后，再于150℃时进行过滤、冷却后所得之产物。

（5）中油。中油与广油的制得过程类似，只是加热的温度略有差别。中油是将桐油加热至240℃，再行降温、排烟与过滤（150℃），待上述过程完毕后，经冷却所得之产物。

（6）明油。明油是将桐油入锅煮沸至260℃，待锅中之浮沫完全蒸发掉之后，于150℃之时进行过滤，待冷却后所得之物。

（7）大明油。大明油即"明油"。

（8）灰油。灰油是指在桐油中加入了土子、黄丹等催干剂熬制而成的熟桐油，该种桐油的干燥速度较慢。

（9）光油。该熟桐油是作罩光及彩绘之用，是在生桐油中加入适量的松香水调配而成。

（10）坯油。坯油是由不添加任何催化剂的纯桐油熬炼而成。坯油本身很难干燥，故其无法单独使用，常与其他材料配合应用，如广漆与退光漆便是案例。由于炼制方法不一，故坯油又有白坯油与紫坯油之分。无论是白坯油还是紫坯油，均是调制广漆所需之料。除此之外，坯油还有"老"与"嫩"之分，"老"者意指坯油的浓稠度较大（即老坯油），而"嫩"者则与之相反，其意为坯油的浓稠度较小（即嫩坯油）。

（11）老坯油。坯油中浓稠度较大者被称为"老坯油"，其需在天气炎热时使用。

（12）嫩坯油。坯油中浓稠度较小者被称为"嫩坯油"。嫩坯油与老坯油相反，其需在天气寒冷时使用。

（13）紫坯油。欲得此种坯油，需先将生桐油浸泡（1—2个月，浸泡时间越久越好）于生漆绞滤后的余渣中，而后再将其进行熬制（将漆渣取出与桐油一起熬炼，熬炼的温度为270℃），最后将冷却后的混合物（桐油与漆渣）以绞漆架过滤，即可得紫胚油。与白坯油相比，紫坯油的干燥速度稍快，是配制广漆的理想坯油。另外，除了干燥速度有所区别，紫坯油与白坯油在颜色方面亦存差异，采用紫坯油调制的广漆，其色泽较白坯油明显。

（14）白坯油。白坯油的炼制过程与加入催化剂的熟桐油类似，只是其内不加土子、密陀僧等催化剂。除此之外，还需对温度尤其注意，即坯油熬炼的温度应控制在 200—280℃。若是夏季，温度可控制在 200—220℃；若为春秋，温度可控制在 220—240℃；若为冬季，温度应适当升高，可控制在 240—270℃。

2）其他油类

（1）荏油。荏油即描油所用之料，又被称为"苏子油"。通过贾思勰的《齐民要术》（"荏油性淳，涂帛胜麻油"）、李百药的《北齐书·祖珽传》与程大昌的《演繁露》（"桐子之可为油者，一名荏油，予在浙东，漆工称当用荏油。予问荏油何种，工不能知。取油视之，乃桐油也"，之所以漆工将桐油误以为荏油，是因为以前惯用荏油之习惯）中之记载可知，荏油是较早的涂饰原料，对其之使用要早于麻油、核桃油与桐油等。

（2）胡桃油。胡桃油是一种油漆材料。通过《北齐书·祖珽传》所述的"珽善为胡桃油以涂画"可知，对胡桃油的使用亦较早。

（3）麻油。麻油与胡桃油一样，均是油漆所用之材料。麻油来自西域，故又有"胡麻"之称。

（4）快干油。快干油是在 10 份豆油中加入 1 份二氧化锰，而后熬炼 1—2 小时的产物。

（5）干性油。干性油是可在空气中自氧化聚合，而后干燥而成的固态膜油类。

（6）半干性油。半干性油是自氧化性能介于干性油与不干性油之间的油类。

（7）半干性植物油。半干性植物油与半干性油一样，均是自氧化性能介于干性油与不干性油之间的油类。

（8）不干性油。此种油类不能在空气中完成自氧化，亦不能干燥形成固态之膜。

（9）非干性植物油。非干性植物油与不干性油一样，均隶属无法在空气中进行自氧化的油类。

6.2.4 其他

（1）分层。静置生漆会出现分层之状态，即油面、腰黄与粉底。

（2）油面。油面是静置生漆的上层状态，呈酱油色。

（3）腰黄。腰黄是静置生漆的中层状态，呈乳黄色。

（4）粉底。粉底是静置生漆的下层状态，呈粉白色。

（5）人工渣。人工渣分为两个部分：一是在割漆过程中被带入漆中的泥沙、木屑等；二是被人为地掺入漆液之中以增加重量的上述物质。但无论是哪种人工渣，均会影响生漆之质量。

（6）原渣。原渣与人工渣有别，它是指在割漆或贮藏过程中，漆液与空气接触氧化结膜所成的自然渣物。

6.3 色料、染料类

6.3.1 色料

（1）黑烟。黑烟是制作黑漆的原料之一，将其加入生漆所成之黑色依靠的是黑烟本身的遮盖力。由于黑烟是隶属固体颗粒状的颜料，故存在细致度不佳或颗粒不均之现象。若将此种黑烟与生漆混合，所成黑漆之质量必不如氢氧化铁所成的黑漆（将氢氧化铁融入生漆之中，所得之黑漆是铁与漆酚产生化学反应后的产物，而非靠遮盖力所得，故所成之漆膜质量较好）。

（2）烟黑。烟黑又名"黑烟子""墨煤"，是草木燃烧时因黑烟凝结而成的黑色颜料。描漆中的黑色以及为纹饰增光加彩的"黑理钩"等，均是该颜料入漆所为。

（3）铅粉。铅粉是古代所用之白色颜料之一，又名"韶粉"与"杭粉"，其主要成分是碱式碳酸铅。

（4）蛤粉。蛤粉亦是古代所用的白色颜料之一，是以钙化了的蛤壳磨制而成的细粉。不论是铅粉还是蛤粉，均不如当今的锌白与钛白好用。

（5）轻粉。轻粉是调制白漆的颜料，又名"甘汞"，其主要成分是氯化亚汞。在《髹饰录》中并未提及轻粉，但在明代《工部厂库须知》中却有关于此种漆饰颜料的记载。

（6）银朱。银朱是硫黄与汞加热升华而成之物，化学名称为 HgS。在《本草纲目》中，银朱又有"猩红"与"紫粉霜"之称。在漆器中所用之银朱必须成色上成，如若不然，入漆后便会变黑。

（7）朱砂。朱砂是调制色漆的颜料之一，又名"丹砂"，是汞与硫黄的天然化合物。朱砂与银朱实为同一物，只是形成的过程有所区别。除了"丹砂"，朱砂亦有"辰砂"之称，这是由于湖南辰州所产之丹砂为最佳，故得此名。

（8）镉红。镉红是由硫化镉、硒化镉与硫酸钡组成的红色颜料，可替代银朱入漆，其具有耐热、耐光等优良性能。

（9）矾红。矾红是一种工业制造的氧化铁红，由于制造条件不同，其铁红色的光变动于橙红与紫红之间。矾红的耐光性、耐候性与遮盖力较强，其既可调拌漆灰与油腻子，亦可刷涂古建筑的墙面。

（10）甲苯胺红。甲苯胺红还有"猩红"与"吐蕃定红"之称，其为鲜红色的粉末，质地松软，故较易研磨。除此之外，甲苯胺红还具有耐水、耐光、耐酸碱与遮盖力强等优点。由此可见，甲苯胺红是一种较为良好的有机红色颜料。

（11）樟丹。樟丹又名"红丹"与"铅丹"。樟丹为铅系氧化物，故存有毒性。它既可作为入漆之颜料，亦可充当防锈颜料。

（12）赭石。赭石是自然所生的赤铁矿。赭石如土，故易碎，紫漆中的"土朱漆"便是以"赭石"调配而成。

（13）石黄。石黄是调制黄色漆的物质之一。据沈福文《漆器工艺技术资料简要》中的记载，石黄在生漆中的分量约占 50%。在《漆器工艺技术资料简要》中还提及了如何研制入漆之石黄的方法，即将天然的石黄石加以锻炼，然后将锻炼之物碾成粉末放入白布袋内，而后放清水缸中过滤，待其沉淀后，倒去上层之水，按上述之过程洗涤七八次，最后晒干即可。1950 年，多宝臣先生所制之黄漆长方盒便是以石黄调漆的案例。

（14）铁黄。铁黄又名"氧化铁黄"，其化学成分为含水的氧化铁。以铁黄调制的黄漆既有优点，又具缺点：其优点是不仅具有较高的遮盖力与着色能力，而且具有较强的耐碱、耐光与耐大气等性能；虽然铁黄的优点颇多，但其依然存在缺点，如不耐酸与不耐高温性等，若遇到高温，其会变成铁红色。

（15）铅铬黄。铅铬黄又名"铬黄"，其是铬酸铅或铬酸铅与硫酸铅的混合物。在黄色颜料中，铅铬黄的使用量颇大，其与其他颜料一样，均具较高的遮盖力、着色力与良好的耐大气性等优点。

（16）镉黄。镉黄是硫酸镉与硫化钡的反应之物。它与其他黄色颜料一样，各方面性能佳，但价格昂贵，故对其的使用较具针对性，如绘画与特殊耐高温的物面涂饰等。

（17）耐晒黄。耐晒黄亦是黄色颜料之一，又名"沙黄"，其着色能力高出铅铬黄 4—5 倍。

（18）氯氧化铋。氯氧化铋是碱式硝酸铋与浓盐酸混合之后所得的反应产物（历经反应所得之氯氧化铋需经清水过滤多次，而后去水烘干后方可入漆），其可入漆调制白色，但以氯氧化铋所调之白漆并不是纯白之色，而是略带棕黄，即牙白色。

（19）锌钡白。锌钡白又名"立德粉"，是硫酸钡与硫酸锌的反应之物。由于价格较低，锌钡白是油漆中常用的白色颜料之一。锌钡白与氯氧化铋一样，其白之程度均不及钛白粉。

（20）钛白粉。钛白粉是将钛铁矿与硫酸混合，历经水解、高温、煅烧与粉碎，而后所成的一种以二氧化钛为主要成分的无机颜料。与氯氧化铋和锌钡白相比，钛白粉不仅在白之纯度方面占据优势，而且具有良好的耐光与抗粉化性（同为白色颜料，锌钡白较易粉化），其可谓是白色颜料中的优良者。

（21）石青。石青又名"名扁青"或"名大青"，系属天然矿产铜的化合物，是古代常用的蓝色颜料。任何物质均具地域性，石青亦不例外，由于产地有别，故叫法亦有所不同，如产于西藏的石青又有"藏青"之称。

（22）佛青。佛青又名"群青"，为一种半透明的蓝色颜料。它在耐碱、耐光与耐候等性能方面较为突出，但在耐酸、变色、着色力与遮盖力等方面欠佳。

（23）华蓝。华蓝又名"铁蓝"，其主要成分是亚铁氰化铁。比起佛青，华蓝的着色力较好，但在耐碱性方面却不及佛青。

（24）酞箐蓝。酞箐蓝是一种可入漆的深蓝色有机颜料，是历经缩合而成的酞箐系化合物（即邻苯二甲酸酐、氯化亚铜、尿素在钼酸铵的环境下，与硝基苯发生缩合反应）。由于各项性能（如耐酸碱、耐光、耐热、耐水、耐油性与着色力等）优良，酞箐蓝属蓝色颜料中的佳品。

（25）石绿。石绿又名"孔雀石"与"绿青"，其可入漆以实现绿色。在古时，漆工常将其捣碎研细，而后再入水中漂洗以滤去污物与杂质，待滤净之后再行研磨与漂洗，即可得到深浅不一的绿色，如绿华、大绿、二绿与三绿等。

（26）绿华。在石绿中，色泽较淡的被称为"绿华"。

（27）三绿。在石绿中，颜色较绿华深者被称为"三绿"。

（28）二绿。在石绿中，颜色再较三绿深者被称为"二绿"。

（29）大绿。大绿是石绿中颜色最深者。

（30）铬绿。铬绿是铬黄和铁蓝的混合物。此种颜料在遮盖力、耐气候、耐光与耐热性等方面均较为良好，但其不耐酸碱，且易自燃，故使用时需小心。

（31）氧化铬绿。氧化铬绿又名"三氧化二铬"。此种颜料的色泽之明度欠佳，但色调多样，如橄榄绿、茶绿、灰绿与草绿等。

（32）酞菁绿。作为可入漆之料，酞菁绿隶属优良之列，其与酞菁蓝一样，均属酞菁系化合物。酞菁绿不仅色泽鲜艳，而且具有良好的各项性能，如着色力、耐光、耐热与耐候性等均较强。

（33）绿沉漆。绿沉漆是一种颜色较为深沉的绿色漆[7]。据文献可知，该种色漆不仅在建筑上可见［如在《南齐书·东昏侯本纪》中提及："世祖兴光楼上，施青漆（即绿沉漆），世谓之'青楼'，帝曰'武帝不朽，何不纯用琉璃'。"］，而且在家具上亦有人用之（王羲之的"绿沉漆竹管"与宋元嘉时御史中丞刘桢奏折中所提之"绿沉漆屏风"等）。

（34）松烟。松烟是松材、松枝与松根历经不完全燃烧而得的黑灰（即烟炱），其可入漆制得黑漆。由于松烟的化学成分几乎为"纯碳"，故无论是着色力、遮盖力、耐酸性、耐碱性与耐光性均很稳定。

（35）炭黑。炭黑是有机物质经过不完全燃烧或热分解而得的产物。由于原料的差异，炭黑又有天然气黑与乙炔气黑等之别，其与松烟一样，均可成为调制黑漆之料。

（36）烟煤。烟名的名称甚多，在《绘事琐言》中，迮朗称烟煤为"百草霜""灶突烟""灶额墨"。除此之外，烟煤还被俗称为"锅烟子"与"黑烟子"。烟煤既可调油，又可入漆。

（37）铁黑。铁黑又名"氧化铁黑"，是用硫酸亚铁和铁黄在氢氧化钠的作用下制成的黑色四氧化三铁，其价格较松烟低廉，故用量较大。

（38）黑料。黑料是主要成分为氢氧化铁的一种棕色或红褐色粉末，入漆后呈黑色。

（39）靛华。靛华入漆可调配蓝色。在明清之时，靛华乃入漆调蓝的常用之物，但之后便少有使用，多用进口的毛蓝调蓝漆。

（40）韶粉。韶粉即"铅粉"，因广州韶州出产铅粉，故得"韶粉"之名，其是调油的必备之物。

（41）铜金粉。铜金粉又名"金粉"或"青铜粉"，是由铜锌合金加工而成。铜金粉如彩金一样，亦有不同颜色之分。铜金粉的颜色之差异取决于铜锌之配比，当铜锌之比为30∶70时，铜金粉呈绿金色，而铜锌比为15∶85时，其颜色呈浅金色。既然身为粉末，铜金粉的精细程度定有分别，亦如一般金粉与泥金一般，铜金粉也有细度之分，诸如800目、1 000目与1 200目等均为铜金粉在精细度方面的差异之例。

（42）铝银粉。铝银粉又名"银粉"，是将铝熔化后制成铝片，而后再经机械的方式将其压成铝箔，最后以研磨机研磨后所得之产物。铝银粉呈鳞片状粉末，将之入漆可制得银粉漆。

（43）矾红漆。矾红漆是用绛矾调制而成的红漆。绛矾是天然的矾石，亦有"明矾石"之称。矾石的色泽不一，如白、黄、赤等，绛矾是矾石中的赤色者，以之入漆，成色不比银朱与朱砂等，正如《髹饰录》中所言之"如用绛矾，颜色愈暗矣"[8]。

（44）姜黄。姜黄与石黄一样，均是调制黄色漆或油的原料之一。由于姜黄入漆效果不及石黄，故常以之作为油饰的调制原料。

（45）毛蓝。毛蓝是一种调制绿漆的原料，也是一种进口颜料。对于绿漆的调配，除了用毛蓝，还可以臭黄与铅粉（韶粉）、广花与石黄成之。

（46）臭黄。臭黄与雄黄属一类矿物质，但前者的质地远不及后者纯净。

（47）广花。广花即"广靛花"，其是清代宫廷制绿漆的原料之一，正如《圆明园漆活彩漆扬金定例》中所提之："平面搜生漆一道，使漆灰四道，糊绢一道，糙漆、垫光漆、光碌漆。每尺用严生漆五两六钱，土子面四两，两官绢五寸，退光漆四钱，笼罩漆四钱，广花五钱，石黄三钱。每一尺五寸用漆匠一工。"

6.3.2 染料

染料与颜料不同，前者可渗入木质纤维，以改变木材的天然颜色，而后者则是通过颜色本身的着色能力来达到对材料之色泽的改变。根据染料的溶解性，可将其分为油溶性染料、醇溶性染料与水溶性染料。

（1）油溶性染料。能溶解于油（如油脂或矿物油）中的颜料被称为"油溶性染料"，如油溶黄、油溶红与油溶黑等均属此类染料之列。

（2）油溶红。油溶红又名"烛红""油红""醇溶红"等，其不溶于水，但可溶于乙醇、热油类的暗红色粉末物质，将其入漆后可制得红棕色的透明漆。

（3）油溶黄。油溶黄与油溶红一样，均不溶于水，但可溶于乙醇与热油之中。油溶黄之粉末为黄色，将其入漆可制得黄色透明漆。

（4）醇溶性染料。能溶于乙醇中的染料被称为"醇溶性染料"，如醇溶性耐晒黄、醇溶性耐晒红、醇溶性苯胺黑等均属醇溶性染料之列。

（5）醇溶黄。醇溶黄又名"410醇溶耐晒黄GR"，其粉末呈黄色，主要用途在于着色与拼色。

（6）醇溶黑。醇溶黑又名"醇溶苯胺黑"，其是一种较为精细的黑色粉末，不溶于水，但可溶于乙醇之中。醇溶黑的主要用途在于着色与拼色，如调制深棕色与深咖啡色等。

（7）水溶性染料。与油溶性染料与醇溶性染料不同，水溶性染料是可溶于水的染料，如黄纳粉、黑纳粉、碱性橙（块子金黄）、碱性棕与碱性品红等均属水溶性染料之列。

（8）黄纳粉。黄纳粉的主要成分为酸性金黄与酸性嫩黄，故其属于酸性染料。黄纳粉既可溶于水，亦可溶解于乙醇之中，但在不同的溶剂中其颜色略有不同：当其溶于水中时，颜色呈棕褐色；当其溶于乙醇中时，颜色则呈棕黄色。

（9）黑纳粉。黑纳粉与黄纳粉一样，均属酸性染料之范畴。由于黑纳粉入漆后的色泽不够鲜亮，故在制作木质表面的染色剂时，需与黄纳粉混合使用。

（10）酸性大红。酸性大红又名"酸性朱红"，其是酸性染料之一，为一种带黄光的红色粉末。它既可溶于水，也可溶于乙醇，但在乙醇中，其无法达到全部溶解之状态。

（11）酸性橙。酸性橙又名"酸性金黄"，它与酸性大红一样，均属酸性染料之列，其状态为橙红色粉末。在溶剂方面，酸性橙既可溶于水，亦可溶于乙醇，由于溶剂不同，故其所得之颜色亦有差别之处：对于水而言，酸性橙在溶解后所得之色为橙红色；对于乙醇而言，酸性橙在溶解后的颜色则为橙黄色。

（12）碱性橙。碱性橙又名"盐基金黄"或"盐基杏黄"，该染料为一种带绿色金属光泽的黑褐色块状晶体（俗称"块子金黄"），其与酸性橙一样，在不同溶剂中所现之色略有差异：当溶剂为水时，其显色为橙红色；当溶剂为乙醇时，其显色为橙黄色。

（13）碱性嫩黄。碱性嫩黄又名"盐基淡黄"与"盐基槐黄"，其溶剂既可为水（需为热水），又可为乙醇。

（14）碱性品红。碱性品红是紫红色家具着色打底之染料，其与其他酸性染料一样，既可溶于水，也可溶于乙醇。

（15）碱性品绿。碱性品绿又称"盐基品绿""孔雀绿"，为带绿色金属光泽的大块晶体或片状。碱性品绿既可溶于水，亦可溶于乙醇：当其在水中溶解之时，染料颜色为蓝光绿色；而当其在乙醇中溶解时，染料颜色则呈绿色。无论是前者还是后者，在使用时常与碱性品红混合使用。

（16）碱性玫瑰精。碱性玫瑰精也属碱性染料，是一种较为高级的碱性染料，由于价格不菲，故其常被用于特定之物的着色（如高级工艺品与木器等）。

（17）天然颜料。与酸性染料与碱性染料不同，天然染料多取自大自然中的植物，如茜草（制得红色染料）、蓝草（提出蓝色染料）、姜科草本植物（将根茎研磨可制得黄色染料）、苋蓝（通过熬之过程可制得绿色染料）、红苏木（在沸水中煮可获得红色染料）等。

（18）水色。水色是着色剂的一种，由于所用之颜料或染料大多可溶于水，故得"水色"之称。在水色的调配中，既可以"颜料"为之，如氧化铁黄与氧化铁红等，还可将"染料"作为配料，如酸性染料。另外，为了增强水色的扩散能力与附色能力，可在其中加入适量的其他物质。对于前者而言（增强扩散），可在着色剂中加入氢氧化钠、碳酸钠、氨水或甲醇（15%—20%）；对于后者而言（附色能力），可在其中加入皮胶溶液或其他胶料（如豆腐浆与料血等）。

（19）油色。油色与水色一样，均是着色剂之一，只是调配所用之料存有差异。油色是以油类或油性漆、颜料或者染料与稀释剂调配而成的一种着色剂。油色在显纹效果、附着力与避免膨胀起毛等方面较水色好，但在鲜艳度与干燥性方面却不及水色。

（20）酒色。酒色是将碱性染料或醇溶性染料溶解于酒精或虫胶漆液中所得的着色剂。通过定义可知，要想得到酒色，可通过两种方式完成：一为将染料溶于虫胶漆液中；二为将染料直接溶于酒精之中。对于前者而言，虽未直接溶于酒精之中，但要想将虫胶制成虫胶漆液，需将之溶于酒精之中得到虫胶酒色，此种方式可被视为酒精"间接"溶解法。通过此法所得之虫胶酒色隐含缺陷，即其在潮湿的环境中容易产生发白之现象。为了弥补此种缺陷，漆工常在其中加入松香水来缓解。对于第二种酒色的获取之法而言，其优点在于成本低、色艳、省料与省力。

6.4 纹饰类

6.4.1 主材

1）螺钿

在镶嵌工艺中，螺钿是所用贝壳的总称。无论是贵重的贝类（诸如夜光贝、鲍鱼贝与珍珠贝等），还是较为普通的"壳类"（诸如白蚌壳与带色蚌壳等），均隶属螺钿之范畴。除了贵重与普通之别，螺钿还有厚（硬）与薄（软）之分，前者意指厚度达 13.5 cm（大约 100 片螺钿叠加的厚度）或以上的螺钿，后者的厚度大约为 8.5 cm 或以下的螺钿。

（1）钿片。钿片是历经打磨与裁切后的螺钿薄片。

（2）薄螺钿。薄螺钿又名"软螺钿"，其是厚度为 0.1—0.3 mm 的钿片。

（3）软螺钿。软螺钿即"薄螺钿"。

（4）厚螺钿。厚螺钿又称"硬螺钿"，其是厚度为 1—2 mm 的钿片。

（5）硬螺钿。硬螺钿即"厚螺钿"。

（6）钿砂。钿砂是由螺钿磨制而成的颗粒状物质。

（7）蛋壳。蛋壳与螺钿一样，均可作镶嵌之用，即蛋壳镶嵌。蛋壳镶嵌的形式有二：一为以"片材"为原料作镶嵌之用；二为以"屑材"作镶嵌之用。前者多用以形成花纹物象，而后者常是地子的一部分。

（8）老蚌。老蚌即老蚌的壳。

（9）蛤。蚌与蛤属同类，但在形状上有所不同。随着时间的推移，人们将蚌、蛤之称合二为一，正如《本草纲目》中所言的"长者通曰蚌，圆者通曰蛤……后世混称蛤蚌者"。

（10）车螯。车螯为蚌的一种。《本草纲目》中也有对车螯的记载："车螯……其壳色紫，璀璨如玉，斑点如花……壳可饰器物。"

2）金属类

（1）单连。单连是金箔之规格的单位，即一方寸的金箔。

（2）双连。双连即两方寸的金箔。

（3）四连。四连即四方寸的金箔。

（4）红佛。红佛即其内含有微量紫铜的金箔。

（5）贡赤。贡赤即含一二成白银的金箔。

（6）淡赤。淡赤与贡赤一样，均是含银金箔，只是在含量上有所区别：淡赤的含银量较贡赤高（含六七成白银）。

（7）烟金箔。烟金箔即假金箔，是以硫酸熏制而成。

（8）屑金。呈小块碎屑的金，名曰"屑金"，其常以沙嵌的形式出现在漆器之中。

（9）片金。片金即"薄金片"，是金箔捣碎后所得的较大碎片，如漆器中的"平脱"与"金薄"之工艺便是以"片金"为之的工艺。

（10）线金。线金即将金制成"丝"，而后将之作为实现纹饰之物，如嵌金银丝中的"金"便为"线金"之案例。

（11）库金。库金即金箔之颜色。

（12）顶红。顶红即"库金"。

（13）苏大赤。苏大赤即金箔的颜色。

（14）田赤金。田赤金即金箔之颜色的一种。

（15）锉粉。锉粉即利用锉刀锉下的金屑。

（16）银箔。银箔是由白银锤制而成的薄片。

（17）银箔粉。银箔粉是呈颗粒状的白银。

（18）银泥。银泥是银粉中加入油或漆调制而成的物质。

（19）铝箔。铝箔是由铝锤制而成的薄片。

（20）铝箔粉。铝箔粉是呈现细颗粒状的铝。

（21）铝粉。铝粉即"铝箔粉"。

（22）锡片。锡片是由锡锤制而成的薄片。

（23）锡箔。锡箔与锡片一样，均是由锡锤制而成的薄片，但它们并非一物，此物的厚度要小于锡片。

3）干漆色片

干漆色片是将广漆与颜料的调和物涂抹于玻璃板上，待刷层干燥后再行刷涂 2—3 次，当涂层彻底干后，将其从玻璃板上剥下来，此剥取之物即为"干漆色片"。干漆色片可被碾成碎片或粉末，而后再以罗筛筛之，使其分为粗、中、细三个等级，筛后之碎片或粉末与金箔一样，可成为物象纹饰的敷贴材料。

6.4.2 辅材

（1）金漆。金漆即打金胶所用之漆。金漆的颜色略微发黄，其目的有二：一是为了养益金色，即衬托所贴之金；二是为了与地子有所区别，以保证没有遗漏之处。

（2）金胶。金胶又被称为"金脚"，因其位于金之下面，犹如金之"脚"，故得此名。不论是贴金，还是上金，抑或是泥金，均需金胶的配合。

（3）色糙。色糙是指带色的金脚漆。

（4）金粉漆。金粉漆是金粉调拌漆液所成之物，其是画金工艺的主要原料。

（5）干漆粉。干漆粉是由结膜后之干漆研磨而成的细致颗粒。

（6）铜件。铜件属金属装饰之范畴，其用途除了作为合页（链接两个活动的部件）、加固腿足（套腿）与方便使用（拉手）等之外，还有装饰作用（如交椅扶手之上的铜饰）。匠师将纹饰与图案施于铜件之上，如动物纹饰、植物纹饰、几何纹饰等，种类繁多，造型多变，设计得极为巧妙。铜件上的图案和纹饰与家具之上的一样，是情感的寄托者，承载着人们美好的愿望与期盼。

6.5 其他类

6.5.1 稀释材料

（1）稀释剂。稀释剂是对大漆进行稀释的材料，包括樟脑、冰片、猪胆汁及松节油等。

（2）稀料。稀料即"稀释剂"，其作用有二：一为调节漆料的浓度；二为清洗髹涂工具，如髹刷。

（3）松香液。松香液是松香与二氧化锰的混合物。首先取 50 kg 的松香与 7.5 kg 的二氧化锰；其次，将两者的混合物加热至 190℃熬炼半小时；最后，离火冷却至 160℃，而后再加入 50 kg 的松节油以达稀释之作用。历经此过程而得的产物，即为"松香液"。

（4）樟脑油。樟脑油是无色或淡黄色至红棕色的液体，其是大漆和桐油较为理想的稀释剂，但使用时需注意用量，过量则会影响大漆的燥性。

（5）松节油。松节油来自松树的茎、枝与叶，历经萃取初得粗制品，而后再经除杂与蒸馏即可获得松节油，该物质是一种具有挥发性且带有芳香气味的萜烯混合液。松节油与樟脑油一样，均是大漆与桐油较为理想的稀释剂。

（6）梓油。梓油是由乌桕树之籽榨得的棕红色油状液体。

（7）油松香。油松香是桐油与松香的混合之物。首先，需以生桐油为料入锅熬炼至温度达到 240—250℃；其次，加入总量之 15% 的松香搅拌至熔化；最后，历经扬油除烟之过程，至 150℃时再行过滤，冷却后所得之产物即为"油松香"。

（8）二甲苯。二甲苯是从煤焦油中提炼而成的一种无色透明且易挥发的液体。作为稀释剂的二甲苯，其常被用于稀释油性漆与醇酸类漆，除此之外，二甲苯还可被用于调拌铜金粉与铝金粉。

（9）松香水。松香水又名"200 号溶剂汽油"，其是石油分馏而得的一种无色透明液体，由于其与松节油的功能相同且能成为松节油的替代品，故得"松香水"之称。

（10）汽油。汽油与松节水一样，均是经石油分馏而成，但对于此种稀释剂的使用，应尤为谨慎与注意。由于汽油的挥发较快且较易燃烧，故防火极为重要。

6.5.2　干燥材料

（1）黄丹。黄丹的主要成分是氧化铅，其不仅可作为促进生漆与桐油干燥的催干剂，还可用来熬制"密陀油"。王世襄先生在《髹饰录解说》中所提之"密陀绘"，便是以黄丹调油所成的描饰工艺，可见黄丹既是催干剂，又是调彩油的基础材料。

（2）土子。土子又名"无名异"。土子是含氧化锰的矿石，其主要成分为二氧化锰，呈颗粒状，颜色为棕黑。土子既可成为桐油的催干剂，又可参与漆灰腻子的调制。

（3）无名异。无名异即"二氧化锰"，又称"土子"。

（4）密陀僧。密陀僧即"氧化铅"。密陀僧是描油工艺的原料之一，对其的使用已不是什么新鲜之举，早在魏晋南北朝的时候便有对其的应用，如山西大同石家寨司马金龙墓中出土的屏风，极有可能是油中混入了密陀僧所成之案例。随着实践的发展，在油中加入密陀僧的彩绘之事更是常而有之，如明代沈周的《石田杂记·笼罩漆方》与清代《圆明园匠作则例》（"煎光油，每百斤用：山西绢一尺，黄丹八斤，土子八斤，白丝二两四钱，陀僧五斤，木柴五十五斤"）等，均有关于油中入密陀僧的记载。

（5）金生粉。金生粉即"密陀僧"。

6.5.3　洗涤材料

（1）煤油。煤油是石油中分馏而得的一种无色或淡黄色液体。煤油与松香水和汽油不同，其挥发性较慢，一般用于洗涤大漆用具与调节大漆的浓度。

（2）植物油。在传统的大漆工艺中，所用之植物油包括菜油、豆油与核桃油。对于前两者而言，其可作洗刷之用，如漆刷与漆画笔的擦洗；对于核桃油而言，其作揩光之用，即揩擦退光漆的漆面。

6.5.4　抛光材料

（1）木炭粉。木炭粉是木炭研磨而成的细致颗粒。

（2）出光粉。出光粉是用于抛光的一类细致之物的总称，如细瓦灰与鹿角灰等。

（3）砂蜡。砂蜡又称"磨光剂"与"抛光膏"，是一种内含氧化铝与硅藻土等颗粒的乳浊膏状物，其作为漆膜的磨光之料，可将漆膜上的刷痕、颗点与空隙等消磨去除。

（4）光蜡。光蜡又称"亮油"与"上光蜡"，其是将石蜡、蜂蜡与硬脂酸铝等热熔，而后再加入松香水冷凝而成的白色或乳白色膏状物。比起砂蜡，光蜡虽可增强漆膜的光亮程度，但无磨光之用，故在使用时常与砂蜡配合使用。

第6章参考文献

［1］濮安国. 明式家具［M］. 济南：山东科学技术出版社，1998.

［2］濮安国. 中国红木家具［M］. 杭州：浙江摄影出版社，1996.

［3］沈福文. 中国漆艺美术史［M］. 北京：人民美术出版社，1992.

［4］乔十光. 漆艺［M］. 杭州：中国美术学院出版社，1999.

［5］李一之. 髹饰录：科技哲学艺术体系［M］. 北京：九州出版社，2016.

［6］何豪亮，陶世智. 漆艺髹饰学［M］. 福州：福建美术出版社，1990.

［7］王世襄. 髹饰录解说［M］. 北京：生活·读书·新知三联书店，2013.

［8］黄成. 髹饰录图说［M］. 杨明，注. 济南：山东画报出版社，2007.

第 6 章图片来源

图 6-1 源自：王世襄《中国古代漆器》.

图 6-2 源自：北京九漆堂文化发展有限公司资料扫描.

图 6-3 源自：王世襄《中国古代漆器》.

7 物象纹饰术语

7.1 动物纹饰

7.1.1 神化类纹饰

（1）饕餮纹。饕餮是现实世界不存在的物种，是古人想象出来的怪兽。在《左传》《吕氏春秋》中均有记载，饕餮是一种有首无身，极为凶猛，且食人的怪兽，是青铜器家具常用之装饰纹样。

（2）兽面纹。兽面纹是多种动物的组合体[1]，有的是麒麟与石狮子的合体，有的则是龙、牛、羊与虎的杂糅（图7-1）。该纹饰的起源较早，可以追溯至上古的新石器时代，如良渚文化中"琮王"之上的"神人兽面纹"，时至夏代，在青铜器上又出现了此纹饰的延续，如二里头遗址中的"绿松石兽面纹青铜牌饰"，历经上古到夏代的酝酿，到了商代，其已成为商代之主要纹饰（兽面纹在商代极为重要，为了养益商代文化的诡异色彩，此时的兽面纹皆以"鼻梁居中，左右对称"之势出现）。青铜器作为承载中国文化的重要载体，对后世艺术的影响甚大，无论是瓷器，还是玉器，抑或是漆器，均有青铜器的身影出现。兽面纹作为青铜器上的重要纹饰之一，自然会分享这种影响。另外，兽面纹是今人对其的称谓，在古时被称为"饕餮纹"（饕餮纹之称源于《吕氏春秋·先识览》）。

图7-1 兽面纹图例

（3）四神。由青龙、白虎、朱雀与玄武组成的纹样被称为"四神"

或"四灵"。

（4）五灵。由青龙、白虎、朱雀、玄武与麟（其形式为独角兽）组成的纹样被称为"五灵"。

（5）麒麟纹。麒麟作为仁兽，其纹饰是古代装饰中常见之纹饰（图7-2）。在家具设计中，麒麟之形式或蹲或站，或回首望日，或昂首驮童子。以麒麟为题材的装饰多与家庭生活有关系，如麒麟送子、麒麟叫子等。

图 7-2　麒麟纹图例

（6）角端纹。该纹饰是元青花中常用之纹饰（图7-3）。角端是一种独角神兽，形似鹿，却带有马尾，意在赞美成吉思汗顺天意、施仁爱。

图 7-3　角端纹图例

7.1.2　实存类纹饰

（1）蝉纹。蝉是商代的图腾，将此纹饰（图7-4）应用于家具设计中实属必然。经过古人的提炼与加工，蝉纹在不同的朝代有不同的表现形式。如汉代之艺术追求深沉雄大之美，纹饰隶属艺术之载体的范畴，故

图 7-4　蝉纹图例

具有所在时代之工艺美术的特点实属正常之事。中国之工艺美术讲究艺术与技术的合二为一，故"汉八刀"与"半面坡"之工艺是赋予蝉纹深沉之美的关键所在。

（2）走兽纹。在中国传统家具中，一些走兽之形象作为装饰的主题经常出现在家具设计中，这是因为其内的吉祥寓意深受主观群体和匠师的喜爱，如三阳开泰、马上封侯、封侯挂印等，匠师借用羊与猴的谐音，将美好的寓意通过其家具设计传达给世人。

（3）百兽纹。在民间，百兽图有驱除瘟疫、降福求瑞等吉祥寓意，所以百兽纹也是匠师喜用的纹饰之一（图7-5）。

图7-5　百兽纹图例

（4）狮纹。在古时，狮子有"狻猊"之称（图7-6），被古人视为"辟邪"之物，故常以石狮、带有狮纹的石刻置放于门宅之前。家具作为屋之肚肠，与建筑一脉相承，狮纹在家具设计中也是吉祥寓意的承载者，如以"大狮小狮"组合之形式暗喻"太师少师"官运亨通，以九狮图寓意家族之兴旺，双狮戏球则是喜庆之象征，六狮戏球代表太平盛世与大吉大利。

图7-6　狮纹图例

（5）鹰纹。鹰纹作为一种新鲜的纹饰（图7-7），其突破了"图必有意，意必吉祥"的装饰观念，这并不是对中国传统文化的背叛，而是海派家具步入现代化的开端。

（6）象纹。古人视象为吉祥之物，象背上驮一盆万年青，或在象的披巾上饰以"万"字，有"太平吉祥"之寓意（图7-8）。

（7）鱼纹。鱼纹的应用可追溯至新石器时代彩陶时期，对于鱼纹的钟爱，不仅是因为其生动活泼，更多的是其内吉祥寓意（"鱼"与"余"同音，寓意年年有余）的传递，如象征夫妻恩爱的鱼水之欢图，寓意子

图 7-7　鹰纹图例

图 7-8　象纹图例

孙发迹的鱼跃龙门图以及代表富贵有余的九鱼图，暗喻富贵满堂、家境殷实的金玉满堂图等（图 7-9）。

图 7-9　鱼纹图例

（8）鱼龙纹。鱼龙纹即鱼纹和龙纹的组合纹饰（图 7-10）。

图 7-10　鱼龙纹图例

（9）凤纹。除了龙纹，凤纹可谓是中国的核心纹饰之一（图 7-11）。早在周代之时，人们就对凤纹情有独钟。凤凰是古人想象中的瑞鸟[2-4]，既然其非现实之物，故与神话传说密不可分，如"天生玄鸟，降而生商""丹穴之山，其上多金玉，丹水出焉，而南流注于渤海。有鸟焉，其状如鸡，五采而文，名曰凤凰"等，均是赋予凤凰之神秘色彩的印证。凤纹有具象与抽象之别，如商代的玉器、西周的青铜器、秦汉的瓦当、唐宋的瓷器、明清的家具等之上，均有对不同形式之凤纹的诠释。

另外，对于凤纹，既可单独使用，也可与其他纹饰混合并用，如凤穿牡丹、双凤穿云、龙凤呈祥、百鸟朝凤等。

图 7-11　凤纹图例

（10）夔凤纹。对于此种纹饰的应用，可追溯至商周时期，如青铜器与玉器。夔凤纹是抽象化的凤纹，其将凤之典型特征，如弯嘴、细眼与顶冠等元素，以高度图案化之方式予以呈现。夔凤与夔龙一样，均有延展与卷曲的样式之别，前者呈横向的"S"之形，后者有回纹之势（图 7-12）。

a 至 d 延展式

e 至 h 卷曲式

图 7-12　夔凤纹图例

（11）仙鹤纹。在民间，古人视鹤为传奇之物，如仙人驾鹤升天，鹤寿可至五千之传说等。由于鹤被视为鸟中之长寿者，是长寿与吉祥的化身，故以鹤为题材的装饰纹饰极为常见（图 7-13），如松树与鹤的组合（松鹤延年）、桃子与鹤的混搭（仙翁下凡祝寿）等。

图 7-13　仙鹤纹图例

（12）龟鹤纹。《龟经》中有"龟一千二百岁，可卜天地终结"之记载，故龟是长寿的象征。将鹤与龟组合，寓意万寿无疆。

（13）龙纹。龙纹的起源较早，可追溯至红山文化之时，如上海博物馆与内蒙古自治区翁牛特旗博物馆中的玉龙，可谓是早期之龙的形式。龙作为中华儿女的图腾，是中华民族精神的象征。自古以来人们视"龙"为权威与尊严的象征，所以将其作为装饰纹样应用于实体之中实属正常，如青铜器、玉器、丝绸、漆器、陶瓷等上均有龙之不同形象的出现〔由于龙之头似牛，眼似虾，耳似象，颈似蛇，鳞似鱼，爪似凤，掌似虎，故为主观群体留下了想象的余地（图7-14），所以出自不同匠师之手的龙纹亦不相同，如有正龙、升龙、降龙、行龙、戏水龙、穿云龙、戏珠龙、夔龙等之别〕。对于龙纹的应用，其形式有二：一是单独使用；二是与其他纹饰并用，组成具有特定含义的图案，如海水云龙纹、双龙戏珠纹等。另外，龙纹作为纹饰之一，必然涉及两种表现方式，即具象的与抽象的：具象的龙倾向于写实，无论是与哪种动物相似的龙，其体形结构均较为完整；而抽象的龙则不同，其是被高度图案化的龙，如草龙、夔龙与拐子龙等。

图7-14 龙纹图例

（14）草龙纹。草龙纹的龙尾及足部均演变为卷草状，其卷转圆婉的外形为龙纹增加了几分曲线之美（图7-15）。

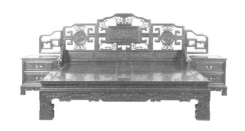 

图7-15 草龙纹图例

（15）拐子龙纹。拐子龙纹饰的特点是龙尾、龙足被高度图案化，且转角处呈方形，故北京匠师称其为"拐子龙纹"。

（16）夔龙纹。此纹饰的历史较为悠久，可追溯至商代与西周早期的青铜器之上。夔龙之形似蛇，有一足、两足与无足之别。另外，作为纹饰的夔龙，其表现方式也不尽相同（图7-16），有的呈"延伸"之势，而有的则呈"卷曲"之态，前者呈横向的"S"之形，而后者则有

"云雷纹"与"拐子龙纹"之趋向。

图 7-16　夔龙纹图例

（17）螭纹。螭是传说中的一种动物，与龙同属，但螭的头部和爪子与龙不同，其身体类似走兽之形象，且身躯无鳞甲（图 7-17）。早在战国时期，此纹饰就已存在，由于其装饰性较强，且灵动有佳，故在汉代以后得以广泛应用。古人视"螭"为驱邪之物，故常以螭纹作为家具的装饰纹样。在传统的家具装饰中，螭纹的用途较为广泛，可单独存在，也可与其他纹饰组合出现，如螭纹和塔刹纹的组合、螭纹和寿字纹的并列应用等。

图 7-17　螭纹图例

（18）蟠螭纹。蟠螭纹即两条或两条以上的螭龙纠缠在一起。

（19）蟠虺纹。蟠虺纹是将蟠螭纹加以细密化的产物，如曾侯乙之"尊盘"上的纹饰便是蟠虺纹。该纹饰的实现应归功于模印制范法（是青铜器的装饰技法之一，即以小花板在光素且未干的陶范上重复压印花纹的方法，该法可谓是批量化与工业化的前身，模印制范法的应用避免了在陶范上逐一雕刻的麻烦）与失蜡法的发明。

（20）牛纹。牛角是威力与尊严的象征，故此纹饰在艺术家具中极为常见，如牛郎织女鹊桥相会纹。

（21）羊纹。古时，羊与祥两字可通用，故在辟邪的饰品上均写有大吉羊之字样，可见羊有吉利与祥瑞之意（图 7-18）。

（22）鹿纹。在古时，鹿被认为是神兽之一（图 7-19），如"骑白鹿

图 7-18　羊纹图例

而容与""天鹿者，纯善之兽也，道备则白鹿见，王者明惠及下则见""艳锦安天鹿，新绫织凤凰"等，均是对鹿的正面描述。不仅如此，"鹿"与福禄寿中的"禄"同音，故将鹿作为纹饰应用于家具设计中实属必然。

图 7-19　鹿纹图例

（23）蝙蝠纹。古人认为蝙蝠是好运与幸福的象征，其内蕴含寿比南山、恭喜发财、健康安宁、品德高尚与善始善终等吉祥寓意，故其是传统艺术中常见的装饰题材之一。另外，由于蝙蝠中的"蝠"与"福""富"字谐音，故其常与云纹、桃子纹、寿字纹等并用，以暗喻福从天降、五福捧寿等吉祥寓意（图 7-20）。

图 7-20　蝙蝠纹图例

（24）蝴蝶纹。蝴蝶纹是典型的瓷器纹饰，此纹饰不仅可作家具的装饰之用，如雕刻、彩绘、镶嵌，而且可作为配件出现在家具中。蝴蝶纹常与花卉纹饰结合使用，"蝶恋花"之意境油然而生。

（25）鸳鸯纹。鸳鸯是栖息于池沼之上的彩鸟，雄为鸳，雌为鸯，常偶居不离，故古人称之为匹鸟。由于鸳鸯是忠贞爱情的象征，故鸳鸯纹是匠师们所垂爱的纹饰之一，如代表夫妻和谐、恩恩爱爱的鸳鸯戏水纹与鸳鸯嬉荷纹，常被用于艺术家具的装饰中（图 7-21）。

（26）鹦鹉纹。鹦鹉纹即形似鹦鹉的纹饰（图 7-22）。

图 7-21　鸳鸯纹图例

图 7-22　鹦鹉纹图例

7.2　几何纹饰

几何纹饰较为简练，是古代艺术家具喜用的纹饰之一，尤其是明式家具[5]，如万字纹、渔网纹、曲尺纹、十字纹、品字纹、冰裂纹等。另外，几何纹饰也是海派家具以及当代艺术家具的装饰题材之一（图7-23）。

图 7-23　几何图例

（1）谷纹。谷纹的应用较广，其形似谷粒，与乳钉纹有类似之处，但不及其立体感强，青铜器、玉器、木制品与建筑等之上均有对其的表现（图7-24）。

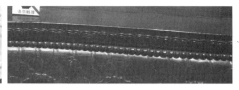

图 7-24　谷纹图例

（2）乳钉纹。对于该纹饰的应用，可追溯至新石器时代，后被青铜器、玉器与瓷器相继采用，以作装饰（图7-25）。

图 7-25　乳钉纹图例

（3）乳雷纹。乳雷纹即雷纹与乳钉纹的组合（图7-26）。

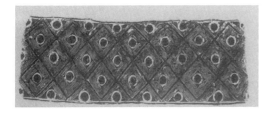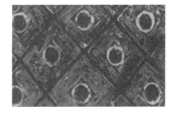

图 7-26　乳雷纹图例

（4）鱼子纹。鱼子纹是金银器之上的纹饰（如唐中期的狩猎纹银高足杯，即银器上以"鱼子纹"为地的案例），后被引入陶瓷，成为其上的装饰之一（图7-27），如登封窑与磁州窑之上的"珍珠地刻花"。

图 7-27　鱼子纹图例

（5）联珠纹。该纹饰的形式较多，如圆圈形、心形、龟甲形、菱形与带形等（图7-28），其最早出现于丝绸之上，而后被陶瓷、玉器等引入其内以作装饰之用。在联珠纹中，较为典型的是圆圈状的联珠纹，即联珠圈，在6—7世纪，其曾是中国的主要装饰纹饰之一。虽然在8世纪之后，此纹饰在丝绸上出现的频率已不高，但在其他艺术领域仍有对联珠纹的借鉴与发展，如瓷器与玉器，此时联珠纹在形式上已出现了多样化，如龟甲形、菱花形、心形等。

图 7-28　联珠纹图例

（6）联珠圈。该纹饰源于丝绸之上，其是由一个个小的圆珠所组成，根据小圆珠的不同排列形式，有条带状与圆圈状之别（有专家认为该纹饰是受波斯之影响），而这圆圈状之联珠纹便是典型，即联珠圈（图 7-29）。该纹饰流行于公元 6 世纪中叶到 7 世纪末的中国，此后便少有见到。

图 7-29　联珠圈图例

（7）窃曲纹。窃曲纹是西周早期之纹饰，由于周代忌奢靡，尚礼乐，禁酗酒，故青铜器之上的纹饰与商代有所差别，即纹饰出现了单纯化的趋向。窃曲纹便是单纯化的表现之一，其形象卷曲，犹如一横向之S形，正如《吕氏春秋·离俗览》中所言："周鼎有窃曲，状甚长，上下皆曲，以见极之败也。"圆中带方、直中带圆的窃曲纹并非凭空产生，其是兽面纹、夔龙纹与鸟纹等纹饰的简化与变体。窃曲纹并非一成不变，至西周中期时就已出现了更为简洁的蜕变体，此时称之为"波曲纹"（图 7-30）。

图 7-30　窃曲纹图例

（8）重环纹。该纹饰是西周中后期盛行之纹饰，即双层的几何图案（图 7-31）。

图 7-31　重环纹图例

（9）垂鳞纹。垂鳞纹也是西周中后期较为盛行的纹饰之一，其常作为主题纹饰出现。该纹饰连续且规整，为器物增添了些许庄重严整之感（图 7-32）。

（10）垂弧纹。该纹饰的历史也较为悠久，可被视为波形纹饰（如海水纹）之鼻祖。早期之垂弧纹来自半坡类型之彩陶中，彰显了先人对自然的崇拜之感。垂弧纹随着时间的推移亦出现了颇多的衍生体，如在青铜器之上的垂弧纹（图 7-33）。

（11）水波纹。水波纹又称"波浪纹""波状纹"等（图 7-34），形

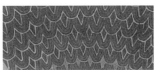

图 7-32　垂鳞纹图例

图 7-33　垂弧纹图例

似水流动的形态。此纹饰从瓷器跨域到家具之上，其形式有所变化。作为家具的装饰，水波纹可被雕刻、彩绘于家具的面板之上；作为家具的结构部件，也可将其立体化，采用攒接的方式形成渔网状，使其成为家具的一部分，如架子床的床围子。

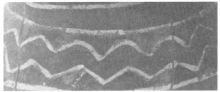

图 7-34　水波纹图例

（12）曲折纹。该纹饰又有"波折纹"之称，其形式与"水波纹"类似，但前者棱角分明，而水波纹却较为柔和（图 7-35）。

图 7-35　曲折纹图例

（13）波折纹。波折纹即曲折纹中的一种。

（14）旋纹。旋纹又称"涡纹"，该纹饰犹如涡卷之形（图 7-36），其利用线条的变化给人以柔美、律动之感。该纹饰的起源也较早，在马家窑类型之彩陶上便有此纹饰的存在。

（15）规矩纹。该纹饰由长短不一的直线组成，且两条直线呈 $90°$ 相

图 7-36　旋纹图例

交之态，相交后出现 T 形、V 形、L 形纹饰（图 7-37）。规矩纹最初是铜镜之上的重要纹饰，出现于西汉早期，最终盛行于武帝之时。另外，规矩纹不只是铜镜的专有纹饰，在汉代之博戏棋盘中也常有其身影的出现，故规矩纹又有"博局纹"之称。

图 7-37　规矩纹图例

（16）瓦纹。瓦纹是西周中晚期盛行的纹饰之一，与垂鳞纹相比，其状较为平铺（图 7-38），可谓是简单至极。

图 7-38　瓦纹图例

（17）波带纹。波带纹是西周中晚期之纹饰。

（18）八角星纹。该纹饰隶属大汶口文化（公元前 4300 年—前 2500 年）中彩陶器物之上的图案。此纹饰也许是新石器时代人的自然崇拜与图腾崇拜的外在表现：八角星纹寓意光芒四射的太阳（图 7-39），星形中间的方块象征着大地，充分显示了上古先人对自然的崇拜。

（19）山字纹。该纹饰的历史较为悠久，在仰韶文化的彩陶中，就曾有山字纹出现于器物之上，而后山字纹又见于青铜镜之上(图 7-40)。除了彩陶之上单独使用的山字纹饰之外，还有其他之形式被应用于青铜镜之上，如四山纹饰、五山纹饰与六山纹饰。"四山"纹饰出现的时间

图 7-39　八角星纹图例

可能是战国早期，而"五山"纹饰出现的时间较"四山"纹饰晚，基本见于战国晚期，"六山"纹饰更是少见，但少见不等于没有，在西汉早期曾有此纹饰的出现。无论是四山纹饰，还是五山纹饰，抑或是六山纹饰，常以"锦地浮雕"之形式出现，即以细密的羽状纹作为地子，间隔布置 3—6 个醒目的"山"纹饰。

图 7-40　山字纹图例

　　（20）弦纹。该纹饰在陶器、青铜器、玉器、瓷器中均存在（图 7-41），可谓历史较为悠久的纹饰之一。在东晋南朝之时，弦纹是极为流行的一种几何纹饰。

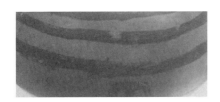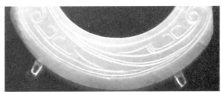

图 7-41　弦纹图例

　　（21）同心圆纹。该纹饰的使用范围较广，陶器、瓷器与漆器中均有存在（图 7-42）。在陶器、瓷器中，常以彩绘之法形成该纹饰（在陶器中，该纹饰被称为"四大圈"纹），而在漆器中，则需以"印花"之法成之，采用此法的目的是得到线条均匀而规整的同心圆。

　　（22）拐子纹。此纹饰起源于青铜器中的夔龙纹，实则就是被简化了的夔龙纹，又有"回纹""万寿藤"之称（图 7-43）。拐子纹的形式不止一种，有的呈规矩的方形（转角处呈直角），有的则以变体的形式出现（转角处为圆角）。拐子纹的寓意与一根藤、卷草纹等一样，均有

图 7-42　同心圆纹图例

子孙昌盛、安宁富贵之意。此纹饰既可单独使用，也可与龙纹、卷草纹并用，即拐子龙纹饰。

图 7-43　拐子纹图例

（23）回纹。回纹又称"拐子纹"（图 7-44），由云雷纹衍化而来，其排列方式有单体间断与一正一反相连（对对回纹）之别。在民间，回纹被视为"富贵不断头"之纹饰，故有吉利、长久之寓意。

图 7-44　回纹图例

（24）万字纹。万字纹与"纹"密不可分，纹是古代的一种符咒、护符或者宗教的标志，被认为是火或者太阳的象征，在古代印度、波斯、希腊等国均有出现。另外，"纹"字在梵文中有"吉祥之所集"之意，是"万德吉祥"的标志。在唐武则天大周长寿二年（693 年）之时，将此的读音规定为"万"，其纹饰也随之被称为"万字纹"。万字纹是古时建筑的装饰纹饰之一[6]，后被匠师引入传统家具设计中，常采取攒接之方式组成"卍"的形式（图 7-45）。

图 7-45　万字纹图例

（25）品字纹。品字纹是几何纹饰的一种。

（26）曲尺纹。曲尺纹也是几何纹饰的一种，利用攒接之造法（图7-46）将短料、小料加以合理利用，与明式家具"惜料如金"的精神极为吻合。

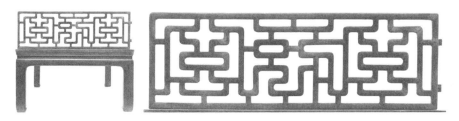

图7-46　曲尺纹图例

（27）十字棂格纹。此纹饰原为窗户以内的格子，后被引入家具设计中，其简洁的几何形状，备受明派设计师的推崇。

（28）冰裂纹。冰裂纹又称"冰绽纹"（图7-47），其形式不规整，却意蕴十足。该形式在瓷器、漆器上均有出现，如瓷器中的哥釉，其上的开片以"冰裂纹"居上，故有"哥窑品格，纹取冰裂为上"的美誉；再如漆器，由于日久，其上出现断纹，断纹中即有"冰裂纹"之形式（如古琴），但是其并未被认为是器物之瑕疵，反而以之为贵。受到上述之形式的启发，家具匠师也将之引入家具设计领域，对其的表达，既有平面的形式（如嵌入金银丝），亦有立体的表达。

图7-47　冰裂纹图例

（29）方胜纹。方胜纹由两个菱形图案组成，且两个菱形呈压角重叠状。此纹饰源于民间传说中西王母之发饰，有祥瑞之寓意。方胜纹是常见的吉祥纹饰之一，故在艺术家具中极为常见。

（30）盘长纹。该纹饰是佛教纹饰之一，盘长又称"吉祥结"，是佛教的法器之一。此纹饰之绳结的形状连绵不断，没有起始和结尾之分，有长久永恒之意，故民间又将其称为"百吉纹"。将此纹饰应用于家具设计中，承载着人们对家庭兴旺、子孙延续、吉祥富贵的美好祈愿。

（31）绦纹。该纹饰亦为几何纹饰的一种，类似不同壶门纹饰的组合（图7-48）。

（32）绳纹。绳纹被北方工匠称为"拧麻花"（图7-49），其造型简

图7-48 绦纹图例

洁、质朴，是匠师喜爱的纹饰之一。此纹饰的历史颇为久远，在青铜器、玉器等上亦有此纹饰的存在。

图7-49 绳纹图例

（33）雪花纹。此纹饰源于雪之形状。在民间，雪被视为吉祥之物，故有"瑞雪兆丰年"之说法。

（34）三角纹。该纹饰的历史较为悠久，早在新石器时代的齐家文化中就有此纹饰的出现。历经时间的洗礼，三角纹也被海派家具所青睐，此时的三角纹一改当初之面貌，其内被填满了果子花等图案，视觉效果极具层次感（图7-50）。

图7-50 三角纹图例

（35）方块纹。此纹饰的历史较为悠久，无论是彩陶与青铜器之上，还是丝绸之上，抑或是建筑之上，均有此纹饰的出现，与菱纹与方胜纹类似（图7-51）。由于该纹饰简洁、大方且现代感十足，故在海派家具中也较为常见（由于受到装饰主义的影响，几何纹饰也成为海派家具的装饰元素之一）。

（36）硬股纹。硬股纹即"硬线"。

（37）软股纹。软股纹即"软线"。

（38）一根藤。一根藤又名"拷头"。在视觉上，此纹饰有极强的连

图 7-51 方块纹图例

贯性，故被称为"一根藤"（图 7-52）。该纹饰是由格角榫、人字肩榫等榫卯将各种形状的短材（横的、竖的、斜的以及曲线状的）连接起来，与攒接之做法极为相似。由于纹饰的连贯性，所以人们赋予其美好的寓意——"连绵不断，子孙万代"。

图 7-52 一根藤图例

（39）珠帘纹。此纹饰是以雕刻的形式模仿珠帘之式样，常用于架子床之上（图 7-53）。

图 7-53 珠帘纹图例

（40）太极纹。太极是中国古代哲学术语，有阴阳轮转、相反相成之意。作为派生万物之本源的太极图，是家具匠师进行创作的灵感来源。在家具设计中，太极图常与八卦图相结合（图 7-54），成为"太极八卦"纹饰，有辟邪之寓意。另外，以太极图为母体，可衍生出颇多的纹饰图案，如象征爱情的"喜相逢"纹饰便是源于太极图中的"负阴抱阳"图。

图 7-54 太极纹图例

7.3 植物纹饰

7.3.1 单体纹饰

（1）栀子花纹。栀子花纹即以栀子花为主题形成的纹样（图7-55）。

图 7-55　栀子花纹图例

（2）宝相花纹。宝相花纹出现得较晚，据出土的丝绸可知，宝相花纹大约在8世纪左右开始成为装饰图案之一。宝相花纹是一种组合纹饰，其内既有莲荷的影子，又有牡丹之痕迹（图7-56），虽然其内的每个细节均有现实之依据，但又无法说清是何种具体之物，所以宝相花纹出现了多种不同的表现形式。该纹饰出现的范畴不只限于建筑与家具之领域，其亦是丝绸中的主要纹饰之一（该纹饰是唐代喜用之物）。

图 7-56　宝相花纹图例

（3）樗蒲纹。该纹饰可追溯至唐代，既可单独使用，也可与龙凤以及花卉等纹饰并用。

（4）花瓣纹。该纹饰是对单独花朵形象的抽象描述（图7-57）。对于此纹饰的应用，可追溯至仰韶文化，而后在青铜器上也有该纹饰的出现，只是此时的花瓣纹已进化为精致的"四瓣花纹"。该纹饰简洁洗练，颇具现代之感，不仅古人喜用之，今人亦如此——今之匠师常以不同之表现形式（如彩绘、镶嵌与雕刻等）来诠释该纹饰。

（5）卷草纹。此纹样源于藤蔓卷草的形状，故又有"缠枝纹"之称（图7-58）。此纹饰简练朴实，节奏感较强。由于卷草纹在结构上连绵不断，所以被赋予"生生不息"之美好寓意，故其又被称为"万寿藤"。作

图 7-57　花瓣纹图例

为家具的装饰纹样，卷草纹将形式美中的节奏与韵律之法体现得淋漓尽致。

图 7-58　卷草纹图例

（6）唐草纹。唐草即"卷草"，唐草纹是日本对卷草纹样的叫法。

（7）莲纹。莲花不仅出淤泥而不染，是纯洁的象征，而且是佛教的代表，有吉祥之寓意。颇多美好寓意集于一身的莲花，自然是人们喜爱的装饰纹饰之一（图 7-59）。在家具设计中，莲纹的表现形式呈现多元化，如单线双线、宽瓣、宝装、凸面、正面、侧面、单独、连续、单色、彩色、镂刻与雕琢等。另外，作为装饰部件，莲纹既可单独出现，如暗八仙中的莲花，或根叶繁茂的本固枝荣之纹饰（暗喻事业根基牢固、兴旺发达），也可以卷草纹作为枝蔓，形成"缠枝莲纹"之形式。

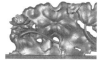

图 7-59　莲纹图例

（8）牡丹纹。牡丹为百花之魁首，花之富贵者也，端丽妩媚，雍容华贵，色香俱佳，可谓国色天香，是繁荣、富足的象征（图 7-60）。与莲纹类似，牡丹纹既可单独作为家具的装饰，也可与卷草纹同时出现，成为"缠枝牡丹"之装饰形式，还可与凤纹结合，形成代表美好、光明与幸福的凤穿牡丹之纹饰。另外，牡丹纹还有一种表现形式，即以面、块为主的雕刻形式（果子花纹），在海派家具或是新海派家具设计中常施以此纹饰用以装饰。

图 7-60　牡丹纹图例

（9）水仙纹。有"下凡仙女"之称的水仙与梅兰竹菊一样，不畏寒霜的精神被人们所赞美，故将此纹饰应用于家具设计中也是高尚气节的寄托。

（10）梅纹。梅花迎寒怒放，作为岁寒三友之一的梅，象征着百折不挠、自强不息、坚忍不拔与常青不衰等（图7-61）。另外，梅有五瓣，民间又将其作为"五福"（即富、禄、寿、喜、财）的代表。集众多美好寓意于一身的梅花，自然是匠师喜闻乐见之装饰之一。

图7-61　梅纹图例

（11）菊花纹。菊花作为花中的"隐逸者"，其风劲香逾远、天寒色更艳之品质颇受文人之青睐，故常以"君子"相称。在中国艺术家具设计中，菊花纹饰既可单独使用，也可与梅、兰、竹、喜鹊、松树等纹饰并用（图7-62）：与梅、兰、竹纹饰组合，尽显文人之气节；与喜鹊纹饰搭配，象征举家欢乐；与松树纹饰混搭，则有延年益寿之意。

图7-62　菊花纹图例

（12）兰花纹。兰花被誉为"花中君子"，是高洁、典雅、忠贞不屈的象征，是淡泊高雅之精神的代表，正如孔子所言："芷兰生幽谷，不以无人而不芳，君子修道立德，不为穷困而改节。"兰花纹常与梅花纹、竹纹、菊花纹并用，是传统匠师喜用之纹饰（图7-63）。

图7-63　兰花纹图例

（13）竹节纹。竹节纹又有"节节高"纹饰之称，民间常借此纹饰表达对美好生活的向往与憧憬，故有"芝麻开花节节高，节节拔高年年好"之说法。由于竹节纹内的吉祥寓意，所以此纹饰是工匠们喜用之家具装饰（图7-64）。

图 7-64　竹节纹图例

（14）竹纹。竹子因其临霜的不凋、四季常绿、虚心有节而被誉为四君子之一。竹纹在家具设计中的装饰手法有二，即直接法与间接法（图7-65）：前者是以刀代笔，直接描绘或雕刻出竹之形式；后者是指仿竹纹饰的应用，即艺术家具中的竹节纹。

图 7-65　竹纹图例

（15）果子花纹。果子花纹是海派家具的常用纹饰（图7-66）。

图 7-66　果子花纹图例

（16）葡萄纹。在佛教艺术中，菩萨手持葡萄，寓意五谷不损，故葡萄纹饰有五谷丰登之意。另外，葡萄枝叶蔓延，果实累累，又是多子多福之暗喻。双重美好寓意集于一身的葡萄纹饰，已成为家具匠师、设计师以及消费者喜闻乐见之装饰题材（图7-67）。

图 7-67　葡萄纹图例

（17）石榴纹。石榴是多子多孙、家族兴旺之象征，故深受家具匠师之喜爱（图7-68）。

图 7-68　石榴纹图例

（18）桃子纹。《汉武故事》中记载："西王母种桃三千年一结子，武帝宠臣东方朔为了献寿，曾经三度去偷摘西王母的仙桃回人间。"献桃祝寿便是因此故事而流行。在艺术家具设计中，桃子纹常与石榴纹、佛手纹搭配使用，形成"三多"纹饰（图 7-69）。

图 7-69　桃子纹图例

（19）柿蒂纹。柿蒂纹作为古代的吉祥纹饰之一，暗喻事事如意（图 7-70）。

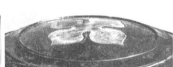

图 7-70　柿蒂纹图例

（20）蕉叶纹。芭蕉叶组成的带状纹饰被称为"蕉叶纹"（图 7-71），常采用阴刻之手法来展现栩栩如生的蕉叶纹理。该纹饰在青铜器、漆器（在漆器中的应用可追溯至商代，如 1973 年在河北藁城县台西商代遗址中发现的漆器残片中就有蕉叶纹的存在）与瓷器中均有存在。

图 7-71　蕉叶纹图例

（21）萱草纹。萱草又名"忘忧草"，唐代孟郊《游子》中提及："萱草生堂阶，游子行天涯。慈亲倚堂门，不见萱草花。"可见此纹饰是古时母爱的象征。由于其内的美好寓意，萱草纹后被引入陶瓷、刺绣及家具等领域（图7-72）。

图 7-72　萱草纹图例

（22）葫芦纹。葫芦是八仙的法器之一，作为暗八仙之一的葫芦纹（图7-73）与道家有着千丝万缕的联系。《道德经》中曰："道生一，一生二，二生三，三生万物。""三"在中国有"创世"之意，而将葫芦之轮廓加以提取，恰似对称的数字"3"，故葫芦与"创世"之含义有着不可分割的联系。不仅如此，对于该纹饰的应用，早在新石器时代就已显露雏形，如半山类型彩陶之上的纹饰。

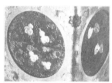

图 7-73　葫芦纹图例

（23）松树纹。松是百木之长，经冬不凋，与竹、梅、菊等有同样美好的寓意（图7-74）。中国家具纹饰的搭配与中国的汉字关系甚大，一些蕴含吉祥寓意的成语是纹饰组合的航标，如松鹤延年（松树纹饰与仙鹤纹饰的组合）。

图 7-74　松树纹图例

（24）茱萸纹。茱萸纹有"辟除恶气，令人长寿"之意。古时，人们常在重阳登高之时插茱萸，以示辟邪。由于茱萸身具美好的寓意，故将其应用于家具之中以为装饰（图7-75）实属合理之事。

（25）西番莲纹。西番莲是生长在西方的一种植物，其花朵似中国的牡丹，又有"西洋花""西洋菊""西洋莲"之称（图7-76）。明清时

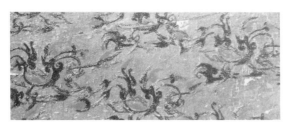

图 7-75　茱萸纹图例

期，由于西方建筑、绘画、雕塑等艺术形式通过广州传入我国，这些西方纹饰为匠师所用，成为具有中国风格的装饰纹样。西番莲纹作为装饰之物，既可被施于面板之上，作为主体装饰之用，也可被置放于器物边缘，作为点缀之用。

图 7-76　西番莲纹图例

（26）林檎纹。林檎纹是一种植物纹饰，果子形似苹果，但不及其大（图 7-77）。

图 7-77　林檎纹图例

7.3.2　组合纹饰

（1）一年景。一年景为宋代之纹饰之名，常出现于丝绸之中（图 7-78）。一年景之图案组合有二，即不同时令开放之花朵的组合（该种组合也被称为"四季花"）与不同节日所用之典型物品之组合。

（2）天下乐。此纹饰为宋代丝绸之纹饰，也是一种组合图案（图 7-79），即灯笼、麦穗与蜜蜂之组合体，寓意五谷丰登。

（3）竹瓶纹。"瓶"与平安中的"平"字谐音，古时在外求取功名的文人仕子常用竹笔书写家书，以示平安，故将"竹瓶"组合为一组纹

图 7-78　一年景图例

图 7-79　天下乐图例

饰，有"竹报平安"之寓意（图 7-80）。

图 7-80　竹瓶纹图例

（4）三多纹。佛手、石榴与桃子的组合被称为"三多纹"。由于"佛手"与"福寿"谐音，桃子暗喻寿桃，而石榴则是多子的象征，故"三多纹"有多福、多寿与多子之寓意。

（5）花篮纹。装满牡丹、芍药、海棠等鲜花的花篮寓意吉祥与庆贺。此纹饰源于王母的蟠桃盛会，传说每年的农历三月初二，百花、牡丹、芍药与海棠四位仙子会分别采花，并邀请麻姑同往参加蟠桃盛会。

（6）四季花。此纹饰由水仙、荷花、菊花、梅花组成，代表春、夏、秋、冬四季。由于这四种花被人们认为是美好幸福的象征（图 7-81），故此种纹饰被应用于艺术品装饰之上颇多，如家具、木雕、砖刻、木版年画等。此类纹饰多为文人所青睐。

（7）百鸟朝凤纹。百鸟朝凤纹为组合纹样之一（图 7-82）。

（8）灵芝纹。灵芝纹与云纹类似，如果单独使用，两者很难分辨。

图 7-81　四季花图例

图 7-82　百鸟朝凤纹图例

古人以"芝"为瑞草，固其有芝仙、灵芝、灵草之称，服之可起死回生。由于灵芝纹内所含的祥瑞、吉祥、长寿之意，故其深得传统匠师的喜爱（图 7-83）。

图 7-83　灵芝纹图例

（9）如意纹。此纹饰取自玉器，在家具设计中的存在形式也是变化颇多（图 7-84），如可将如意头作为装饰部件单独使用，或是在比例上稍做调整，还可与其他纹饰配合使用，如"瓶""磬""牡丹"等，构成"平安如意""吉庆如意""富贵如意"等吉祥图案。

图 7-84　如意纹图例

7.4　人物及场景纹饰

在中国传统家具设计中，对于人物纹饰的应用主要包括三大类：一类是虚拟的神话人物，如八仙过海、八仙祝寿、醉八仙、天官赐福等；

一类为现实中存在的人物形象，如三国演义、《十八学士图》等；一类是虚实结合，如渔樵耕读、百子百福等（图7-85）。

图7-85 人物纹图例

7.4.1 历史人物纹饰

（1）《耕织图》纹。《耕织图》可追溯至南宋时期，主要描绘农桑生产的各个环节，以表农夫、蚕夫之辛苦。时至清康熙二十八年（1689年），有人将此图献于康熙帝，康熙万分感慨，于是《康熙御制耕织图》问世，其内包括《耕图》《织图》各23幅，均以江南农村为题材，系统地描绘了浸种、播种到入仓以及育蚕、采桑到成衣的细节。《耕织图》纹是匠师喜用之纹饰，由于其图案繁复，故常用于顶箱柜等大型家具之上。

（2）渔樵耕读纹。渔是殷商时期的吕尚，民间传说中的姜太公；樵为钟子期，提及此人，必然会想起伯牙；耕指的是虞舜，为传说中的人物，以为人贤良、治理民事著称，堪称圣帝；读的代表人物是孔子，其周游列国，聚德讲学，是圣人之一。古人喜欢渔樵耕读，是因为其内充满了对田园生活和淡泊名利人生境界的向往，故以渔樵耕读为题材的作品不在少数。

（3）醉八仙纹。由于李白、贺知章、张旭、崔宗之、苏晋、焦遂、李琎、李适之善饮酒，故被杜甫在《饮中八仙歌》中称为"醉八仙"。在家具设计中，也常有此纹饰出现。

（4）太白酒仙纹。唐代诗人李白作为"醉八仙"之一，太白酒仙纹也就成为工匠喜用之装饰题材。

（5）郭子仪拜寿纹。郭子仪不仅寿命较长，儿孙满堂，而且屡立战功，备受尊重，故民间将郭子仪拜寿纹应用于家具设计中是洪福、崇敬与喜庆之象征。

（6）三国演义纹。此纹饰是将刘备、关羽、张飞三人桃园结义之情景，以刀代笔展现于木载体之上（图7-86）。

a至c 清中期三国演义纹隔扇局部

图 7-86　三国演义纹图例

（7）五子夺魁纹。五子夺魁纹即五个童子抢夺一顶金盔（图 7-87）。"盔"与"魁"谐音，为头名之意，古人将此纹饰应用于家具设计中意为期盼后代高中魁元。

图 7-87　五子夺魁纹图例

（8）五子夺莲纹。"莲"与"连"同音，"子"与"籽"同音，故五子夺莲纹既是五子登科、五福临门的象征，也有连生贵子与连中三元之寓意。

（9）戏曲人物纹。戏曲是文化遗产之一，无论是汉代的百戏，还是唐代的戏弄，抑或是宋金的杂剧，均是历史装饰艺术中的重要题材与内容。将戏曲人物应用于家具设计中，无论是彩绘、镶嵌还是雕刻，均是匠师所青睐的对象之一。

7.4.2　神话人物纹饰

（1）神人纹。神人纹是彩陶之上纹饰之一，属马厂类型早期之式样。神人纹形似蛙，故又有"蛙纹"之称。随着时间的推移，该纹饰还出现了颇多的衍生体，最终蜕变为几何纹饰，即折线。

（2）舞蹈人纹。该纹饰属于马家窑类型之彩陶纹饰，其对氏族意义极为重大（图 7-88）。

图 7-88　舞蹈人纹图例

（3）小插人装饰。小插人装饰属圆雕装饰构件，是宁式家具中对于圆雕部件的别称。小插人装饰的形式主要以人物为主，如将军武士、官宦侍女、神仙等，但也偶有动物、花篮等图案。

（4）八仙纹。八仙纹是典型的宗教纹饰，八仙包括汉钟离、吕洞宾、李铁拐、曹国舅、蓝采和、张果老、韩湘子以及何仙姑八人。在家具设计中，以八仙为题材的装饰纹饰甚广，如八仙过海、八仙祝寿、八仙捧寿等（图 7-89）。

图 7-89　八仙纹图例

（5）八仙祝寿纹。八仙是中国民间传说中的八位道教仙人，他们惩恶扬善，所以备受人们的尊崇。由于八仙各有其特色，所以每个仙人所代表的吉祥寓意也不尽相同。传说八位神仙要定期前往西王母的蟠桃会为其祝寿，故"八仙祝寿"便成了民间惯用的祝寿题材。家具是人们思想文化的载体，所以这种蕴含美好意义的纹饰同样为家具匠师所借鉴（图 7-90）。

图 7-90　八仙祝寿纹图例

（6）和合二仙。和合二仙又称"和合二圣"。寒山与拾得被称为"和合二仙"，一人手持荷花，另一人手捧盖子微掀且其内存放有蝙蝠的盒子。两位仙人手中所持之物是此纹饰的源泉，"荷"与"和"同音，"盒"与"合"同音，故将上述之内容组成纹饰，有和谐好合之意。

（7）三星高照纹。"三星"即福、禄、寿，"三星高照"象征幸福、富裕与长寿。

（8）海屋添寿纹。此纹饰源于"蓬莱仙岛的三位仙人互相攀比谁较为长寿"的民间传说。祥云仙境、亭台、盛满树枝的花瓶以及仙鹤是此纹饰的主要组成部分，也是象征长寿的题材之一。

7.5 吉祥文字纹饰

以吉祥文字作为装饰图案，在传统家具、新古典以及新中式的设计中也属常见的题材之一，"寿"字纹饰便是其中一例。此纹饰既可单独使用，如百寿纹，也可与其他纹饰搭配应用，如螭龙捧寿纹；另外，"福"字也是匠师喜用的吉祥文字之一，常利用"福"字的谐音将美好吉祥之意融入其设计中，如五福（蝙蝠）捧寿纹。除此之外，寓意高官厚禄之"禄"、暗喻长命百岁之"寿"、代表美好与幸福的"吉"字等，均是人们喜爱的吉祥文字。除此之外，文字纹中还有篆体的存在，如明代之核桃木博古纹罗汉床中的纹饰即是案例之一。

7.5.1 寿字纹饰

中国书法博大精深，有不同类型的文字形式，寿字也不例外，其形式多种多样，写法不一，所以被运用到家具设计上的寿字也呈现出形式多样性的特点。对于寿字的应用，在设计上分为两种：一种是具象的应用，如文字的直接提炼，如团寿、长寿、百寿图、花寿等；另外一种则是抽象的表达，如利用实物（寿桃）来传达美好的寓意，如五福捧寿、八仙祝寿等。

（1）圆寿纹。寿字字形为圆形，其纹被称为圆寿纹。圆寿纹环绕不断的线条，象征命的绵延不断。圆寿有双线圆寿、单线圆寿、上下两等分的圆寿与左右两等分的圆寿之分，虽然形式有别，但对称是其共同的特征（图7-91）。

图7-91 圆寿纹图例

（2）长寿纹。寿字字形为瘦长形，其纹被称为长寿纹（图7-92）。长寿纹的美好寓意（表示生命的长久）借助瘦长的字形予以传达。长寿纹的变化颇多，如有圆头、尖头、曲头之别。

（3）花寿纹。花寿纹是寿字纹饰与图案的组合体（图7-93），即以

图 7-92　长寿纹图例

寿字为主，配以各种具有吉祥含义的纹饰，如人物、蝙蝠、祥云、佛手、如意、龙等。

图 7-93　花寿纹图例

（4）百寿纹。百寿纹是由寿字的不同写法构成（图 7-94），如甲骨文、金文、大篆、小篆、隶书、草书、行书、真书等。

图 7-94　百寿纹图例

7.5.2　其他纹饰

（1）梵纹。梵纹即纹饰中的一种，明梵纹缠枝莲纹填漆盒（图 7-95）、清梵纹缠枝莲纹三撞委角方盒中的物象纹饰中均有梵纹的呈现。

a、b 明梵文缠枝莲纹填漆盒

图 7-95　梵纹图例

（2）福字纹。对于福字在家具设计上的应用（图 7-96）分为两种情况：一种为书法的运用，另一种则为谐音的转化。

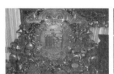

图 7-96　福字纹图例

（3）篆体纹。篆体是青铜器之上的字体，由于古时的铜有"金"这一称谓，故其上的篆体又被称为"金文"。后世将篆体纹作为器物之上的装饰（图7-97），既是继承，又是创新。

图 7-97　篆体纹图例

7.6　组合纹饰

（1）麒麟送子纹。作为仁慈与吉祥的象征，麒麟是人们喜爱的祥瑞之物。麒麟背上之孩童，有的手持石榴或莲花，有的手托笙或如意，均显得聪明伶俐。古人将麒麟送子纹融入家具设计中，是望子成龙的寄语，希望麒麟送来的童子成人之后为贤良之臣，可辅助治国。

（2）麒麟叫子纹。此纹饰由一对仰天麒麟与结满果子的树组合而成，古人以其暗喻子多兴旺。

（3）鱼化龙纹。鱼化龙又名"龙鱼变化"，是一种龙头鱼身之物（图7-98），其历史可追溯至史前仰韶文化半坡类型时期的鱼图腾崇拜。在古时，关于鱼化龙的传说不在少数，如《说苑》中记载"昔白龙下清冷之渊化为鱼"，《长安谣》中有"东海大鱼化为龙"之传说，均是龙鱼互变的描述。鱼化龙，是一种境界的提升，暗喻金榜题名，故鱼化龙纹是传统艺术家具中颇为常见的装饰题材之一。

（4）鲤鱼跃龙门纹。此纹饰是幸运的象征，古人以"跃龙门"来比喻地位的提升与科举之高升。

（5）金玉满堂纹。此纹饰是由数条金鱼组合而成，是宫廷建筑、民居、园林建筑、瓷器、家具中的常见之装饰图案，寓意财富满堂、财源滚滚来。

图 7-98　鱼化龙纹图例

（6）凤穿牡丹纹。凤乃百鸟之王，而牡丹则是花中之佼佼者，丹、凤结合是美好、光明、幸福与华贵的象征。由于中国艺术家具有两大体系，即漆木家具与硬木家具，故此纹饰在艺术家具中的表现方式有描绘、雕刻、镶嵌等之别（图 7-99）。

图 7-99　凤穿牡丹纹图例

（7）龙飞凤舞纹。龙飞凤舞本是对山势蜿蜒起伏的比喻，正如宋代苏轼在《表忠观碑》中所述："天目之山，苕水出焉，龙飞凤舞纹，萃于临安。"而后，"龙飞凤舞纹"被引入艺术家具设计之领域，作装饰之用，象征喜庆与欢乐。

（8）松鹤延年纹。松与鹤均与道教关系密切，道教视松树为不死的象征，认为服食松叶、松根便能飞升成仙、长生不死。而鹤亦被视为出世之物，道教将之称为"神物"，将之视为高洁与清雅的代表，无论是得道之士还是修道之士均可以鹤为伴，鹤既是仙物，自然长生不死。在艺术家具设计中，将松纹与鹤纹并用，寓意高洁与长寿（图 7-100）。

图 7-100　松鹤延年纹图例

（9）海水云龙纹。此纹饰由龙纹与海水构成，寓意天下统一、江山永固、四海升平、龙腾盛世、百姓安居乐业。在形式上，海水龙纹有单龙、双龙、四龙、九龙之别；在表现方法上，有彩绘、镶嵌、雕刻之分。

（10）双龙戏珠纹。双龙戏珠纹即以双龙与火珠组成的纹饰（图 7-101）。

图 7-101　双龙戏珠纹图例

（11）螭龙捧寿纹。此纹饰由螭龙纹和寿字纹组合而成，其组合方式有包围、并列和穿插之分。

（12）喜上眉梢纹。喜上眉梢纹属于花鸟纹中的一种（图 7-102）。在中国，喜鹊被认为是报喜的吉祥之物，是好运、福气与吉祥的象征，与报春之花梅花组成喜鹊登梅图则预示着幸福即将来临。在艺术家具设计中，此纹饰极为常见。

图 7-102　喜上眉梢纹图例

（13）喜从天降　高官厚禄纹。岁寒三友、喜鹊、大鹿小鹿、猴子是此纹饰的构成元素，其中"鹿"是王位的代表，且与"禄"（古时官员的奉养）同音，猴暗喻侯爵。此纹饰寓意颇多，深受家具匠师的钟爱。

（14）喜得莲藕　喜中三元纹。口衔莲藕的喜鹊，暗喻喜得佳偶，而喜鹊口中含着带有三个果子的枝条，则有喜中三元之意（果子之形是圆形，与"元"同音）。将前述纹饰加以组合，暗喻双喜临门、金榜题名、喜结良缘。

（15）九羊启泰纹。此纹饰以羊为主，配以松、竹、梅等，其中羊喻祥，启泰即开泰，寓意好兆头，松、竹、梅则是长寿、祝福与喜上眉梢之象征。将前述纹饰加以组合，暗喻福星高照、百事顺遂。

（16）海马纹。海马纹是一种组合纹样，以马与海水为主（图 7-103）。

（17）五福捧寿纹。以五蝠代表五福，《尚书·洪范》中提及："九五福，一曰寿，二曰富，三曰康宁，四曰攸好德，五曰考终命。"五福中以寿为首，故此纹饰常与寿字连用，且位于寿字的周围，民间俗称"五福捧寿纹"（图 7-104）。

（18）福庆有余纹。蝙蝠、磬以及鱼纹的组合纹饰，被视为"福庆

图 7-103　海马纹图例

图 7-104　五福捧寿纹图例

有余纹"。蝙蝠是幸福的象征，磬是古时五声八音之一，有文雅与祥瑞之寓意，而"鱼"与"余"同音。在家具设计中，将这三者有机结合，福庆有余便应运而生。

（19）万福万寿纹。此纹饰由三多、蝙蝠与团寿共同构成，象征万年长寿、五福康泰。

（20）福在眼前纹。此纹饰是蝙蝠与古钱的组合（图 7-105）。由于"蝠"与"福"同音，"钱"则与"前"同音，故将两者巧妙结合，是吉祥、祝愿与祈盼的象征。

图 7-105　福在眼前纹图例

（21）福寿双全纹。此纹饰由一对蝙蝠与一对寿桃组合而成，有幸福与长寿的双重寓意。

（22）耄耋之寿纹。此纹饰是由猫与蝴蝶组成。"猫"与"耄"谐音，"蝶"与"耋"同音，将这两种动物纹饰并用，有长寿之意。

（23）五毒纹。五毒纹是明代刺绣中之常用纹饰（图 7-106），包括艾虎纹、蜈蚣纹、蟾蜍纹、壁虎纹与蝎纹，将之用于衣物、家具等之上以为装饰，有"辟邪"之意。

（24）满地娇纹。该名词初见于南宋，到了元代，该纹饰已成为瓷器（元青花）、丝绸等之上的常见图案，而后又频繁出现在砖雕（如荷鹭砖雕）、家具（如一路连科纹）等之上。满地娇纹为组合纹饰，有莲

a至c 明刺绣艾虎五毒纹方补摹绘图

图 7-106　五毒纹图例

池鸳鸯与莲池白鹭之分（图 7-107）。

a、b 元代刺绣满地娇　　　　　　　　　c 明代荷鹭砖雕（安徽博物馆）

图 7-107　满地娇纹图例

（25）瓜瓞绵绵纹。瓜多籽，是多子多福的象征，而"瓞"与"蝶"同音，故此纹饰是由蝴蝶与瓜配以花卉组成（图 7-108），寓意子孙昌盛、事业兴旺。

图 7-108　瓜瓞绵绵纹图例

（26）吉子装饰。"吉子"是一种小型的透雕构件，有吉利、吉庆之意。此纹饰极具地域特色，属宁波特有之工艺，是宁波匠人长期积累的结果。最初"吉子"作为雕刻之间的连接部件，作用如同"卡子花"，后来经过长期的积累与创新，其造型也日渐丰富，如方、圆、长等形状。吉子装饰中所涉及的纹饰较为广泛，如几何图案（双圆吉子、方胜吉子、玉璧吉子）、人物图案（老子——象征博学、寿星——象征长寿、神话及戏剧中的人物——表喜庆之意）、动物图案（蜜蜂、马——代表马上封侯之意）以及中国山水画等。

（27）花鸟纹。花鸟纹也是传统匠师喜用之图案。单独的花卉可自成图案，如莲花、牡丹、四季花等纹饰；禽鸟也可组成图案来作为家具的装饰部件，如翔凤、飞鹤等纹饰。另外，花鸟纹饰也可组合应用，组合后的花鸟图案不仅扩充了家具的装饰题材，而且为其内涵增色不少。

（28）一路连科纹。"鹭"与"路"同音，"莲荷"与"连科"（乡试、会试、殿试三科连中）谐音，故古人将鹭鸶鸟与莲荷组成图案应用于家具设计中，寓意"仕途顺利"。

（29）荷塘清趣纹。小鸟、雏鸭嬉戏在荷塘间，是文人喜爱清闲生活的象征。

（30）白头富贵纹。白头鸟、桃树与牡丹构成了此纹饰的核心，白头鸟暗喻夫妻白头偕老、婚姻美满，牡丹象征富贵，桃树代表长寿。寓意如此美好的纹饰，在艺术家具设计中较为常见。

（31）竹报平安纹。此纹饰暗喻喜报平安、阖家幸福。

（32）金衣百子纹。此纹饰是由黄鹂鸟与石榴组合而成（图7-109）。黄鹂鸟身着金黄色羽毛，如同披着金衣一般，石榴象征多子，两者的结合暗喻官居高位，身披金袍，百子围膝。

图7-109　金衣百子纹图例

（33）事事如意纹。由于"柿"与"事"同音，如意纹饰象征称心如意，故柿树配以如意纹，暗喻事事如意。

（34）三友拱寿纹。松、竹、梅是此纹饰中的三友，配以石榴、菊花、牡丹、寿山石、口衔如意之蝙蝠等纹饰，寓意同庆同寿、富贵多子、安居乐业与万事如意。

（35）暗八仙纹。中国传统家具的装饰题材不只局限于具象形式，也有抽象纹饰的存在，暗八仙便是其中一例（图7-110）。此纹饰来源于八位神仙所用之法器——葫芦、纯阳剑、芭蕉扇、渔鼓、玉板、笛子、花篮、荷花。匠师将法器图案作为家具的装饰，同样向世人传达了其中的美好寓意，如葫芦是八仙之一铁拐李所持法器，由于此器物可炼制丹药，故有普度众生之意；荷花为何仙姑的宝物，有出淤泥而不染之意。

图7-110　暗八仙纹图例

（36）山水纹。在传统家具中，山水纹常出现于漆木家具的装饰中（图7-111），匠师喜用描金、描漆、嵌螺钿等技法来表现山水风景。而在新古典家具与新中式家具设计中，此种装饰纹样多出现于硬木家具中。匠师以刀代笔，运用不同的雕刻（深、浅浮雕等）技法，将山水纹饰融入其设计中，通过不同于绢、宣纸等载体的木材，展现了中国绘画之魂。

图7-111　山水纹图例

（37）江崖海水纹。此纹饰与海水云龙纹之寓意类似，是绵延不断、福山寿海、一统江山、万世升平、江山永固等的象征，故其常与龙纹配合使用。

（38）人事情景纹。此纹饰隶属写实的纹饰之一，是对现实生活、人事活动以及风景的描述，是时代精神的生动写照（图7-112）。

图7-112　人事情景纹图例

（39）八宝纹。八宝即杂宝（宝珠、钱、磬、祥云、方胜、犀角、书、画、灵芝、元宝、金锭、银锭等）中拼选出的八种（图7-113）。八宝纹美好的寓意是其吸引匠师的关键，宝珠象征热烈光明，方胜意为连续不断，磬以示喜庆，犀角代表胜利，金钱象征幸福，书、画暗喻智慧。根据设计所需，匠师可随意配合。

图7-113　八宝纹图例

（40）八吉祥纹。八吉祥纹为佛教之纹饰，即宝轮、法螺、宝伞、宝盖、莲花、宝罐（即瓶）、金鱼、盘长八种（图7-114），其始见于元代。

图7-114　八吉祥纹图例

（41）云龙纹。此纹饰是云纹与龙纹的组合。

（42）云鹤纹。鹤的年寿较长，故民间常用其作为"祝寿"之辞，与云纹搭配，便形成"云鹤纹"。

（43）云燕纹。古人视燕为玄鸟，有吉祥之意，与云纹并用，形成"云燕纹"。

（44）云虡纹。该纹饰是汉代之典型的装饰纹样（图7-115），属于组合纹饰的一种（由灵禽瑞兽、神人与云气纹组成）。在该形式的纹饰中，云气常呈波状，且形体较大，以便灵禽瑞兽（多以龙、凤、鹿、虎、豹、鹤与朱雀等常见）与神人穿行其中。

a、b西汉晚期银扣贴金薄云虡纹奁

图7-115　云虡纹图例

（45）云气纹。该纹饰的起源较早，在青铜器上就有存在，只是在当时的流行程度不及汉代。云气纹作为汉代之纹饰的代表，几乎是无处不在的。作为艺术之载体的云气纹，其不仅仅是供人们欣赏的装饰，其内还蕴含着当时的哲学取向。在汉代，人们企盼长生，故寻仙访药是时人常有之行为，即便是"独尊儒术"的武帝时期，也颇带道家之色，故这云气纹正是儒、道两家相融的见证。对于云气纹的应用有两种（图7-116）：一是单独使用，单独使用的云气纹，通常较为纤小，且姿态飘逸，常以四方连续与二方连续之形式布置于器物之上；二是作为组合纹饰的一部分出现，如云虡纹便是组合纹饰的案例之一。

（46）云雷纹。该纹饰是商代中期至西周早期常见之样式，但若追溯其历史，可至新石器时代，当时的图案可谓云雷纹的雏形。云雷纹由

图 7-116　云气纹图例

两个部分组成，即云纹（曲线部分）和雷纹（直线部分），状如"回"字形（图 7-117）。该纹饰常作为主题纹饰之"地子"，如三层花纹（青铜器之纹饰）。云雷纹在形式上有四方连续和二方连续之分，在表现技法上则有拍印、压印、刻印与彩绘等之别。云雷纹在不同时期的表现形式有所差别，其走过了商代至西周中期的鼎盛时期，历经了西周中晚期至春秋早期的转型，逐渐步入春秋中期至战国时期的更新期，云雷纹或许不再是当初之云雷纹了，其历经数次的蜕变，已然变得更为美观与柔和。也许随着青铜时代的过去，云雷纹已淡出了人们的视野，但此种淡化不等于消失，而是蜕变的开始，如云气纹、曲折纹与回纹等均是其再生的见证。

图 7-117　云雷纹图例

（47）祥云至上　富贵考终。此纹饰由白头鸟、祥云以及牡丹组成，其中，白头鸟暗喻夫妻善始善终、白头偕老，三朵祥云寓意多祥运，牡丹代表富贵。

（48）春水纹。春水与捺钵有关，其是契丹语，指帝王的行营。以辽为例，辽有"四时捺钵制"，指帝后率领臣僚、禁军等四季迁徙，以寻避寒暑之地，如寻找到合适之地点，便要驻留一段时间，在停留期间，会根据不同的季节举行狩猎活动。由于在春季需举行捕天鹅、钓鱼等活动，故需将驻地安排在近水之处，以便活动之方便，那么在此期间出现的狩猎场景被称为"春水"（图 7-118）。艺术源于生活，纹饰是艺术中的一种，故亦不例外，春水和秋山被引入器物之装饰范畴，如服饰、玉、金、牙、角等佩饰（如金代，陪同皇帝一同狩猎之随从中，三品以上高官之常服便饰有春水、秋山之图案）。

a 辽代春水玉饰（辽）　　　　　b 金代春水玉饰（金）

图 7-118　春水纹图例

（49）秋山纹。秋山与春水类似，只是狩猎的时节有所不同，其发生在秋季。由于季节不同，故所捕之物亦不尽相同。在秋季，需实行狩猎鹿、虎、熊等活动，故其行营需设置于近山之处，那么在此期间出现的狩猎场景被称为"秋山"（图 7-119）。捺钵制并非金辽元之专属，在清代依然有此制度的存在。

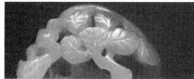

a 至 c 金之秋山玉饰

图 7-119　秋山纹图例

（50）八达晕纹。八达晕纹是明代丝绸中之图案，该形式常见于建筑的彩画之中。

7.7　其他纹饰

7.7.1　佛教纹饰

（1）拂尘。拂尘是佛教用语，有"时时勤拂拭，勿使惹尘埃"，意为免受客观外界之影响。

（2）塔刹纹。此纹饰源于建筑。在中国的古代，塔刹是一种为埋葬佛骨舍利而设的建筑。塔刹的装饰以莲花和宝瓶（佛界之宝）为主，其作为佛典的象征受到人们的膜拜，故以塔刹为形象的吉祥图案得以衍生，而后被应用于建筑及家具设计中（图 7-120）。在传统家具行业，匠师根据部件的外形赋予其形象的名称，由于塔刹纹之形状与鸡心颇为相似，故匠师将其称为"鸡心形"。

（3）火珠纹。火是光明的象征，宝珠璀璨夺目，是富贵的代表，将火与宝珠组合成火珠纹，寓意正义、光明、富贵与富足。

图 7-120　塔刹纹图例

（4）结纹。结常与彩带并用，组成各种寓意美好的图案，如吉庆有余、八吉、吉祥如意、绶鸟衔结等（图 7-121），是幸福与吉祥的标志。

图 7-121　结纹图例

7.7.2　乐器纹饰

（1）乐器纹。由于在海派家具的形成过程中将装饰主义之元素融入其中，故其出现了有别于中国古代艺术家具的纹饰图案实属正常。此纹饰由不同的几何体组成，带有明显的立体派痕迹（图 7-122）。

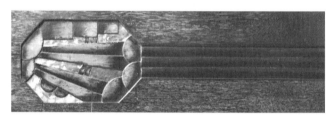

图 7-122　乐器纹图例

（2）八音纹。中国文化包罗万象，乐器是其重要的组成部分，自然有其独特的风格与韵味。八音是古代乐器的统称，即钟、磬、琴、箫、笙、埙、鼓、柷八种，八件乐器合奏，音色动人，是喜庆与吉祥的象征，故将这八种乐器之形进行提炼与抽象并应用于家具设计中。八音纹也是匠师喜用之纹饰。

7.7.3　博古纹饰

（1）博古纹。"博古"源于北宋大观时期的《宣和博古图》三十卷，其是以各种古代之器物的形象作为纹饰图案（图 7-123）。博古纹并非止步不前，其也是与时俱进之物，如在宋代，金石学昌盛，故博古纹多以"青铜器"为主，随着时间的推移，博古纹的范畴也在拓展，时间愈晚，博古纹的队伍就越壮大，如在当下，博古纹不仅包括陶器、青铜器、瓷器与玉器等，而且囊括金银器、象牙器、犀角器、紫砂与漆器等。博古纹在表现形式上趋向于多样化，既可以"髹饰之法"成之，也可以玉石等物"镶嵌"而成，还可在木材之上进行"雕刻"形成。由于"好古"是文人雅士追求"精神层面"之审美的标志，故将其应用于家具之上，不应以"描金画银"与"嵌珠缀玉"之法成之，而应赋予其"天工、清新、古朴与质拙"之势。

图 7-123　博古纹图例

（2）古钱币纹。仁者见仁，智者见智，同为古钱币纹饰，但在传统匠师和现代家具设计师的眼中，其应用的方式却截然不同；传统匠师喜用具象的图案表达其设计意图（图 7-124），而现代家具设计师则用现代手法对其加以借鉴与利用。

图 7-124　古钱币纹图例

（3）青铜器纹。青铜器纹隶属博古纹之列，提取青铜器之形，以刀代笔，将其彩绘、雕刻或镶嵌于艺术家具之上（图 7-125）。

图 7-125　青铜器纹图例

（4）古璧纹。此纹饰常出现在京作的宫廷家具中。宫廷家具之装饰与帝王之喜好难以分割，如由于乾隆皇帝极其崇古好玉，故在京作的宫廷家具上施以仿玉之图案绝非巧合。

7.7.4　纹样形式

（1）二方连续纹样。二方连续纹样又称"带状纹样"，此种带状纹饰既可向"左右连续"，又可向"上下连续"，其主要构成有散点式、倾斜式、波折式与斜坡式等。

（2）四方连续纹样。此纹饰具有"可重复""可延伸"的特征。

第7章参考文献

［1］杭间. 中国工艺美学思想史［M］. 太原：北岳文艺出版社，1994.

［2］邵晓峰. 中国传统家具和绘画的关系研究［D］. 南京：南京林业大学，2005.

［3］何燕丽. 中国传统家具装饰的象征理论研究［D］. 北京：北京林业大学，2007.

［4］吴兴杰. 漆艺装饰：传统文化元素在现代漆艺装饰中的应用［D］. 天津：天津工业大学，2015.

［5］余肖红. 明清家具雕刻装饰图案现代应用的研究［D］. 北京：北京林业大学，2006.

［6］胡文彦，于淑岩. 家具与建筑［M］. 石家庄：河北美术出版社，2002.

第7章图片来源

图7-1 源自：沈福文《中国漆艺美术史》；上海博物馆简介扫描.

图7-2 源自：笔者拍摄；上海红木家具企业提供.

图7-3 源自：沈福文《中国漆艺美术史》.

图7-4 源自：笔者拍摄；王世襄《中国古代漆器》.

图7-5 至图7-10 源自：笔者拍摄.

图7-11 源自：沈福文《中国漆艺美术史》；笔者拍摄.

图7-12 至图7-16 源自：笔者拍摄.

图7-17 源自："凿枘工巧"：中国古坐具艺术展图录扫描.

图7-18 源自：上海商慧文化传播有限公司资料扫描.

图7-19、图7-20 源自：笔者拍摄.

图7-21 源自：笔者拍摄；上海古典红木家具企业提供.

图7-22 源自：沈福文《中国漆艺美术史》.

图7-23 源自：上海现代家具设计公司提供.

图7-24 至图7-27 源自：笔者拍摄.

图 7-28、图 7-29 源自：笔者拍摄；沈福文《中国漆艺美术史》.

图 7-30 至图 7-34 源自：笔者拍摄.

图 7-35 源自：笔者拍摄；沈福文《中国漆艺美术史》.

图 7-36、图 7-37 源自：沈福文《中国漆艺美术史》.

图 7-38 至图 7-43 源自：笔者拍摄.

图 7-44 源自：上海赵姓收藏家提供；笔者拍摄.

图 7-45 源自："凿枘工巧"：中国古坐具艺术展图录扫描.

图 7-46 源自：上海红木家具企业提供；"凿枘工巧"：中国古坐具艺术展图录扫描.

图 7-47 源自：笔者拍摄.

图 7-48 源自：上海商慧文化传播有限公司提供.

图 7-49 源自：笔者拍摄.

图 7-50、图 7-51 源自：上海西洋城堡文化集团提供.

图 7-52 源自：陈立未《宁式家具》；笔者拍摄.

图 7-53 源自：笔者拍摄.

图 7-54 源自：上海设计师方平提供；笔者拍摄；中贸圣佳国际拍卖有限公司拍卖图录扫描.

图 7-55 源自：王世襄《中国古代漆器》.

图 7-56 源自：笔者拍摄.

图 7-57 源自：中国工艺美术学会工艺设计分会提供；笔者拍摄.

图 7-58 源自：《艺术家具》杂志扫描；笔者拍摄.

图 7-59 源自：上海红木家具企业提供.

图 7-60 源自：上海现代家具设计公司提供；上海西洋城堡文化集团提供.

图 7-61 源自：笔者拍摄.

图 7-62 源自："凿枘工巧"：中国古坐具艺术展图录扫描；深圳观澜红木家具企业提供.

图 7-63、图 7-64 源自：笔者拍摄；深圳市宜雅红木家具艺术品有限公司（泰和园）提供.

图 7-65 源自："凿枘工巧"：中国古坐具艺术展图录扫描；新会红木家具企业提供.

图 7-66 源自：上海西洋城堡文化集团提供.

图 7-67 源自：笔者拍摄.

图 7-68、图 7-69 源自：《艺术家具》杂志扫描；笔者拍摄.

图 7-70 源自：王世襄《中国古代漆器》；笔者拍摄.

图 7-71 源自：中国工艺美术学会工艺设计分会资料扫描.

图 7-72 源自：王世襄《中国古代漆器》；笔者拍摄；朱宝力《明清大漆髹饰家具鉴赏》.

图 7-73 源自："凿枘工巧"：中国古坐具艺术展图录扫描.

图 7-74 源自：笔者拍摄；上海红木家具企业提供.

图 7-75 源自：沈福文《中国漆艺美术史》.

图 7-76 源自：笔者拍摄.

图 7-77 源自：王世襄《髹饰录解说》.

图 7-78 源自：上海红木家具企业提供.

图 7-79、图 7-80 源自：上海商慧文化传播有限公司资料扫描.

图 7-81、图 7-82 源自：笔者拍摄.

图 7-83 源自：蔡易安《清代广式家具》；笔者拍摄.

图 7-84 源自：笔者拍摄.

图 7-85 源自：笔者拍摄；路玉章《晋作古典家具》.

图 7-86 源自：上海商慧文化传播有限公司资料扫描.

图 7-87 至图 7-89 源自：笔者拍摄.

图 7-90 源自：上海商慧文化传播有限公司资料扫描.

图 7-91 源自：《艺术家具》杂志扫描.

图 7-92 源自：笔者拍摄.

图 7-93 源自：中国工艺美术学会工艺设计分会资料扫描.

图 7-94 源自：中贸圣佳国际拍卖有限公司拍卖图录扫描.

图 7-95 源自：王世襄《髹饰录解说》.

图 7-96 至图 7-101 源自：笔者拍摄.

图 7-102、图 7-103 源自：笔者拍摄；《艺术家具》杂志扫描.

图 7-104 源自：笔者拍摄.

图 7-105 源自：新会红木家具企业图录扫描.

图 7-106 源自：上海商慧文化传播有限公司资料扫描.

图 7-107 源自：新会红木家具企业图录扫描.

图 7-108 源自：王世襄《中国古代漆器》.

图 7-109 至图 7-111 源自：笔者拍摄.

图 7-112 源自：中国工艺美术学会工艺设计分会提供；笔者拍摄.

图 7-113 源自：王世襄《髹饰录解说》.

图 7-114 源自：沈福文《中国漆艺美术史》.

图 7-115 源自：江苏省扬州市邗江区文物管理委员会提供.

图 7-116 源自：上海商慧文化传播有限公司资料扫描.

图 7-117 至图 7-120 源自：笔者拍摄.

图 7-121、图 7-122 源自：《艺术家具》杂志扫描.

图 7-123 源自：中国工艺美术学会工艺设计分会资料扫描.

图 7-124 源自：《艺术家具》杂志扫描.

图 7-125 源自：笔者拍摄.

8 著作、名家名匠与作坊

8.1 相关著作

8.1.1 《漆经》

《漆经》是五代时期朱遵度所撰[1]，其是最早的一部关于髹饰工艺之著作，可惜现已失传。通过《宋史·艺文志》（元代）与《漆书》（五代）可知，《漆经》与《髹饰录》有所差别，在《漆书》中，朱启钤先生提及："遵度，青州人，好藏书，高尚其事，闲居金陵，著《鸿渐学记》一千卷，《群书丽藻》一千卷，《漆书》若干卷。"通过所述可知，朱遵度此人博学广闻，不仅好藏书，高尚其事，还著作颇多，故其并非专职的手工之人。《漆经》在专业程度方面也许略逊《髹饰录》一书，但在广度与学术价值上却价值无穷。通过上文之言，可判断《漆经》所含内容颇广，诸如漆器史、漆器的制作过程以及漆器之审美等，否则，实难以《漆经》自称。

8.1.2 《髹饰录》

《髹饰录》是由明代的黄成所著[2-3]。黄成字大成，身为漆工的他不仅将自己的经验全部述出，而且对前人之经验加以总结概述，故《髹饰录》可谓是迄今为止较全面的髹饰著作。除此之外，在明天启年间，杨明又对此书加以注解，在注解释义的过程中，他又加入了诸多自己对髹饰工艺的理解，于是《髹饰录》的内容更加翔实丰满。

《髹饰录》虽为我国现存唯一的古代漆工专著，但三四百年里只有一部抄本存于日本，直到1927年朱启钤先生刊刻，此书才得以现世。在此之后王世襄先生又解读此书，使之更为翔实。《髹饰录》作为髹饰方面的专著，对后世之影响极为深远。

首先，《髹饰录》对用料与工具方面予以阐述。对于工具而言，多数需自己制作，如漆画笔、筒罗、灰条、髹刷、帚笔、茧球、揩光石、挑子等。笔者曾经提及，中国艺术家具的发展，不仅是一部哲学史、书画史、文学史与艺术史，而且是一部材料史与工具史。此处的"工具"与工业化的"机械"不同，其满含着"创造"之因素，"工具"的突破代表着"新技法"的降临，那么随之而来的便是区别于前人的"破"与"立"，可见，《髹饰录》一书中的"工具"也是打破"同质化"（由于"过度物化"所致）的关键。对于材料而言，其涉及甚为全面，包括髹饰前所用之料与髹饰中所用之料，就前者而言，其包含甚广，如底胎中所用的法漆、法絮漆、麻布，垸漆中的粗灰、中灰与细灰以及糙漆中所用的生漆与熟漆以及垫光漆和退光漆中所用之料等，均属髹饰前所用。在这些看似简单的材料中却隐含着弹性化之理，即科学的配比与主观的控制，由此可知，这集科学与主观于一身的"用料"确实值得我们体味一番。就后者而言，其隶属装饰之用，故涉及之范围更是宽广，如漆（包括色漆与非色漆）、油（荏油、麻油、胡桃油、桐油、密陀僧等）、螺钿（片、丝与屑）、蛋壳、金银、骨、木、竹、百宝、玉等等，其与前述的"髹饰前"用料类似，其内既有科学的配比，亦有主观的控制。

其次，《髹饰录》论述了漆器所成过程中的"法""戒""失"与"病"。对于"法"而言，其是髹饰之魂，若心中无"法"（巧法造化，质则人身，文象阴阳），"失"与"病"的出现乃是必然；对于"戒"（即淫巧荡心，行滥夺目）而言，其是防止主观群体走"形式主义"的关键；对于"失"（即制度不中，工过不改，器成不省，倦懒不力）而言，其是对主观群体无视"法"与"戒"之后果的告诫，对其的了解与反思，有助于避免主观群体出现"过"之现象与行为；对于"病"而言，其与"失"一样，其目的在于避免主观群体对"法"与"戒"的失度（即主观群体出现"过"之现象或行为），在"病"（独巧不传，巧趣不贯，文采不适）方面，其与"失"稍有差别，其表现主要集中于"德"与"审美"方面，可见，"病"是"失"的精神升华。通过上述之言可知，"法""戒""失"与"病"既关注"工"，亦不舍弃"美"（此种美是基于"心理—文化"层面之美），若不兼顾一方，在践行具体步骤时必然会出现"过"（"过"是在具体操作中出现的"具象"之"失"与"病"）之现象，如色漆之二过、彩油之二过、贴金之二过、揩磨之五过、描写之四过、洒金之二过、雕漆之四过、布漆之二过、捎当之二过等等，均是有违"法"与"戒"，无视"失"与"病"之案例。

最后，《髹饰录》的"坤篇"对髹饰工艺做了详尽的阐述与分析，如其按照门类将髹饰工艺分为"质色""纹䑋""罩明""描饰""填嵌"

"阳识""堆起""雕镂""戗划""斒斓""复饰"与"纹间"等，不仅如此，在每个门类下又有若干小类，在小类下又包含不同之做法，如填漆中的"磨显"与"镂嵌"，犀皮中的"起花"与"压花"，嵌螺钿中的"分截壳色""衬色螺钿""衬金螺钿"与"镶甸"等，对其进行了解与分析，既可拓展当下主观群体的"递承"范围，亦可助其通过思维的突破脱离同质化之象。综上可见，《髹饰录》不仅是一部对古人之经验的总结性著作，而且蕴含着中国艺术家具的设计之"根"。

8.1.3 《中国传统油漆髹饰技艺》

《中国传统油漆髹饰技艺》从技艺的角度诠释了油漆髹饰工艺。

首先，对中国油漆的发展历史予以介绍，即漆器发展的第一高潮期—黄金时期—大展宏图的时期—鼎盛时期—复兴时期，通过介绍，使得读者大致了解了漆器的发展历史。

其次，介绍了天然油漆的材料，包括生漆、桐油、精制大漆、辅助材料等方面，后又对髹饰的原材，如漆、油、颜料、染料、填料、胶料、磨料、稀料、镶嵌料、敷贴材料等，从成分、鉴定方式、加工、加工后的产品名、特性、优点与缺陷等方面进行了系统介绍。

最后，对传统油漆手工操作技法进行诠释。在此章节中，既涉及调配原料之法，如调配腻子、血料、粉浆、着色剂、彩色大漆以及油性漆等，还囊括了制作技法，如批灰技法、打磨抛光技法、刷涂技法、擦涂技法、敷贴技法、广漆涂饰工艺、推光漆涂饰工艺、擦漆涂饰工艺、烫画涂饰工艺、烫蜡涂饰工艺、古旧家具修复工艺等。

中国传统家具中的"技"包含两个方面内容，即"制作过程"与"设计过程"。在制作过程中欲实现所想，便离不开工具的参与，但在传统家具中，其内之"工具"与工业化背景下的"机械"截然不同，其地位是"辅助"，其特点回避了"有限性"与"规则性"。此书在介绍调配与工艺时均有夹杂对工具的简介。对于设计过程而言，其离不开跨界思想的融入。此书虽未深度介绍"美"与哲学、书法、绘画、诗歌、词曲以及其他艺术形式的联系，但仍对"传统建筑的油饰彩画工艺"予以阐述，如木基层处理、地仗灰的调配、地仗灰的批刮、油饰工艺、彩画工艺、匾额楹联的制作等，从其论述中可知家具与建筑的关联性。除此之外，此书借鉴了《髹饰录》与《髹饰录解说》等著作，对大漆施工中常见的"失""病"（失光、难干、粗糙、刷痕、起皱、流挂、发笑、开裂、起泡、脱皮、显露髹眼以及显疤等）以及"防治方式"进行了简述。总之，中国之漆不仅历史悠久，而且曾承载着国风西行，虽然时过境迁，但在高举环保与生态的当下，将漆文化进行递承与发展实为可行之举。

8.2 名家名匠

8.2.1 古代名家名匠

（1）丁媛。丁媛是西汉名匠。据《西京杂记》记载，丁媛为长安人，与巧匠李菊并称天下第一，其所制之博山炉上的透雕纹饰（奇禽异兽）多达九层，但依然可运转自如。

（2）朱遵度。朱遵度是五代《漆经》的作者。对于朱遵度的记述，朱启钤先生所提较为详细，其言："朱遵度，《香祖笔记》卷五：南唐名臣如韩熙载、孙忌、王仲连，皆山东人，而著述之多，无如朱遵度。遵度，青州人，好藏书，高尚之事，闲居金陵，著《鸿渐学记》一千卷，《群书丽藻》一千卷，《漆书》若干卷。"从中可见，朱遵度博学广闻，著述颇多，《漆书》虽不得见世，但从朱启钤及《宋史·艺文志》（元代）中可知，该书定在漆史、漆之工艺与审美方面颇有研究，否则恐难以《漆经》称之。

（3）张德刚。张德刚是元代雕漆名家张成之子。正如《嘉兴府志》中记载："张德刚嘉兴西塘人，父成，善剔红器，永乐中，日本、琉球购得之，以献于朝，成祖闻而召之，时成已殁，德刚能继其父业，随召至京面试，称旨，即授营缮所副，赐宅复其家。时有包亮者，亦与德刚争巧，宣德时亦召之为营缮所副。"从中可见，张德刚对于明代雕漆之发展的关键作用。

（4）王松。王松是明代的漆工之一，王世襄先生在《中国古代漆器》中所提之"文会图剔红委角方盘"便是出自王松之手的作品（图8-1）。

a至c 明文会图剔红委角方盘

图8-1 王松作品图例

（5）江千里。江千里是明末之人，字秋水，其以制薄螺钿器而著名。从王士禛的《池北偶谈》、朱琰的《陶说》、郑师许的《漆器考》等的记载中可知，江千里之嵌螺钿不仅精工如发，而且喜以文学故事为题，诸如《西厢记》。千里之作风靡当时，故有"杯盘处处江秋水"之说法。正如《嘉庆重修扬州府志》与《骨董琐记》（邓之诚）所言的"康熙初，维扬有士人查二瞻，工平远山水及米家画，人得寸纸尺缣以为重。又有江秋水者，以螺钿器皿最精工巧细，席间无不用之"（《嘉庆重修扬州府志》记），"渔洋云，近日一技之长……螺钿则江千里……皆知名海内"（《骨董琐记》记）等，均可说明江千里之嵌螺钿的影响所在。

（6）杨埙。杨埙字景和，明代描金名家。在明宣德年间，杨勋被派往日本进修"泥金画漆"之技，故其作品颇具日本漆器之风，但又与之有别，如杨埙并未照搬日本之式，而是别出心裁，在泥金画漆的基础上兼施五彩，即《明皇文则·杨义士传》中所言的"宣德间，尝遣人至倭国，传泥金画漆之法以归。埙遂习之，而自出己见，以五色金钿并施，不止如旧法纯用金也，故物色各称，天真烂然"。

（7）黄成。黄成字大成，其是明隆庆年间新安平沙人。黄成擅长雕漆，作为嘉兴派，其风格以"藏锋清楚，隐起圆滑"为特点，从《燕闲清赏笺》（穆宗时，新安黄平沙造剔红，可比园厂，花果人物之妙，刀法圆活清朗）与《尖阳丛笔》（元时攻漆器者有张成、杨茂二家，擅名一时。明隆庆时，新安黄平沙造剔红，一合三千文）中，均可知其之所擅与风格特征，黄成除了擅长雕漆，还在髹法方面通古博今，《髹饰录》即为例证。

（8）杨明。杨明字清仲，明代天启年间浙江嘉兴西塘之人。杨明在黄成《髹饰录》的基础之上，为此书进行加注示意，由于其如黄成一般，对各种髹饰技法皆熟知，故其注解意义非凡（如在所撰写的序言中，其记述"嘉兴西塘是元明两代重要的髹漆工艺地区"，此种言语的添加，让后世对"嘉兴派"的理解更为深入）。

（9）濮澄。濮澄字仲谦，是金陵派竹刻的创始人，可谓是明代的竹刻大家。濮澄的竹刻以保留材料的自然形态为特点，正如其友人所言之"南京濮仲谦……其技艺之巧，夺天工焉。其竹器，一帚一刷，竹寸耳，勾勒数刀，价以两计。然其所以自喜者，又必用竹之盘根错节，以不事刀斧为奇，则是经其手略刮磨之，而遂得重价"，虽然言语有夸张之处，但濮仲谦崇尚自然之感却是实而不虚。

（10）张宗略。张宗略字希黄，是明代的竹刻名家，其以"留青刻法"著名（图8-2）。留青刻法即以竹肌作地，并保留所需的竹皮以为图案的做法，张宗略能借助"多留""少留""全留"之法，来塑造图案在深浅浓淡方面的变化。留青刻法作品并非张宗略原创，其在唐代已有，如日本正仓院所藏之"刻雕尺八"，但在当时，竹皮的"去"与"留"之界限分明，故在艺术造诣上，张宗略的竹雕更胜一筹。

图 8-2　山水楼阁竹刻笔筒图例

（11）三朱。三朱即朱鹤、朱缨与朱稚征，他们是明代的竹刻名家，被誉为"嘉定三朱"，其作品以高浮雕与镂雕为主（图 8-3）。由于三朱不仅能诗，而且擅长书画，故他们的竹雕作品常富有浓郁的书卷气息。

图 8-3　三朱竹雕图例

（12）高濂。高濂，字深甫，号瑞南，浙江钱塘人，其是明代的戏曲学家。由于高濂爱好广泛，故其在藏书、赏画、论字、侍香等方面均有所成就。除了上述所提之爱好，高濂还热衷于设计家具，如其对"禅椅"之设计的关注便是案例之一，他认为"禅椅较之长椅，高大过半，惟水磨者佳，斑竹亦可。其制，惟背上枕首横木阔厚，始有受用"，从中可见，高濂对于禅椅之材料与技法的重视。另外，除了禅椅之外，他在《遵生八笺》中还设计了"二宜床"与"欹床"。

（13）屠隆。屠隆，字长卿，号赤水，浙江鄞县（现鄞州区）人，其是明代的戏曲学家。屠隆与戈汕、文震亨、曹昭、高濂等人一样，均是多才之人，他也曾设计过家具，如《考槃余事》中所提之"叠桌、叠几、衣匣与提盒"等（这些家具均属轻便的郊游式样家具）便是例证。

（14）曹昭。曹昭字明仲，明代洪武年间人。《格古要论》便是曹明仲所著，此书是中国现存最早的文物鉴定著作。除了著书，曹明仲还设计家具，如《格古要论》中的"琴桌"便是设计的案例之一，其言："琴桌须用维摩样，高二尺八寸，可容三琴，长过琴一尺许。桌面用郭公砖最佳，玛瑙石、南阳石、永石尤佳。如用木桌，须用坚木，厚一寸许则好，再三加灰漆，以黑光为妙。"从中可见，曹明仲不仅崇拜宋式，而且倡导髹饰之工艺。

（15）戈汕。戈汕字庄乐，明代苏州府常熟人士，能诗、精篆、善画松石。除了是一位杰出的画家，戈汕还是家具设计人，如功能多样、变化多端的"碟几"，便是出自其手。

（16）时大彬。时大彬是明末雕漆名匠，代表作品有山水纹剔红盒。

（17）李渔。李渔是明末清初的著名戏曲家，由于其在园林设计、室内装饰与家具设计方面均有心得，故其思想对清代的家具设计有推波助澜之作用。如在思想方面，他提倡创新，如"不喜雷同，好为矫异""人惟求旧，物惟求新""立户开窗，安廊置阁，事事皆仿名园，纤毫不谬。噫！陋矣！以构造园亭之胜事，上之不能自出手眼，如标新创异之文人，下之至不能换尾移头，学套腐为新之庸笔，尚器器以鸣得意，何其自处之卑哉？"，由此可见李渔对于创新的追求，这种创新之思想对清代的影响甚大。如在品类上，暖椅、凉杌、多宝阁等物均是清代的创新之作；在技法上，则有"贴黄"等法，为清代之工艺美术添彩加色。除了思想，在设计实践方面，李渔对清代的家具也产生了影响，如他认为家具应多设抽屉与搁板，前者之提议对清代的书案影响甚大，而后者对清代之多宝阁的形式影响不小。

（18）沈绍安。沈绍安是清代福建名匠，以脱胎漆器闻名于世，其脱胎漆器以极薄的绸式麻为胎（对古之夹纻技法的改良）。除此之外，沈绍安还擅长以金箔或银箔制成淡黄色或白色的漆，而后再与其他色彩融合制成一系列浓淡有别的鲜艳之色。综上可见，沈绍安不仅善于制胎，而且精通调色。

（19）沈雨田。沈雨田是沈绍安之孙，生于清嘉庆年间，其在脱胎方面有所创新，诸如脱胎弥勒佛像、观音像、果实与联板等之类，均为之前没有之作。另外，为了缓解外销之需，沈雨田又做出了创新之举，即夹纻与木雕相结合之法（由于夹纻人像的制作周期较长，故采用夹纻与木雕相结合之法予以缩短工期）。

（20）沈正镐。沈正镐是沈绍安之后代，他在其所做之脱胎器中融入泥金、泥银、色漆等，故为脱胎增添了华丽与绚烂之色。

（21）沈正恂。沈正恂与沈正镐同为沈绍安之后代，其在创作方面更是新意屡出。除了将原来的单色漆改为多种鲜艳明亮的薄料装饰（诸如泥金、泥银与明油所成的漆料），还擅与人合作，诸如当时的泥塑艺人，故在合作中诞生了一批巨型作品，如松花瓶、鳌鱼桃盘、漆线金竹根瓶、屏风、联板及观音像等，这些作品均有鲜艳之共性。

（22）梁九公。梁九公是清末的太监，其擅长制作"葫芦器"。梁九公所制造之品涉及"大果盒""耳杯""畜虫器"等，其中"畜虫器"（即蝈蝈葫芦）是梁九公所做之品中最负盛名的，故梁九公得名"梁葫芦"。

（23）尤通。尤通是清末的犀角雕名家，其可谓是多才多艺，不仅擅长雕犀角，而且精通牙雕、玉雕及石雕等。由于技有所长，故在清康熙年间，尤通被召进造办处为宫廷效力。

（24）鲍天成。鲍天成与尤通一样，是犀角雕名家，只是时代略有差别，其是明代苏州的犀角大家。

（25）施天章。施天章是清代的雕刻家，工绘画，尤以善刻竹名，擅长竹根人物。

（26）封始镐。封始镐与施天章一样，同为清代的竹刻名匠。

（27）封始岐。封始岐为清代的牙雕大家。

（28）周颢。周颢是清代的竹雕名家之一，其不仅是一位竹雕家，而且是一名画家，故在其"以山水画"为题材的竹刻作品中，常有南宗画法的影子。

（29）封锡禄。封锡禄字义侯，是清代的竹刻名家，其新奇的"圆雕人物"备受人们推崇。由于技有所长，在清康熙四十二年（1703年）之时，封锡禄被召入宫廷作坊。

（30）潘西凤。潘西凤是清代的竹刻名家，其刻法与濮仲谦类似，即可达到"每略施刮磨，以收天然之趣"的境地。

（31）吴之璠。吴之璠是清代的竹刻大家，不仅擅长圆雕，而且精通浮雕，其竹雕风格可谓是"嘉定派"与"留青刻法"的综合（图8-4）。

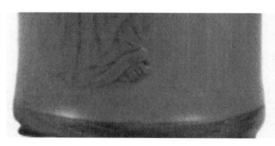

图 8-4　留青刻法竹雕图例

（32）唐英。唐英是清乾隆年间著名的督陶官。据《清宫内务府造办处活计档》中记载，唐英曾参与家具设计。

（33）王世雄。王世雄是清乾隆年间扬州著名的珐琅工匠。

（34）郎世宁。郎世宁是意大利著名的传教士，其不仅参与了圆明园之欧式建筑的部分，而且绘制了不少的家具设计图样。既然有外国人士的参与，那么西式之元素出现在清代家具之中也是预料中之事，如画珐琅便是其中一例。

（35）释大汕。释大汕为清初之人，其具有"新意"的设计对"宫廷家具"影响甚大，正如《萝窗小牍》中所载之"……多巧思，以花梨、紫檀、点铜、佳石做椅、桌、屏、柜、盘、盂、杯、碗诸物，往往有新意。持以饷诸当事及士大夫，无不赞赏者"。另外，我们在描述释大汕生活的版画中，可见到与清乾隆年间宫廷家具较为类似的家具形式。

（36）卢映之。卢映之是清乾隆年间之人，其为名家卢葵生之祖父。从顾千里的《漆沙砚记》（宣和遗制为利诚博，然非葵生令祖映之先生精识妙悟，又安能遥续于六百年后如出一手哉!）、《续纂扬州府志》与《履园丛话》（周制之法……乾隆中有王国琛、卢映之辈，精于此技）中皆可知，卢映之不仅擅为漆沙砚，而且精于百宝嵌的制作，其之工巧可从袁枚的诗中窥见一斑，从漆质、漆色到所嵌之宝均有描述，如"卢叟制器负盛名，其漆欲测胶欲坚"与"阴花细缬珊瑚明，赪霞隐隐东方生"等，均可感知卢映之对"镶宝嵌"之独释。

（37）卢栋。卢栋字葵生，是清代著名漆工，其在色髹、彩绘、嵌螺钿（诸如镶甸）与嵌百宝等方面都有很高的造诣。除此之外，卢葵生还善以漆沙为砚，如在《桥西杂记》与《萝窗小牍》中均有记载，前者云："漆沙砚以扬州卢葵生家所制为最精。顾涧广圻为作记。其祖映之尝于南城外得一砚，上有'宣和御府制'五字。形质类澄泥而绝轻，入水不沉，甚异之。后知为漆沙所成，授工仿造，克适于用。葵生世其传，一时业此者遂众。凡文玩诸事，无不以漆沙为之。制造既良，雕刻山水花鸟之文，悉臻妍巧。"后者曰："卢栋字葵生，扬州人，善髹漆，顾二娘之砚匣多其手制，其用朱漆者尤精。上刻折枝花卉，或鸟兽虫鱼，皆非寻常画工所及。合作者始刻名款，否则止用葵生小印而已。"从上述之言可知，卢葵生不仅擅用漆沙，而且还将色髹、彩绘、嵌螺钿与嵌百宝等技法融入其中（图8-5）。从卢葵生的作品可见，其所嵌之物象纹饰皆非一般工匠之作，颇具绘画之意，从《民国续修江都县志》（卢栋字葵生，父荫之，精制漆器，栋世其业，遂名天下，少于张老置学画于张沧州，笔墨高古，非时流所可企及，惜为漆工，掩其画名）与汪鋆的《扬州画苑录》[其中记载"先生为人醇谨谦恭，不苟言笑。少与张老置均以画受益于沧州张桂岩先生。张笔肆，而先生醇，晚年尤谨。道光辛丑（1841年）赠册一本，倪研田先生题签，后失落"] 可知，葵生之作意境内含，确与其善画密不可分。

a、b 嵌百宝漆沙砚盒　　　　　c、d 梅花纹镶甸漆沙砚　　　　e 金髹

图8-5　卢葵生作品图例

（38）包虎臣。包虎臣字子庄，是清咸丰年间以书画篆刻而闻名的大家。在绘画方面，包虎臣擅画山水花鸟；在篆刻方面，其常将所擅之方面反映于事物之中，如笔筒等小件家具。王世襄先生在《中国古代漆器》中所提之"清刻花鸟纹瘿木漆戗金笔筒"便是案例之一，其上的戗金之法并非"传统式"的戗金（图 8-6），而是受留青刻法影响的"竹刻式"戗金。笔筒上的花纹有粗有细，有深有浅，虽不似传统戗金般细致，但个中意境却令见者回味无穷。

a至c 清刻花鸟纹瘿木漆戗金笔筒

图 8-6　包虎臣作品图例

（39）田子正。田子正是清代山东潍坊嵌金银丝名家。在《萝窗小牍》中有记："田镕睿，号两帆，潍县人，善毡榻，亦能裁治书籍，服役于陈授卿先生，有二子，长字正，次子田，皆能治嵌漆器，先生爱之，为画彝器图形，令其仿制，又出金石文字，恣其抚摩，二田之名声大噪，所制用乌木为胎，历久不脱，诸物皆善，而文具为最精。"从中可见田子正之所擅。

（40）田子由。田子由与田子正一样，皆为清代的嵌金银丝名家。通过《萝窗小牍》可知，田子正与田子由是兄弟。

8.2.2　近现代名家名匠

（1）多宝臣。多宝臣生于 1887 年，卒于 1965 年，其为北京漆工名家之一。多宝臣是北京雕漆作坊"继古斋"的第三代艺人，在新中国成立之后，其在北京故宫博物院从事古旧文物的修缮工作。《中国古代漆器》中的紫鸾鹊纹戗金细钩填漆间描漆长方盒便是出自多宝臣之手，他本人称此件作品为"雕填"，但据王世襄分析，该作品名应为《髹饰录》中所言的"戗金细钩填漆间描漆"，如将该件作品与其他填漆作品相比较，确有几分"阴刻文图，如打本之印版，而陷众色"之感，故将之唤为"雕填"实为合理之事。除此之外，多宝臣还擅堆红之艺，如"三螭纹堆红盒"便是案例之一（图 8-7）。

（2）乔松林。乔松林为上海漆器雕刻厂的著名艺人，擅长周铸之

a、b 紫鸾鹊纹戗金细钩填漆间描漆长方盒　　　c、d 多宝臣三螭纹堆红盒

图 8-7　多宝臣作品图例

工艺。

（3）俞升寿。俞升寿为俞金荣之子，于 20 世纪 50 年代迁往上海，为上海工艺美术研究所的著名艺人，其所擅工艺为周铸之法。

（4）解天民。解天民隶属上海漆器雕刻厂，所擅之工为刻漆。

（5）解英杰。解英杰隶属上海漆器雕刻厂，所擅之工为嵌玉。

（6）高正富。高正富为高连元之子，所擅之工为周铸。

（7）高正贵。高正贵亦为高连元之子，所擅之工也是周铸。

8.3　作坊

8.3.1　类型 1 式作坊

类型 1 式作坊类似于企业模式，规模较大，作品较为丰富。

（1）聚古斋。聚古斋是清代的私营作坊，主营古董贩卖之事。聚古斋虽为私营，但其在雕漆的延续方面贡献显著。众所周知，对于雕漆的制作主要集中在官营作坊之中，但在清乾隆之后，雕漆之发展大不如从前，时至清光绪二十二年（1896 年）已无官营作坊的踪迹，但尚存的雕漆制品仍需要作坊的修补与恢复，此时以贩卖古董为业的聚古斋为需求者所注意。修复雕漆对于聚古斋既是机会，亦是挑战，于是聚古斋开始招收学徒并对雕漆技法进行深入研究，因此濒临灭绝与奄奄一息的雕漆又出现了生机。综上可见，作为民营作坊的聚古斋虽在盛世时（雕漆）并未为人所关注，但在官营作坊消失之时却对雕漆的传承贡献斐然。

（2）北京金漆镶嵌厂。北京金漆镶嵌厂成立于新中国成立后，抗日战争导致材料匮乏，销路难寻，故雕漆的从业人员分散四处另择生计，抗日战争结束后，政府较为重视雕漆的发展，故将雕漆匠人予以召回组建新厂。北京金漆镶嵌厂之历史虽短，但所涉及的技法与制品类别却颇为丰富：在技法方面，诸如金漆、雕填、刻灰、骨嵌、牙嵌、玉石嵌、螺钿嵌、银丝镶嵌、平金开黑、堆金、银箔罩漆、立粉堆胶、硬木雕刻、木雕等；在制品类别方面，诸如盒类、围屏、屏风、挂屏、柜子、琴桌、绣墩、桌椅家具等。由上可见，北京金漆雕刻厂对新中国成立后中国工艺美术的传承贡献斐然。

（3）成都卤漆厂。成都卤漆厂是在新中国成立后成立的漆器厂家，它不仅继承了传统雕填之技法，而且将其他技法融入并用，如嵌银花、嵌银上彩、斑纹填漆与研磨彩绘等。由上可见，成都卤漆厂对于四川漆器的递承与发展贡献突出。

（4）天水雕漆工艺厂。天水是甘肃之地，此地盛产漆树，天水雕漆工艺厂的建立使得甘肃地区的漆艺得以保留。历经不断地发展，天水雕漆工艺厂不仅在品类上有所拓展，而且在技法上也是新意层出：在品类上，既有大件（诸如屏风、柜、桌、挂屏等），也含小件（诸如盘、盒、碗、烟具以及花瓶等）；在技法上，主要以雕填镶嵌为主。由上可见，天水雕漆工艺厂的存在极具意义性。

（5）西安雕漆工艺厂。西安雕漆工艺厂所产之品的风格与天水雕漆工艺厂隶属一类，以"嵌漆"见长（隶属雕填），刀法流畅有力，花木禽鸟生机盎然。

（6）阳江漆器工艺厂。阳江是广东漆器的主要产区，历史较为悠久，其所产之漆器既有延续古法品类的，也有别出新意者，前者诸如皮胎漆箱、漆皮枕等，后者则在技法上有所增加，如罩金、嵌螺钿、描金等，不及如此，在品类上亦有所拓展，如茶叶盒、茶具、酒具、烟具、盘类、屏风、挂屏、漆画、花瓶等。

8.3.2 类型 2 式作坊

类型 2 式作坊以传承人为主进行命名，规模不大。与类型 1 式作坊相比，类型 2 式作坊所出作品门类少。

（1）梁福盛。梁福盛是清同治年间扬州的漆器作坊之一，于光绪年间达到鼎盛之期，直至 1948 年闭业停产。在营业期间，梁福盛产漆器之品类不一，诸如螺钿、刻漆器、勾刀、蒔花、雕漆、扎花、嵌玉、周铸、彩画等均属制作范畴之列。

（2）吴永圣。吴永圣是 20 世纪 30—40 年代扬州的漆器作坊，其所制之漆器常为一些螺钿小件。

（3）谈森福。谈森福是民国初至 20 世纪 50 年代的扬州漆器作坊，其隶属有门面内作之列（内作意指"本庄"，即内销形式），其制作范畴包括勾刀、浅刻、螺钿、周铸与雕漆小件等。

（4）梁永盛。梁永盛为扬州漆器作坊，其历经四代而不衰（清末—

民国—20 世纪 50 年代)。在销售形式上，梁永盛既有"内作"，亦有"外作"；在生产品类上，其既有周铸，亦有螺钿，还有刻漆。

（5）刘松山。刘松山是民国至 20 世纪 50 年代的扬州漆器作坊，它与梁永盛一样，既有"外作"之销售形式，亦有"内作"之售卖方式，其所从事的漆艺种类包括刻漆与周铸（即嵌百宝）。

（6）解伯英。解伯英是民国至 20 世纪 50 年代的扬州漆器作坊，其所制之漆器包括刻漆与周铸。

（7）孙铸臣。孙铸臣是民国至 20 世纪 50 年代的扬州漆器作坊，其所产之漆器包括雕漆嵌玉屏风、雕漆嵌玉橱柜、雕漆屏风与雕漆橱柜等。

（8）钱仲纯。钱仲纯是民国至 20 世纪 50 年代的扬州漆器作坊，主产雕漆嵌玉屏风（年产三四副）。

（9）王正荣。王正荣是 20 世纪 20—50 年代的扬州漆器作坊，主产黑漆地嵌玉屏风与玉石扎花漆盆景。

（10）翟富德。翟富德是 20 世纪 20—50 年代扬州的漆器作坊，主产盆桶油漆、木器雕花与周铸屏风。

（11）葛传珠。葛传珠是 20 世纪 20—40 年代扬州漆器作坊，主产刻漆屏风与周铸屏风。

（12）徐以清。徐以清是 20 世纪 20—40 年代扬州的漆器作坊（20 年代曾迁上海），主产刻漆屏风。

（13）高横贵。高横贵是 20 世纪 30—40 年代扬州漆器作坊，主产描金屏风与描金小件。

（14）梁国海。梁国海是 20 世纪 30—40 年代扬州的漆器作坊，隶属"无门面内作"，以制作雕漆中的雕刻为主（诸如相孙铸臣领取雕漆之漆坯）。

（15）陈太宝。陈太宝是 20 世纪 40 年代的扬州漆器作坊，主产刻漆屏风。

（16）蔡天宝。蔡天宝是 20 世纪 20—40 年代的扬州漆器作坊（20 年代曾迁上海），主产刻漆屏风。

（17）藤二。藤二是 20 世纪 20 年代前后的扬州漆器作坊，主产嵌玉漆器。

（18）孙云龙。孙云龙是 20 世纪 30—40 年代的扬州漆器作坊，主产周铸屏风。

（19）褚广兴。褚广兴是 20 世纪 30—40 年代的扬州漆器作坊，主产周铸、螺钿、刻漆套盒。

（20）李三。李三是 20 世纪 20—40 年达的扬州漆器作坊，主产嵌玉漆器。

（21）翟正海。翟正海是 20 世纪 20—40 年代的扬州漆器作坊，主产螺钿漆器。

（22）于金荣。于金荣是 20 世纪 20—40 年代的扬州漆器作坊（20 年代曾迁上海），主产周铸漆器。

（23）贾发和。贾发和是 20 世纪 40 年代的扬州漆器作坊，主产周铸漆器。

（24）朱万富。朱万富是 20 世纪 40 年代的扬州漆器作坊，主产周铸漆器。

（25）萧凤山。萧凤山是 20 世纪 40 年代的扬州漆器作坊，主产刻漆漆器。

（26）汪有余。汪有余是 20 世纪 30—40 年代的扬州漆器作坊，主要为其他作坊加工漆坯。

第 8 章参考文献

［1］王世襄. 髹饰录解说［M］. 北京：生活·读书·新知三联书店，2013.
［2］黄成. 髹饰录图说［M］. 杨明，注. 济南：山东画报出版社，2007.
［3］李一之. 髹饰录：科技哲学艺术体系［M］. 北京：九州出版社，2016.

第 8 章图片来源

图 8-1 源自：李一之《中国雕漆简史》.
图 8-2 至图 8-4 源自：上海商慧文化传播有限公司提供.
图 8-5 源自：王世襄《中国古代漆器》；王世襄《髹饰录解说》.
图 8-6 源自：中国工艺美术学会工艺设计分会资料扫描.
图 8-7 源自：王世襄《中国古代漆器》.

本书作者

张天星，女，河北承德人。南京林业大学家具设计与工程专业博士，五邑大学艺术设计学院教师，中国文物学会文物修复专业委员会会员。主要研究方向为中国艺术家具造物与设计理念、中国古代大漆家具修复，发表与研究方向相关的论文 30 余篇。研究内容涉及理论、实践与科学实验三个部分：在理论方面，总结了中国古代与近现代艺术家具内含的启示性理论，提出了中国当代艺术家具设计的理论核心内容；在实践方面，参与多项古代传世大漆表面损伤装饰的修复研究工作；在科学实验方面，通过对比测试，挖掘中国艺术家具在结构、用料与艺术方面的独特性。

隋文瀚，男，天津人。中央美术学院版画系硕士，主要研究方向为中国传统版画。多幅作品被中央美术学院、观澜美术馆、景德镇陶溪川美术馆、鼓浪屿当代艺术中心等收藏。部分作品于 2020 年入选第六届中国青年版画展。